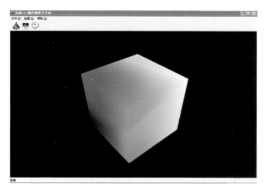

图 1　颜色渐变立方体模型

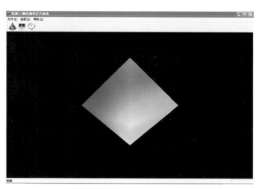

图 2　颜色渐变正八面体模型

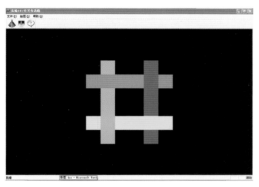

图 3　交叉条消隐模型

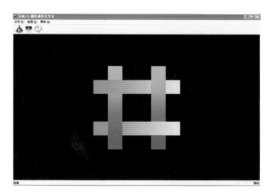

图 4　颜色渐变交叉条模型

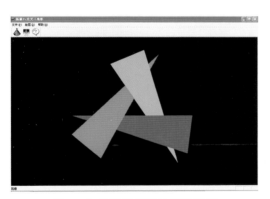

图 5　三角形深度缓冲消隐模型

图 6　立方体光照模型

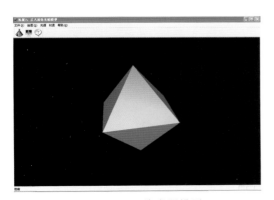

图 7　正八面体光照模型

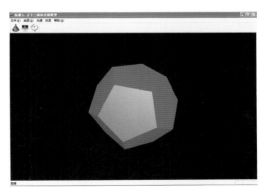

图 8　正十二面体光照模型

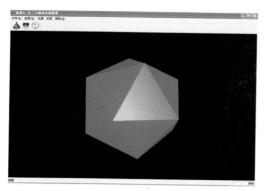

图 9　正二十面体光照模型

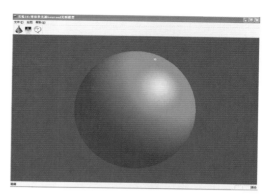

图 10　球体单点光源 Gouraud 光照模型

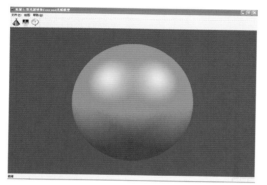

图 11　球体双点光源 Gouraud 光照模型

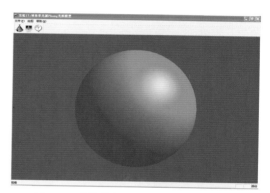

图 12　球体单点光源 Phong 光照模型

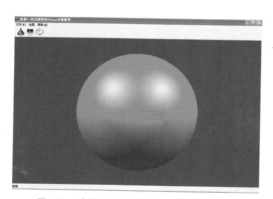

图 13　球体双点光源 Phong 光照模型

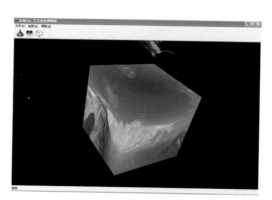

图 14　立方体纹理映射模型

图 15　长方体纹理映射模型

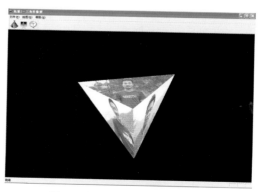

图 16　正四面体纹理映射模型

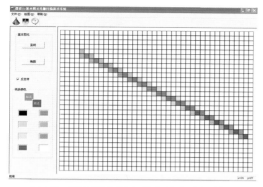

图 17　颜色渐变反走样直线像素级模型

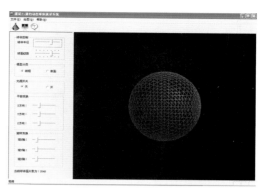

图 18　递归球体动态光照线框模型

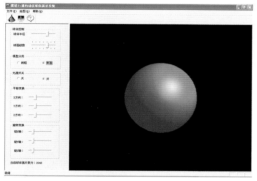

图 19　递归球体动态光照表面模型

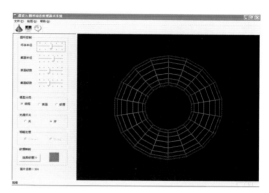

图 20　光照圆环动态线框模型

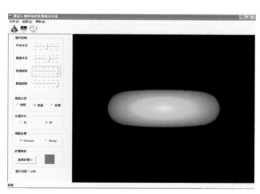

图 21　Gouraud 插值光照圆环动态表面模型

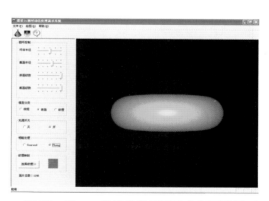

图 22　Phong 插值光照圆环动态表面模型

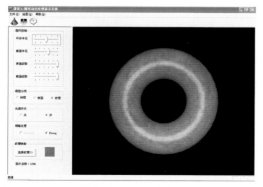

图 23　Phong 插值光照圆环动态纹理模型(纹理1)

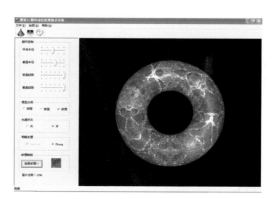

图 24　Phong 插值光照圆环动态纹理模型(纹理2)

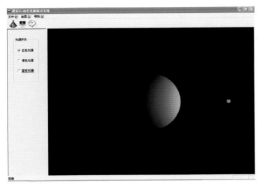

图 25　动态红色光源光照模型

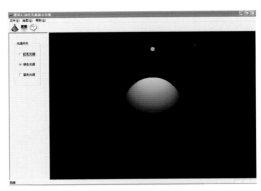

图 26　动态绿色光源光照模型

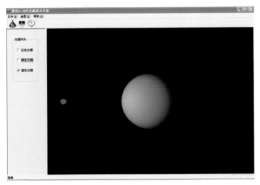

图 27　动态蓝色光源光照模型

图 28　动态红绿光源交互光照模型

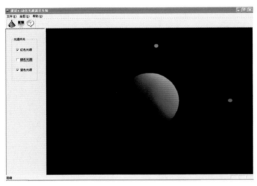

图 29　动态红蓝光源交互光照模型

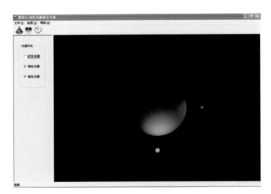

图 30　动态绿蓝光源交互光照模型

图 31　动态红绿蓝光源交互光照模型

图 32　导入 3DS 足球文件接口模型

高等学校计算机专业教材精选·图形图像与多媒体技术

"十二五"普通高等教育本科国家级规划教材

# 计算机图形学实验及课程设计
## （Visual C++版）（第2版）

孔令德　康凤娥　著

清华大学出版社
北京

## 内 容 简 介

本书是与《计算机图形学基础教程(Visual C++版)(第2版)》(ISBN 978-7-302-29752-9)配套的实验教材,提供了18个综合性教学实验和5个课程设计项目,可以满足计算机图形学课堂上机实验和设计周课程设计任务。实验项目编排由浅入深,通过定义基础类、直线类、变换类、填充类、光照类,最终构造了三维动态光照场景。本书的全部内容都基于 MFC 框架完成,彩插中展示的所有图形均使用 CDC 类的 SetPixel( )成员函数绘制,未包含任何图形学库。教学实验和课程设计项目的开发过程按照 OpenGL 的操作流程编写,易于引导读者从图形学的原理领域进入应用领域。

本书的教学实验和课程设计项目的源代码和实验拓展项目的可执行文件全部提供在笔者的个人网站(http://www.klingde.com/)上,请读者下载后参照源代码学习。通读本书,读者可以轻松掌握多面体、球体、圆环等三维物体线框模型的建模方法。在三维动态光照场景中,可以调整物体表面模型的材质属性、添加纹理细节,改变视点和光源的位置,完成三维真实感图形的动态绘制。

本书内容全面、案例丰富、注重理实一体化,适合作为本科计算机图形学的实验和课程设计教材。本书为源代码提供了详尽的注释,可供计算机图形学爱好者从编程的角度理解和掌握计算机图形学原理。

**图书在版编目(CIP)数据**

计算机图形学实验及课程设计:Visual C++版/孔令德,康凤娥著.—2版.—北京:清华大学出版社,2018(2024.8重印)

(高等学校计算机专业教材精选·图形图像与多媒体技术)

ISBN 978-7-302-48949-8

Ⅰ.①计… Ⅱ.①孔… ②康… Ⅲ.①计算机图形学—高等学校—教材 ②C++语言—程序设计—高等学校—教材 Ⅳ.①TP391.411 ②TP312.8

中国版本图书馆 CIP 数据核字(2017)第 287618 号

责任编辑:汪汉友
封面设计:常雪影
责任校对:白 蕾
责任印制:宋 林

出版发行:清华大学出版社
   网   址:https://www.tup.com.cn,https://www.wqxuetang.com
   地   址:北京清华大学学研大厦 A 座      邮   编:100084
   社 总 机:010-83470000          邮   购:010-62786544
   投稿与读者服务:010-62776969,c-service@tup.tsinghua.edu.cn
   质量反馈:010-62772015,zhiliang@tup.tsinghua.edu.cn
   课件下载:https://www.tup.com.cn,010-83470236
印 装 者:三河市君旺印务有限公司
经  销:全国新华书店
开  本:185mm×260mm  印 张:24.75  彩 插:2  字  数:604 千字
版  次:2012 年 3 月第 1 版  2018 年 5 月第 2 版  印  次:2024 年 8 月第 6 次印刷
定  价:69.50元

产品编号:071487-02

# 出 版 说 明

我国高等学校计算机教育近年来迅猛发展,应用所学计算机知识解决实际问题,已经成为当代大学生的必备能力。

时代的进步与社会的发展对高等学校计算机教育的质量提出了更高、更新的要求。现在,很多高等学校都在积极探索符合自身特点的教学模式,涌现出一大批非常优秀的精品课程。

为了适应社会的需求,满足计算机教育的发展需要,清华大学出版社在进行了大量调查研究的基础上,组织编写了"高等学校计算机专业教材精选"。本套教材从全国各高校的优秀计算机教材中精挑细选了一批很有代表性且特色鲜明的计算机精品教材,把作者们对各自所授计算机课程的独特理解和先进经验推荐给全国师生。

本套教材的特点如下。

(1) 编写目的明确。本套教材主要面向广大高校的计算机专业学生,使学生通过本套教材,学习计算机科学与技术方面的基本理论和基本知识,接受应用计算机解决实际问题的基本训练。

(2) 注重编写理念。本套教材作者群为各高校相应课程的主讲,有一定经验积累,且编写思路清晰,有独特的教学思路和指导思想,其教学经验具有推广价值。本套教材中不乏各类精品课配套教材,并力图努力把不同学校的教学特点反映到每本教材中。

(3) 理论知识与实践相结合。本套教材贯彻从实践中来到实践中去的原则,教材中的许多必须掌握的理论都将结合实例来讲,同时注重培养学生分析、解决问题的能力,满足社会用人要求。

(4) 易教易用,合理适当。本套教材编写时注意结合教学实际的课时数,把握教材的篇幅。同时,对一些知识点按教育部教学指导委员会的最新精神进行合理取舍与难易控制。

(5) 注重教材的立体化配套。大多数教材都配套教师用课件、习题及其解答,学生上机实验指导、教学网站等辅助教学资源,方便教学。

随着本套教材陆续出版,相信能够得到广大读者的认可和支持,为我国计算机教材建设及计算机教学水平的提高,为计算机教育事业的发展做出应有的贡献。

清华大学出版社

# 第 2 版前言

近年来,随着游戏产业的迅速发展,计算机专业开设的计算机图形学已经成为计算机游戏和手机游戏开发方向中一门最重要的专业核心课。计算机图形学主要借助计算机来研究图形的表示、生成、处理和显示技术。该学科处于计算机层次结构中的中上层,具有面向应用的重要特性。由于计算机图形学课程的先行课是高等数学、数据结构和程序设计语言等,教学的基本要求根据图形学原理编写相应的算法实现。这对教师和学生的编程要求较高。

笔者选用 Visual C++ 的 MFC 框架,以生成真实感光照模型为主线,设计并建设了计算机图形学实践教学资源库。该资源库包含近 300 个案例源程序,涵盖了计算机图形学课堂教学、实验教学、课程设计以及工程化训练全过程。计算机图形学实践教学资源包括"验证性资源""综合性资源""创新性资源"和"工程化资源"4 个层次。本书给出的源程序属于"综合性资源"和"创新性资源"。2013 年,笔者完成的"计算机图形学实践教学资源库建设"项目获山西省教学成果一等奖。2017 年,笔者完成的"以应用能力为导向的图形图像特色人才培养模式的探索与实践"获得山西省教学成果特等奖。

在完成建设计算机图形学实践教学资源库的基础上,笔者对计算机图形学课程的课堂教学方法进行改革,提出了"案例演示"→"原理讲解"→"算法实现"→"实践拓展"的 4 步曲教学模式。在教学过程中采用案例化教学资源,教师首先演示案例,然后讲解原理,进行现场编程,最后给出案例拓展要求。这项改革获得了山西省教学成果二等奖。

2013 年课题组出版了《计算机图形学基础教程(Visual C++ 版)》(第 2 版)和《计算机图形学实践教程(Visual C++ 版)(第 2 版)》。理论方面增加了纹理部分,实践方面提供了 60 个案例。本书在此基础上进行了修订。主要完成以下两个方面的工作。

(1) 重新规范类的名称。例如变换类更名为 CTransform,光源类更名为 CLightSource 等。

(2) 区分了多面体与曲面体的数据表定义。对于多面体使用 CFacet 类定义表面,一维顶点数组名为 $P$(代表 point),二维表面数组名为 $F$(代表 facet);对于曲面体使用 CPatch 类定义小面,一维顶点数组名为 $V$(代表 vertex),二维小面数组名为 $P$(代表 patch)。相应地,多面体读入顶点坐标的函数名为 ReadPoint,读入表面信息的函数名为 ReadFacet;曲面体读入顶点坐标的函数名为 ReadVertex,读入表面信息的函数名为 ReadPatch。

本书的教学实验部分由康凤娥编写,课程设计部分由孔令德编写,全书由孔令德提出编写原则并统稿。

真诚感谢国内计算机图形学教师给予的厚爱,请继续指出书中的不足,以帮助我们进步。邀请教师加入计算机图形学教师 QQ 群(群号:159410090)交流教学经验,获取源程序和课件等。凡是使用本书授课的教师,均可以获得拓展练习题目的源代码。

计算机图形学精品资源共享课网站：http://jsjtxx.tit.edu.cn/。

计算机图形学教学成果展示网站：http://txx.tit.edu.cn/。

孔令德的 QQ：997796978。

孔令德的 E-mail：klingde@163.com。

孔令德

2018 年 4 月

# 第1版前言

2008年清华大学出版社出版了笔者编写的《计算机图形学基础教程(Visual C++版)》和《计算机图形学实践教程(Visual C++版)》。《计算机图形学基础教程(Visual C++版)》中讲解的每个原理,在《计算机图形学实践教程(Visual C++版)》中都给出了相应的实现源代码。《计算机图形学实践教程(Visual C++版)》中的43个案例严格按照《计算机图形学基础教程(Visual C++版)》的原理讲解顺序实现,功能单一,仅适合于作为验证性实验,供教师课堂上对照原理讲授,学生课后上机练习。

为了进一步提升本科院校的计算机图形学实验教学质量,本书设计了18个综合性教学实验和5个课程设计项目,可以满足36学时的上机实验和5周的课程设计任务。实验项目参见表1,5个课程设计项目参见表2。

**表1 本书实验与计算机图形学基础教程的对应关系**

| 序 号 | 实 验 名 称 | 实 验 时 数 | 对应的主教材章节 |
|---|---|---|---|
| 1 | 绘制金刚石图案 | 2 | 第2章 |
| 2 | 绘制任意斜率的直线段 | 2 | 第3章 |
| 3 | 交互式绘制多边形 | 2 | 第4章 |
| 4 | 二维几何变换 | 2 | 第5章 |
| 5 | 直线段裁剪 | 2 | 第5章 |
| 6 | 立方体线框模型正交投影 | 2 | 第6章 |
| 7 | 立方体线框模型透视投影 | 2 | 第6章 |
| 8 | 动态三视图 | 2 | 第6章 |
| 9 | 动态绘制 Bezier 曲线 | 2 | 第7章 |
| 10 | 交互式三次 B 样条曲线 | 2 | 第7章 |
| 11 | 旋转的 Koch 雪花 | 2 | 第8章 |
| 12 | 颜色渐变立方体 | 2 | 第9章 |
| 13 | 地理划分线框球 | 2 | 第9章 |
| 14 | 交叉条消隐 | 2 | 第9章 |
| 15 | 立方体光照模型 | 2 | 第10章 |
| 16 | 球体 Gouraud 光照模型 | 2 | 第10章 |
| 17 | 球体 Phong 光照模型 | 2 | 第10章 |
| 18 | 立方体纹理映射 | 2 | 第10章 |

表 2　课程设计项目

| 序　号 | 课程设计名称 | 设 计 时 数 |
|:---:|:---:|:---:|
| 1 | 基本图元光栅扫描演示系统 | 一周 |
| 2 | 递归动态球体演示系统 | 一周 |
| 3 | 圆环动态纹理演示系统 | 一周 |
| 4 | 动态光源演示系统 | 一周 |
| 5 | 3DS 接口演示系统 | 一周 |

本书的特色如下。

**1. 实验全部使用 Visual C++ 的 MFC 框架开发**

计算机图形学讲授的是图形生成原理和算法,本书使用 Visual C++ 的 MFC 框架开发了综合性教学实验及课程设计项目,从原理级描述了真实感图形的生成过程和实现方法,并在个人网站上提供了完整源代码供读者免费下载。目前市面上流行的计算机图形学教学实验及课程设计教材大多基于某种图形库(如 OpenGL 或 Direct 3D 等),图形原理以函数形式封装,只要正确调用相关函数就可以完成图形绘制。基于某种图形库的实验强调了图形库函数的应用,弱化了对图形生成原理的理解。本书开发了原理级类模块,搭建了三维光照场景,实现了从原理到应用的自然进阶。本书教学实验和课程设计项目的全部经过了严格的调试,能够直接在 Visual C++ 6.0 的 MFC 环境中运行。

**2. 综合性实验提供了拓展实验项目**

计算机图形学每个实验项目都是综合使用《计算机图形学基础教程(Visual C++ 版)》提供的相关原理而完成,同时提供了实验的拓展项目。例如,实验 2 给出了任意斜率的直线生成方法,在拓展项目部分提供了任意斜率的反走样直线生成方法、任意斜率的颜色渐变直线生成方法以及任意斜率的颜色渐变反走样直线生成方法。每个教学实验及其拓展项目的训练可以满足实际工程项目对直线使用的要求。

**3. 采用类模块集成方式构造三维光照场景**

(1) 基础类:提供了 CP2 类绘制二维点;提供了 CP3 类绘制三维点;提供了 CRGB 类处理 RGB 颜色;提供了 CVector 类处理矢量。

(2) 直线类:提供了 CLine 类绘制任意斜率的直线;提供了 CALine 类绘制任意斜率的反走样直线;提供了 CCLine 类绘制任意斜率的颜色渐变直线;提供了 CACLine 类绘制任意斜率的反走样颜色渐变直线。

(3) 变换类:提供了 CTransForm 类实现二维和三维图形变换。

(4) 填充类:提供了 CFill 类使用有效边表算法填充多边形;提供了 CZBuffer 类实现深度缓冲消隐,并使用 Gouraud 和 Phong 明暗处理填充三角形或四边形面片。

(5) 光照类:提供了 CLight 类设置光源;提供了 CMaterial 类设置物体材质;提供了 CLighting 类对物体施加光照。

对于任何三维物体只要建立点表和面表数据文件,就可以在三维光照场景中绘制真实感图形。

**4. 消除了内存泄漏**

图形绘制过程中常会动态分配内存,如果在程序结束时没有释放这部分内存,则极易造成内存泄漏。本书重点处理了使用 new 运算符所引起的内存泄漏问题。

**5. 图形开发模式符合 OpenGL 规范**

本书的实验开发按照 OpenGL 的操作流程实现。物体和光源位于用户坐标系,视点位于观察坐标系。物体使用三维正交变换类旋转,物体在屏幕坐标系的投影使用透视变换实现。视点位置固定,物体旋转,生成动态图形。物体的面消隐使用 Z-Buffer 类实现,因为使用到物体的深度值,所以将物体在屏幕坐标系的透视投影的二维坐标拓展为三维坐标,即包含了物体的深度坐标。

读者可以根据本校实验时数,选择不同的上机实验项目。在条件允许的情况下,建议读者完成全部实验项目,在实验中体会计算机图形学基本原理的具体实现方法。上机环境选用 Visual C++ 6.0 或更高版本,建议显示分辨率为 1024×768。

本书虽然是笔者编写的《计算机图形学基础教程(Visual C++ 版)》的配套教材,但在"实验步骤"中详细给出了每个实验使用到的基本原理,因此也可以独立成书。本书是《计算机图形学基础教程(Visual C++ 版)》的实践性补充,有助于读者从实践角度掌握计算机图形学的基本原理。通过本书的学习,读者可以学会柏拉图正多面体、球体、圆环等三维物体的建模方法,可以改变物体的材质,为物体添加函数纹理或图片纹理,调整光源的数量、位置和颜色对物体施加光照,使用动画按钮或键盘方向键交互旋转真实感图形。

本书的教学实验部分由康凤娥编写,课程设计部分由孔令德编写,全书由孔令德提出编写计划并进行统稿。博创研究所的潘晓、宋准、左亮亮和刘玉辰等参与了实验项目的开发。

我们一直秉承"精心、精业、精品"的编写理念,虽然综合性教学实验及课程设计项目的案例多年前已经开发完成,并经过了 08~10 届学生试用,但出版前的最后修改仍耗费了大量的时间,因为相当于开发了一套独立的"OpenGL"图形库,诚恳欢迎计算机图形学方面的专家学者提出宝贵建议。笔者努力打造"精品课程平台+计算机图形学系列教材+数字化资源"的计算机图形学教学体系,希望笔者所做的工作对计算机图形学的实验教学数字化资源建设方面有所帮助,以进一步扩大省级计算机图形学精品课程的受益面。

我们的个人网站:http//:www.klingde.com/。

登录网站可以免费下载本书的所有教学实验和课程设计项目的源程序代码以及实验拓展项目的可执行文件。网站上同时提供了《计算机图形学基础教程(Visual C++ 版)》的教案及课件、《计算机图形学实践教程(Visual C++ 版)》的 43 个案例源程序、《计算机图形学基础教程(Visual C++ 版)习题解答与编程实践》的所有习题解答源程序以及习题拓展的可执行文件。网站"精品展示"项目提供了博创研究所开发的计算机图形学成功案例可执行文件,"示例源码"栏目提供了笔者定期公开的计算机图形学成功案例源程序。

我们主持的省级计算机图形学精品网站:http://210.31.100.100/jsjtxx/welcome.html。

我们的 E-mail:klingde@163.com。

我们的 QQ:997796978。

孔令德

2011 年 12 月

# 目　　录

## 第一部分　教　学　实　验

## 第二部分　课　程　设　计

# 第一部分　教学实验

# 实验任务书

## 1. 实验目的与要求

实验目的:巩固对计算机图形学的直线扫描转换原理、有效边表填充原理、三维透视投影原理、Z-Buffer 深度缓冲消隐原理和真实感图形生成原理的理解,增加对真实感图形生成算法的感性认识,强化训练使用 Visual C++ 的 MFC 编写相关图形类的技能。

此前,课堂上已经完成《计算机图形学实践教程(Visual C++ 版)(第 2 版)》的 60 个验证性实验的讲解,在此基础上,要求能综合使用全部教学内容完成综合性实验。

实验要求:在实验前了解综合性实验的目的和要求,观察实验效果图。在实验中认真理解每个类的结构,通过搭积木的方式完成实验任务。实验结束后按要求整理相关类的源程序,撰写实验报告,尤其需要对难点和重点进行详细说明。

## 2. 实验项目与提要

学时:教学总学时 48,其中实验学时 8。

| 序号 | 实验项目 | 时数 | 内 容 提 要 | 实验类型 |
|------|----------|------|-------------|----------|
| 1 | 绘制任意斜率的直线段 | 2 | 设计直线类。鼠标左键按下绘制直线起点,鼠标左键弹起绘制直线终点 | 必做 |
| 2 | 立方体线框模型正交投影 | 2 | 设计正交变换类。立方体新的顶点坐标通过原顶点坐标齐次矩阵乘以旋转变换矩阵得到。立方体旋转,视点不动 | 必做 |
| 3 | 立方体线框模型透视投影 | 2 | 设计透视变换类。立方体不动,视点旋转 | 选做 |
| 4 | 颜色渐变立方体 | 2 | 使用有效边表算法插值填充多边形。立方体使用透视投影绘制,使用凸多面体消隐算法剔除背面 | 选做 |
| 5 | 交叉条消隐 | 2 | 使用 Z-Buffer 算法对互相叠加的 4 个交叉条进行消隐 | 选做 |
| 6 | 立方体光照模型 | 2 | 设计材质类、光源类和光照类。考察光源和材质的交互作用。立方体旋转,视点和光源不动 | 必做 |
| 7 | 球体 Gouraud 光照模型 | 2 | 根据面片顶点的光强插值计算球体三角形面片内点的光强。球体旋转,视点和光源不动 | 必做 |
| 8 | 球体 Phong 光照模型 | 2 | 根据球体面片顶点的法矢量插值计算球体面片内点的法矢量。根据面片内点的法矢量获得该点的光强。球体旋转,视点和光源不动 | 选做 |

## 3. 成绩考核方法

本实验与"计算机图形学"课程同步开设,成绩占期末总成绩的 20%～40%。

## 4. 本课程与其他课程的联系和分工

先修课程:"高等数学""线性代数""MFC 程序设计语言""数据结构"。

# 实验 1　绘制金刚石图案

## 1.1　实验目的

（1）掌握二维坐标系模式映射方法。
（2）掌握动态内存的分配和释放方法。
（3）掌握二维点类的定义方法。
（4）掌握对话框的创建及调用方法。
（5）掌握对话框的数据交换和数据校验方法。
（6）掌握 Test 工程实验框架的创建方法。
（7）掌握金刚石图案的设计方法。

## 1.2　实验要求

（1）定义二维坐标系原点位于屏幕中心，$x$ 轴水平向右为正，$y$ 轴垂直向上为正。
（2）以二维坐标系原点为圆心绘制半径为 $r$ 的圆，将圆的 $n$ 等分点使用直线彼此连接形成金刚石图案。
（3）程序运行界面提供"文件""绘图"和"帮助"3 个菜单项。"文件"菜单中的"退出"子菜单项用于退出应用程序；"绘图"菜单中的"金刚石"子菜单项用于绘制金刚石图案；"帮助"菜单中的"关于"子菜单项用于说明开发信息。
（4）选中"金刚石"子菜单项，打开"输入参数"对话框，在其中输入等分点个数和圆的半径。
（5）在窗口客户区中心绘制金刚石图案。

## 1.3　效果图

将半径为 300 的圆划分 30 个等分点后，得到的金刚石图案效果如图 1-1 所示。

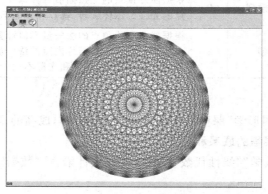

图 1-1　绘制金刚石图案效果图

## 1.4　实验准备

（1）学习完主教材第 2 章后进行本实验。

（2）熟悉 Visual C++ 6.0 的安装方法。

（3）熟悉 MFC 绘图环境。

（4）熟悉 CDC 类的基本绘图函数。

（5）熟悉实验报告的书写格式。

实验报告采用 A4 纸大小，封面一般包含实验题目、班级、姓名、日期和系部名称。报告内容一般包括实验目的和要求、实验步骤、思考与总结。需要指出的是，实验步骤不是教学内容的重复，而是自己根据实验内容进行探索创新的过程。也可根据本部门的要求，制定新的实验报告格式。

## 1.5　实验步骤

### 1.5.1　创建 Test 工程实验框架

**1. 新建 Test 工程**

（1）从 Windows XP 的开始菜单中启动 Microsoft Visual C++ 6.0，如图 1-2 所示。

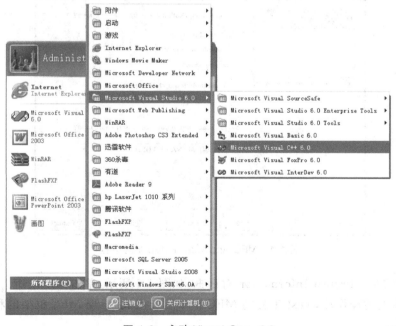

图 1-2　启动 Visual C++ 6.0

（2）在 Visual C++ 集成开发环境中，选择 File|New 命令，弹出 New 对话框，切换到 Projects 标签页。在左边窗口中选择 MFC AppWizard［exe］，在右边的 Project name 处输

入工程名 Test,在 Location 处选择适当的工程位置,如 D:\Test,如图 1-3 所示,单击 OK 按钮。

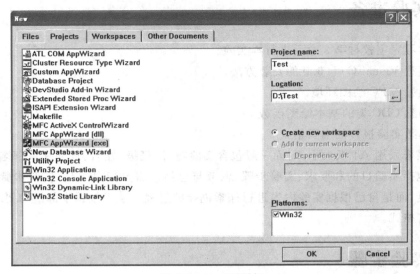

图 1-3  New 对话框

（3）在 MFC AppWizard-Step 1 对话框中,选中 Single document 单选按钮,其余保持默认值,如图 1-4 所示,单击 Finish 按钮。

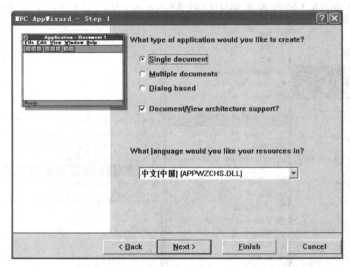

图 1-4  MFC AppWizard-Step 1 对话框

（4）弹出 New Project Information 对话框,如图 1-5 所示,单击 OK 按钮。

（5）完成上述操作后,Test 工程的 MFC 框架已被生成,出现 MFC 框架的程序工作区。如图 1-6 所示。

（6）单击图 1-7 所示的工具条上的 ! 按钮,就可以直接编译、运行 Test 工程,结果如图 1-8 所示。

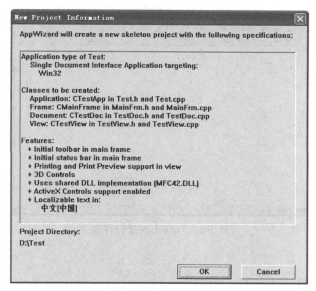

图 1-5　New Project Information 对话框

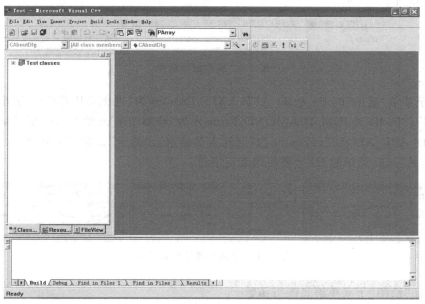

图 1-6　MFC 框架

图 1-7　"执行"按钮

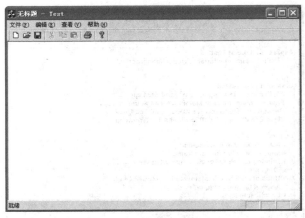

图 1-8　Test 工程运行界面

## 2. 设计菜单

### 1）设置菜单的 ID

在资源视图面板 ResourceView 上双击 Menu，打开 IDR_MAINFRAME，修改菜单项内容，结果如图 1-9 所示。

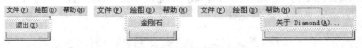

图 1-9　菜单设计结果

保留子菜单"退出"的 ID 为 ID_APP_EXIT，Prompt 为"退出应用程序\n 退出"；设计子菜单"金刚石"的 ID 为 IDM_DIAMOND，Prompt 为"绘制图形\n 绘图"；保留子菜单"关于"的 ID 为 ID_APP_ABOUT，Prompt 为"开发人员信息\n 关于"。如图 1-10 所示。请注意，按照 MFC 的习惯，菜单的 ID 号要使用大写字符。

图 1-10　子菜单属性设计结果

### 2）添加"绘图"子菜单消息映射函数

子菜单"退出"和"关于"的命令消息处理函数在 Test 框架建立时 AppWizard 已经提供，这里予以保留。下面讲解为"金刚石"子菜单添加命令消息处理函数的方法。选择 View|Class Wizard 菜单项，打开 MFC ClassWizard 对话框，并自动切换到 Message Maps 选项卡。在 Object IDs 列表中选择 IDM_DIAMOND，在 Class name 下拉列表中选择 CTestView 类，在 Messages 栏中选择 COMMAND 后，单击 Add Function 按钮，弹出 Add Member Functions 对话框，保持默认菜单成员函数的名字 OnDiamond，单击 OK 按钮，则在 Member functions 中为"金刚石"子菜单添加操作函数 OnDiamond()，如图 1-11 所示。该函数成为 CTestView 类的成员函数，系统已经自动在 TestView. h 头文件中添加了函数声

明,在 TestView. cpp 源文件中给出了函数框架。单击 Edit Code 按钮可以对 OnDiamond()
函数进行编辑。

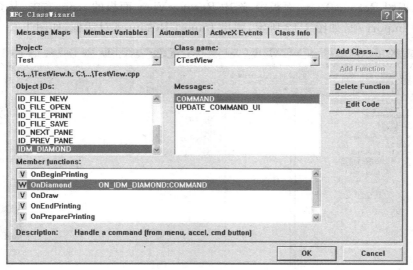

图 1-11 绘图子菜单项的命令消息映射

(1) 在 TestView. h 头文件中使用注释宏声明 OnDiamond()函数:

```
//{{AFX_MSG(CTestView)
afx_msg void OnDiamond();
//}}AFX_MSG
DECLARE_MESSAGE_MAP()
```

(2) 在 TestView. cpp 源文件中使用 ON_COMMAND 宏指明处理 ID 号为 IDM_
DIAMOND 的菜单命令消息的函数为 OnDiamond():

```
BEGIN_MESSAGE_MAP(CTestView, CView)
    //{{AFX_MSG_MAP(CTestView)
    ON_COMMAND(IDM_DIAMOND, OnDiamond)
    //}}AFX_MSG_MAP
    // Standard printing commands
    ON_COMMAND(ID_FILE_PRINT, CView::OnFilePrint)
    ON_COMMAND(ID_FILE_PRINT_DIRECT, CView::OnFilePrint)
    ON_COMMAND(ID_FILE_PRINT_PREVIEW, CView::OnFilePrintPreview)
END_MESSAGE_MAP()
```

(3) 在 TestView. cpp 源文件中给出 OnDiamond()函数的框架:

```
void CTestView::OnDiamond()
{
    // TODO: Add your command handler code here
}
```

### 3. 设计工具条

1）导入自定义图标

在资源视图 ResouceView 面板中，选中 ResouceView 面板的 Icon，右击，从弹出的快捷菜单中选中 Import 项，如图 1-12 所示，弹出 Import Resource 对话框，如图 1-13 所示。

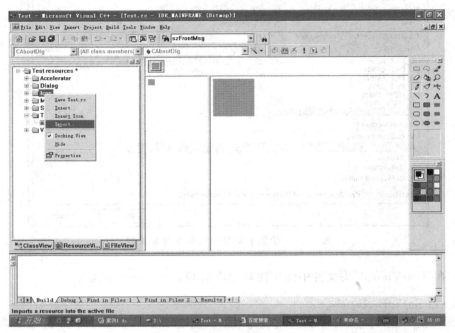

图 1-12 导入资源快捷菜单

图 1-13 Import Resource 对话框

选择具有一定意义的图标文件设计工具条。本实验使用表 1-1 所示的图标 app.ico 代表 Test 应用程序，图标 draw.ico 代表"金刚石"子菜单项，图标 exit.ico 代表"退出"子菜单项，图标 help.ico 代表"关于"子菜单项。图标导入结果如图 1-14 中 Icon 下的 IDI_ICON1～IDI_ICON4 所示。

表 1-1　图标标识和图标文件的对应关系

| ID 标识 | 图标文件名 | 图　标 | ID 标识 | 图标文件名 | 图　标 |
| --- | --- | --- | --- | --- | --- |
| IDI_ICON1 | app. ico |  | IDI_ICON3 | exit. ico |  |
| IDI_ICON2 | draw. ico |  | IDI_ICON4 | help. ico |  |

图 1-14　导入图标

图 1-15　工具条图标设计结果

2）设计应用程序图标

双击资源 Icon 下的 IDR_MAINFRAME 标识，打开应用程序默认图标文件![icon]，选中 Edit|Clear 菜单项，应用程序默认图标文件改变为![icon]。双击图标标识 IDI_ICON1，在右侧图标编辑区打开图标文件![icon]。选中 Edit|Copy 菜单项，接着粘贴到应用程序默认图标文件中成为![icon]。注意，需要在图标的 Device 为 Standard(32×32)和 Small(16×16)两种选项下分别进行对应的复制和粘贴，前者修改了 debug 文件夹内应用程序默认图标，后者修改了运行界面标题栏的应用程序默认图标。

3）设计工具条图标

双击 Toolbar 下的 IDR_MAINFRAME，打开系统框架提供的工具条，将原有图标拖动至空白处予以删除。选中空白图标![icon]，分别粘贴图标文件 IDI_ICON3 ![icon]、IDI_ICON2 ![icon]和 IDI_ICON4 ![icon]，结果如图 1-15 所示。其中第一个图标代表"退出"子菜单项，第二个图标代表"金刚石"子菜单项，第三个图标代表"关于"子菜单项。

4）链接工具条图标和子菜单项

要让工具条上的图标代表相应的子菜单项，必须使二者具有相同的 ID 号。双击图 1-15 所示的![icon]图标，弹出 Toolbar Button Properties 对话框，修改其 ID 号为"文件"|"退出"子菜单项的 ID，即 ID_APP_EXIT，如图 1-16 所示；双击图 1-15 所示的![icon]图标，修改其 ID 号为"绘图"|"金刚石"子菜单的 ID，即 IDM_DIAMOND，如图 1-17 所示；双击图 1-15 所示的![icon]图标，修改其 ID 号为"帮助"|"关于"子菜单的 ID，即 ID_APP_ABOUT，如图 1-18 所示。

**4. 设计"关于"对话框**

在 MFC AppWizard(exe)执行后，系统自动提供"关于"对话框，如图 1-19 所示。可以修改为能体现开发者信息的"关于"对话框，本案例设计的"关于"对话框如图 1-20 所示。

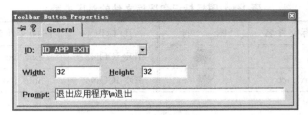

图 1-16　设置"退出"图标的 ID 号

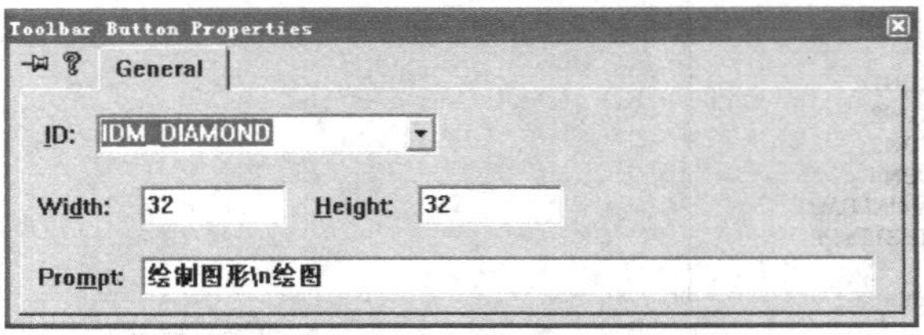

图 1-17　设置"金刚石"图标的 ID 号

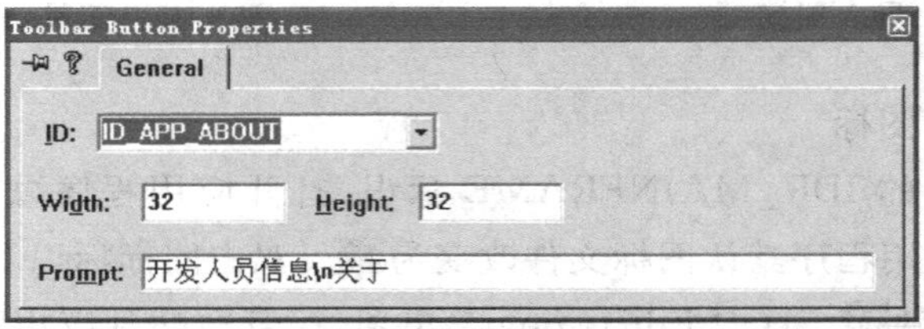

图 1-18　设置"关于"图标的 ID 号

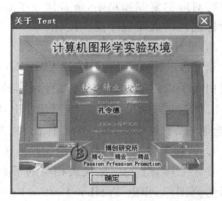

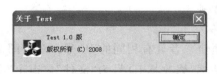

图 1-19　系统默认的"关于"对话框　　　　图 1-20　自定义"关于"对话框

　　首先在资源视图 ResouceView 面板中,右击 Test resources,从弹出的快捷菜单中选择 Import,如图 1-21 所示,打开如图 1-22 所示的 Import Resource 对话框,将文件类型"Icons (.ico)"修改为"所有文件( * . * )",选中一幅位图,如果选中 about.bmp 位图。这时 ResouceView 面板中出现 Bitmap 项,双击打开,系统默认添加的位图 ID 为 IDB_ BITMAP1。如果该位图为索引颜色(256 色),则双击 IDB_BITMAP1 可以在右边框架内打 开位图,如图 1-23 所示。

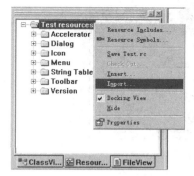

图 1-21 资源导入位图快捷菜单

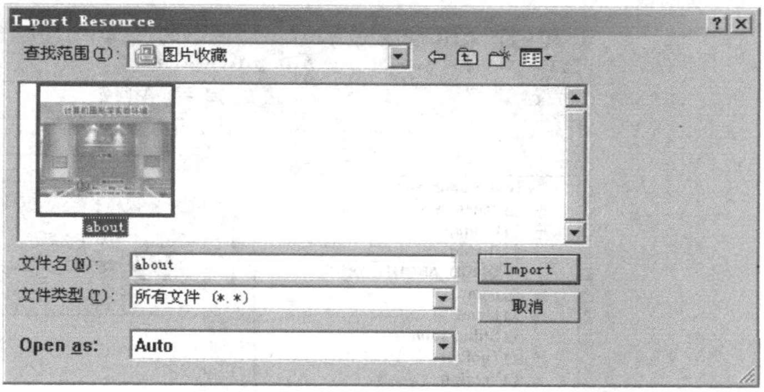

图 1-22 导入位图对话框

图 1-23 导入后的位图

在资源视图 ResouceView 面板的 Dialog 项下双击 IDD_ABOUTBOX,打开"关于"对话框,如图 1-24 所示。删除部分控件,只保留 Picture 控件和 Button 控件,根据 about 位图大小,适当调整对话框的高度和宽度,如图 1-25 所示。选中 Picture 控件,右击,打开 Picture Properties 对话框,如图 1-26 所示。在 Image 项内选择 IDB_BITMAP1,出现图 1-27 所示的设计结果,完成了"关于"对话框的设计。

**5. 窗口极大化显示**

在默认的情况下,应用程序的窗口为正常显示。在 Test.cpp 文件的 InitInstance()函数中的部分代码如下:

```
// The one and only window has been initialized, so show and update it.
m_pMainWnd->ShowWindow(SW_SHOW);
m_pMainWnd->UpdateWindow();
return TRUE;
```

其中,m_pMainWnd 为 CWinThread 类的公有指针数据成员。从 MFC 的继承图表可以知

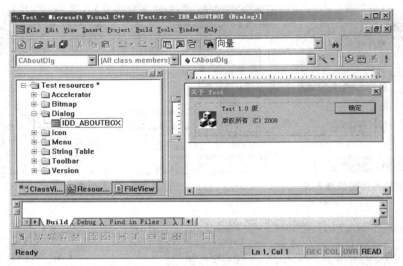

图 1-24  打开"关于"对话框

图 1-25  "关于"对话框的保留控件

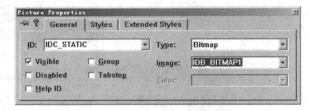

图 1-26  Picture Properties 对话框

道,CWinApp 公有继承于 CWinThread,而 CTestApp 又公有继承于 CWinApp。使用 m_pMainWnd 调用 CWnd 类的成员函数 ShowWindow() 可以控制窗口的显示状态。ShowWindow() 函数的原型如下:

```
BOOL ShowWindow(int nCmdShow);
```

当参数 nCmdShow 的取值为 SW_SHOW 时,窗口以现有的尺寸和位置显示,当参数 nCmdShow 的取值为 SW_SHOWMAXIMIZED 时,窗口最大化显示。

本实验将窗口设置为最大化显示模式,并且在标题栏显示文字"实验1:绘制金刚石图案"。修改代码如下:

图 1-27  "关于"对话框的设计结果

```
// The one and only window has been initialized, so show and update it.
m_pMainWnd->ShowWindow(SW_MAXIMIZE);              //窗口最大化
```

```
AfxGetMainWnd()->SetWindowText("实验1:绘制金刚石图案");
m_pMainWnd->UpdateWindow();
```

运行程序,出现的界面如图 1-28 所示,为全屏显示。至此,Test 工程实验框架制作完毕。

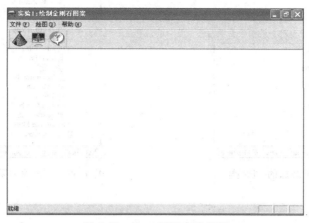

图 1-28  Test 工程实验框架

## 1.5.2  绘制金刚石图案

### 1. 设计二维点 CP2 类

本实验首先定义 CP2 类,将 double 型 $x$ 坐标和 double 型 $y$ 坐标绑定在一起处理。首先在 ClassView 面板中,右击 Test classes,从弹出的快捷菜单中选择 New Class,如图 1-29 所示。打开 New Class 对话框,在 Class type 中选择 Generic Class(一般类),在 Name 单选框中输入类名 CP2,如图 1-30 所示。单击 OK 按钮,在类视图 ClassView 中添加新类 CP2,如图 1-31 所示。在文件视图面板的 Source Files 下 Visual C++ 向导自动添加 P2.h 文件和 P2.cpp文件,如图 1-32 所示。CP2 类的完整定义如下。

图 1-29  添加新类

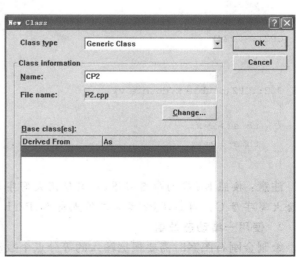

图 1-30  定义二维 CP2 点类

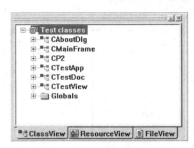

图 1-31　新添加的 CP2 类

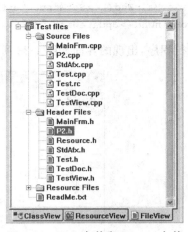

图 1-32　P2.h 文件和 P2.cpp 文件

```cpp
class CP2
{
public:
    CP2();
    virtual ~CP2();
    CP2(double x,double y);
public:
    double x;
    double y;
};
CP2::CP2()
{
    x=0.0;
    y=0.0;
}
CP2::~CP2()
{
}
CP2::CP2(double x,double y)
{
    this->x=x;
    this->y=y;
}
```

**注意**：按照 MFC 的命名习惯，类名使用大写字母 C 开头，头文件和源文件的文件名不包含大写字母 C。例如，CP2 类为二维点类名，P2.h 和 P2.cpp 为文件名。

**2. 使用一维动态数组**

绘制金刚石图案时需要根据输入的等分点个数动态定义一维顶点数组。本实验定义了 CP2 类的一维动态顶点数组。使用动态数组，可以避免静态数组的"大开小用"。动态数组的分配都在堆区中进行，动态数组的大小只有在程序运行时才能确定，这样编译器在编译时就无法预留存储空间,只能在程序运行时系统根据输入值进行内存分配,这种方法称为动态存储分配。

Visual C++中一维动态数组分配的格式如下:

指针变量名=new 类型名[下标表达式];

new 运算符返回的是一个指向所分配类型数组的指针,动态创建的数组本身没有名字。

Visual C++中动态数组释放的格式如下:

delete[ ]指向该数组的指针变量名;

数组分配格式和数组释放格式中的方括号是非常重要的,两者必须配对使用,如果delete 语句中少了方括号,则编译器认为该指针是指向数组第一个元素的指针,就会产生回收不彻底的问题(只回收了第一个元素所占空间),加了方括号就转化为指向数组的指针,回收整个数组。delete [ ]的方括号中不需要填写数组元素个数,系统自己确定。即便写了,编译器也会忽略。

本实验中,动态数组的分配语句如下:

CP2 * p=new CP2[n];

动态数组的释放语句如下:

delete []p;

说明:在堆区创建的对象数组,只能调用默认的构造函数,不能调用其他任何构造函数。本实验中 CP2 类提供了默认构造函数,所以能创建对象数组。

### 3. 设计金刚石图案的数学模型

本实验的核心是在圆的基础上绘制金刚石图案。金刚石图案是一个二维图案,仅使用二维坐标$(x,y)$就可以绘制,本实验使用 CP2 数组实现。金刚石图案是由依次连接位于圆上的不同等分点的直线段构成。等分点个数越多,金刚石图案越复杂。当圆的等分点个数 $n=5$ 时,线段连接情况如图 1-33 所示,线段连接点见表 1-2。

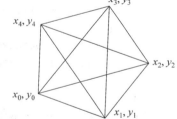

图 1-33　$n=5$ 时的线段连接

#### 表 1-2　线段连接方式

| 起　　点 | 终　　点 |
| --- | --- |
| $(x_0,y_0)$ | $(x_1,y_1),(x_2,y_2),(x_3,y_3),(x_4,y_4)$ |
| $(x_1,y_1)$ | $(x_2,y_2),(x_3,y_3),(x_4,y_4)$ |
| $(x_2,y_2)$ | $(x_3,y_3),(x_4,y_4)$ |
| $(x_3,y_3)$ | $(x_4,y_4)$ |

算法设计的难点是避免直线段的重复连接。为此,设计一个二重循环,代表起点索引号的外层整型变量 $i$ 从 $i=0$ 循环到 $i=n-2$,代表终点索引号的内层整型变量 $j$ 从 $j=i+1$ 循

环到 $j=n-1$。以 $(p[i].x, p[i].y)$ 为起点,以 $(p[j].x, p[j].y)$ 为终点依次连接各线段形成金刚石图案。金刚石函数的代码如下:

```
void CTestView::Diamond()                                    //金刚石函数
{
    CDC * pDC=GetDC();                                       //获得设备上下文
    CRect rect;                                              //定义矩形
    GetClientRect(&rect);                                    //获得矩形客户区大小
    pDC->SetMapMode(MM_ANISOTROPIC);                         //自定义坐标系
    pDC->SetWindowExt(rect.Width(),rect.Height());           //设置窗口范围
    pDC->SetViewportExt(rect.Width(),-rect.Height());        //x轴水平向右,y轴垂直向上
    pDC->SetViewportOrg(rect.Width()/2,rect.Height()/2);     //屏幕中心为坐标系原点
    CPen NewPen, * pOldPen;                                  //定义画笔
    NewPen.CreatePen(PS_SOLID,1,RGB(0,0,255));               //创建蓝色画笔
    pOldPen=pDC->SelectObject(&NewPen);                      //将蓝色画笔选入设备上下文
    double thta;                                             //thta 为圆的等分角
    thta=2 * PI/n;
    for(int i=0;i<n;i++)                                     //计算等分点坐标
    {
        p[i].x=r * cos(i * thta);
        p[i].y=r * sin(i * thta);
    }
    for(i=0;i<=n-2;i++)                                      //依次各连接等分点
    {
        for(int j=i+1;j<=n-1;j++)
        {
            pDC->MoveTo(ROUND(p[i].x),ROUND(p[i].y));
            pDC->LineTo(ROUND(p[j].x),ROUND(p[j].y));
        }
    }
    pDC->SelectObject(pOldPen);                              //恢复设备上下文原画笔
    NewPen.DeleteObject();                                  //删除已成自由状态的新画笔
    ReleaseDC(pDC);                                         //释放 pDC
}
```

PI 宏代表圆周率 $\pi$。宏定义语句如下:

```
#define PI 3.1415926                                        //PI 的宏定义
```

因为屏幕坐标是整型,所以定义 ROUND() 宏用于对每个点的 double 型分量 $x$ 或 $y$ 进行四舍五入处理。带参数的宏定义语句如下:

```
#define ROUND(a) int(a+0.5)                                 //四舍五入
```

### 4. 设计对话框

1) 设计对话框界面

为了动态读入等分点个数和圆的半径,本实验使用了输入对话框。在资源视图面板

ResourceView 中选择 Dialog 并右击,在弹出的快捷菜单中选择 Insert Dialog,如图 1-34 所示。系统会自动为当前应用程序添加一个对话框资源,如图 1-35 所示。删除其中的 Cancel 按钮,并利用图 1-36 所示控件箱内的控件,分别添加两个静态文本控件 Static Text 和两个编辑框控件 Edit Box,将控件拖至适合的位置。在输入对话框的设计过程中会使用 Visual C++ 控件箱,如果没有出现,可以在工具条空白处右击,选择快捷菜单中的 Controls 使之显示,如图 1-37 所示。

图 1-34　添加对话框快捷菜单

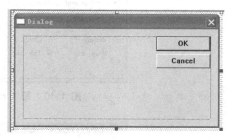

图 1-35　对话框资源

图 1-36　控件箱

图 1-37　控件箱显示快捷菜单

添加控件后的对话框资源如图 1-38 所示。下面分别设计各控件的属性。第 1 行的静态文本控件 Static Text 的 Caption 属性设置为"等分点个数:",如图 1-39 所示。第 1 行的编辑框控件 Edit1 Box 的 ID 属性保持为 IDC_EDIT1,如图 1-40 所示。第 2 行的静态文本控件 Static Text 的 Caption 属性设置为"圆的半径:",如图 1-41 所示。编辑框控件 Edit2 Box 的 ID 属性保持为 IDC_EDIT2,如图 1-42 所示。设置对话框的 Caption 属性为"输入参数"。单击 Font 按钮,通过弹出的 Font 对话框将文本设置为"宋体,9 号",以使自己的对话框和 Windows 中的对话框保持外观上的一致,这符合界面设计的一致性原则,如图 1-43 所示。

图 1-38 添加控件后的对话框资源

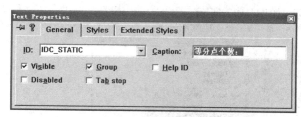

图 1-39 第 1 行的 Static 控件属性设计

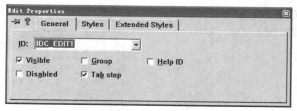

图 1-40 第 1 行的 Edit 控件属性设计

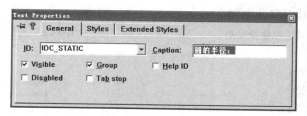

图 1-41 第 2 行的 Static 控件属性设计

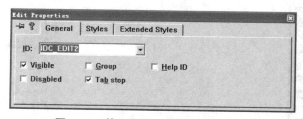

图 1-42 第 2 行的 Edit 控件属性设计

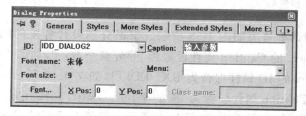

图 1-43 对话框属性设计

2）创建对话框类

双击对话框弹出 Adding a Class 对话框，如图1-44所示，保持默认选项 Creat a new class，单击 OK 按钮。在弹出的 New Class 对话框中填写输入对话框类名 CInputDlg，如图1-45所示，单击 OK 按钮，对话框类添加完毕。

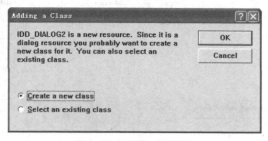

图 1-44　添加对话框类

3）对话框控件的消息映射

选中 View|ClassWizard 菜单项，如图1-46所示，打开 MFC ClassWizard 对话框，切换到 Member Variables 选项卡，如图1-47所示。为对话框添加数据成员的名称和类型。其中 IDC_EDIT1 控件在对话框内的映射变量名为 m_n，类型为 int，代表等分点个数，限制其 Minimum Value 为5，Maximum Value 为50；IDC_EDIT2 控件在对话框内的映射变量名为 m_r，类型为 double，代表圆的半径，限制其 Minimum Value 为200，Maximum Value 为500，单击 OK 按钮退出。这里使用了 MFC 的数据交换（Dialog Data Exchange，DDX）和数据校验（Dialog Data Validation，DDV）技术。DDX 是一种用于在对话框的控件和控件的相关变量之间传递数据的方法。DDV 是一种用于数据从对话框的控件传递出来时进行检验的方法。

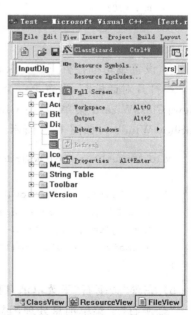

图 1-45　输入对话框类名　　　　　图 1-46　ClassWizard 菜单

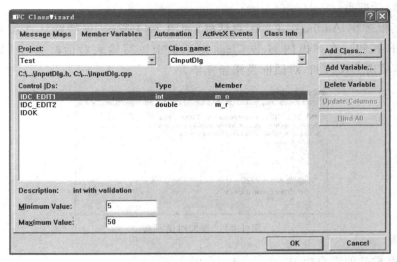

图 1-47 添加对话框类的数据成员

4）设置编辑框控件 Edit Box 的初始值

在对话框构造函数 CInputDlg 中修改 IDC_EDIT1 和 IDC_EDIT2 映射数据成员的初始值为 m_n＝30.0 和 m_r＝300.0。代码如下：

```
CInputDlg::CInputDlg(CWnd* pParent /* =NULL */)
    : CDialog(CInputDlg::IDD, pParent)
{
    //{{AFX_DATA_INIT(CInputDlg)
    m_r=300.0;
    m_n=30;
    //}}AFX_DATA_INIT
}
```

5）设置编辑框控件 Edit1 Box 的初始状态为选中

在打开对话框时,设置第一个编辑框内的默认值为选中状态,以方便用户的修改。选中 View|ClassWizard 菜单项,在 CInputDlg 类中添加消息 WM_SHOWWINDOW 处理函数 OnShowWindow,如图 1-48 所示。代码如下：

```
void CInputDlg::OnShowWindow(BOOL bShow, UINT nStatus)
{
    CDialog::OnShowWindow(bShow, nStatus);
    // TODO: Add your message handler code here
    GetDlgItem(IDC_EDIT1)->SetFocus();
    ((CEdit *)GetDlgItem(IDC_EDIT1))->SetSel(0,-1);
}
```

6）完善“金刚石”子菜单消息处理函数

“金刚石”子菜单消息处理函数首先调用对话框读入金刚石的“等分点个数”和“圆的半径”,然后调用 Diamond()函数绘制金刚石图案。代码如下：

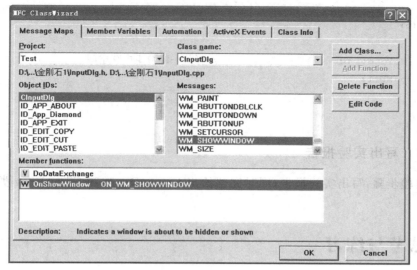

图 1-48　添加消息处理函数

```
void CTestView:: OnMdraw ()
{
    // TODO: Add your command handler code here
    CInputDlg dlg;
    if(IDOK==dlg.DoModal())        //调用对话框模块,判断是否单击 OK 按钮
    {
        n=dlg.m_n;                 //n 为等分点个数
        r=dlg.m_r;                 //r 为圆的半径
    }
    else
    {
        return;
    }
    Invalidate(FALSE);             //重绘窗口
    p=new CP2[n];                  //创建动态一维数组内存空间,n 必须是整型变量
    Diamond();
}
```

## 5. 内存回收

在构造函数内对 CP2 类数组指针 p 初始化。在析构函数内释放其占有的内存空间,才能避免内存泄漏。

```
CTestView::CTestView()
{
    // TODO: add construction code here
    p=NULL;
}
CTestView::~CTestView()
```

```
{
    if(p)
    {
        delete[] p;                    //释放一维数组内存空间
        p=NULL;
    }
}
```

### 1.5.3 写出实验报告

结合实验步骤,写出实验报告,同时完整给出 CInputDlg 类和 CTestView 类的头文件和源文件。

# 1.6 思考与练习

#### 1. 实验总结

(1) 本实验主要是引导读者建立 Test 工程实验框架,重点介绍了创建步骤,以及个性化菜单和工具条的设计过程。在 Visual C++ 中,每个类由 *.h 和 *.cpp 两个文件组成。例如,CTestView 类的定义在 TestView.h 头文件中,类的实现是在 TestView.cpp 源文件中。MFC 一般使用 CTestView 类进行绘图,菜单项也映射在该类中。本实验需要在 CTestView 类中调用 CInputDlg 类来实现对话框的输入,只需在 CTestView 类中包含 CInputDlg 类的头文件 InputDlg.h。请读者掌握通过修改 CTestView 类的 TestView.h 头文件和 TestView.cpp 源文件来绘制金刚石图案的方法。

(2) 使用 new 运算符创建的动态数组,在使用完毕后,要使用 delete 运算符回收,否则会造成内存泄漏。所谓内存泄漏,是指使用 new 运算符动态开辟的内存空间,在使用完毕后一直未予以释放,随着程序运行时间的增加,占用的内存越来越多,最终耗尽全部内存资源,造成系统崩溃。本实验定义 p 为动态数组,即根据输入的等分点个数开辟了 CP2 类内存空间。在构造函数中初始化 p,在析构函数中释放动态数组。如果全部注释了析构函数中的语句,则在使用 📧 图标运行程序绘制金刚石图案后,退出程序时会出现如下提示:

```
Detected memory leaks!
Dumping objects ->
D:\Test\TestView.cpp(157) : {172} normal block at 0x00443D20, 724 bytes long.
Data: <    PsA    >1E 00 00 00 50 73 41 00 CD CD CD CD 00 00 00 00
Object dump complete.
The thread 0xA28 has exited with code 0 (0x0).
The program 'D:\Test\Debug\Test.exe' has exited with code 0 (0x0).
```

双击第 3 行提示,光标定位于 new 运算符所在的语句。说明 TestView.cpp 文件的第 157 行语句,normal 内存块在地址 0x00443D20 处发生 724B 的内存泄漏,如图 1-49 所示。

为什么在调试模式下可以检测内存泄漏呢? 在使用 AppWizard 创建 MFC 框架时,TestView.cpp 文件头会自动生成如下代码:

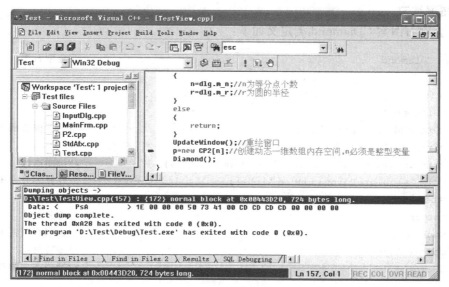

图 1-49　内存泄漏

```
#ifdef _DEBUG
#define new DEBUG_NEW
#undef THIS_FILE
static char THIS_FILE[]=__FILE__;
#endif
```

MSDN 的解释是："在 MFC 中,可以使用 DEBUG_NEW 宏代替 new 运算符来帮助定位内存泄漏。在程序的 Debug 版本中,DEBUG_NEW 将为所分配的每个对象跟踪文件名和行号。当编译程序的 Release 版本时,DEBUG_NEW 将解析为不包含文件名和行号信息的简单 new 操作。因此,在程序的 Release 版本中不会造成任何速度损失。"也就是说,在 Debug 模式时,new 运算符会被替换为 DEBUG_NEW,发生内存泄漏时,可以在调试模式下定位泄漏内存的代码。若删掉该句,就不能进行定位了。

（3）本实验中重绘窗口使用的是 RedrawWindow()函数,MFC 还提供了 Invalidate()函数和 UpdateWindow()函数。三者之间的区别如下：Invalidate()是强制窗口进行重画,但是不一定就马上进行重画。因为 Invalidate()只是通知系统,此时的窗口已经变为无效,强制发送 WM_PAINT 消息进入消息队列,当执行到 WM_PAINT 消息时才对窗口进行重绘;UpdateWindow()函数立即向窗体发送 WM_PAINT 消息,在发送之前判断有无可绘制的客户区域,如果没有则不发送 WM_PAINT;RedrawWindow()函数则同时具有 Invalidate()函数和 UpdateWindow()函数的双重特性,声明窗口的状态为无效,并立即更新窗口,即立即发送 WM_PAINT 消息。

本实验可以使用 RedrawWindow()函数更新窗口或同时使用 Invalidate()函数和 UpdateWindow()函数更新窗口。

（4）本实验建立的 Test 工程框架成为后续实验的基础框架,所有实验将基于该框架完成。

**2．拓展练习**

（1）金刚石图案 CDiamond 类定义如下：

```
class CDiamond                                          //金刚石类
{
public:
    CDiamond();
    CDiamond(int n,double r);                           //带参构造函数
    virtual ~CDiamond();
    void Draw(CDC * pDC, COLORREF clr=RGB(0,0,0));       //绘图函数
    void CalculatePoint(double Alpha);                  //计算等分点坐标
private:
    int n;                                              //等分点数
    double r;                                           //金刚石图案半径
    double Alpha;                                       //旋转角
    CPoint * P;                                         //等分点一维整数数组
};
```

在 CTestView 类内定义双缓冲动画函数 DoubleBuffer()，调用 CDiamond 类对象绘制逆时针旋转的金刚石图案，如图 1-50 所示。

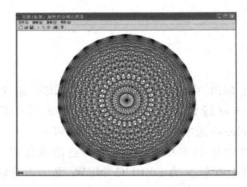

图 1-50　旋转的金刚石图案效果图

（2）CBrick 类定义如下：

```
class CBrick                                            //砖块类
{
public:
    CBrick();
    virtual ~CBrick();
    CBrick(CPoint point, int Width, int Height);        //带参构造函数
    void DrawBrick(CDC * pDC,COLORREF clr1,COLORREF clr2);       //绘制整块砖
    void DrawHalfBrick(CDC * pDC,COLORREF clr1,COLORREF clr2);   //绘制半块砖
private:
    CPoint p;                                           //砖块中心坐标
    int HWidth,HHeight;                                 //砖块的半宽与半高
};
```

设砖块的边界线为 3 像素宽的白色直线,砖块的颜色为红色。奇数行砖块和偶数行砖块有半块砖的错位,砖块的数量由客户区大小与砖块大小整除得到。在窗口客户区内绘制编程绘制图 1-51 所示的砖墙。

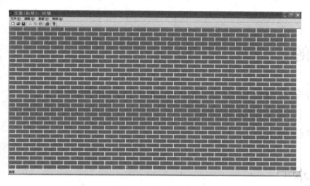

图 1-51 砖墙

# 实验 2　绘制任意斜率的直线段

## 2.1　实验目的

（1）掌握任意斜率直线段的中点 Bresenham 扫描转换算法。

（2）掌握 CLine 直线类的设计方法。

（3）掌握状态栏编程方法。

## 2.2　实验要求

（1）设计 CLine 直线类，其数据成员为直线段的起点坐标 $P_0$ 和终点坐标 $P_1$，成员函数为 MoveTo() 和 LineTo() 函数。

（2）CLine 类的 LineTo() 函数使用中点 Bresenham 算法绘制任意斜率 $k$ 的直线段，包括 $k = \pm\infty$、$k > 1$、$0 \leqslant k \leqslant 1$、$-1 \leqslant k < 0$ 和 $k < -1$ 五种情况。

（3）在屏幕客户区按下鼠标左键选择直线的起点，保持鼠标左键按下并移动鼠标指针到另一位置，松开鼠标左键绘制任意斜率的直线段。

（4）在状态栏动态显示鼠标指针移动时的位置坐标。

## 2.3　效果图

任意斜率的直线段的绘制效果如图 2-1 所示。

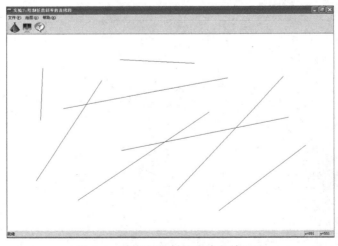

图 2-1　绘制任意斜线直线段效果图

## 2.4　实验准备

(1) 学习完主教材 3.1 节后进行本实验。

(2) 熟悉 WM_LBUTTONDOWN 消息映射。

(3) 熟悉 WM_LBUTTONUP 消息映射。

(4) 熟悉 CDC 类的 MoveTo() 和 LineTo() 直线段绘制函数。

(5) 熟悉斜率 $0 \leqslant k \leqslant 1$ 直线段的中点 Bresenham 扫描转换算法。

## 2.5　实验步骤

### 2.5.1　定义颜色类 CRGB

为了规范颜色的处理,定义了 CRGB 类,重载了＋、－、＊、/、＋＝、－＝、＊＝、/＝运算符。＋运算符用于计算两种颜色分量的和,－运算符用于计算两种颜色分量的差,＊运算符用于计算数和颜色分量的左乘和右乘,/运算符用于计算颜色分量和数的商,复合运算符＋＝、－＝、＊＝、/＝与此类似。成员函数 Normalize() 将颜色分量 red、green 和 blue 规范到[0,1]闭区间内。

```
class CRGB
{
public:
    CRGB();
    CRGB(double red,double green,double blue);
    virtual ~CRGB();
    friend CRGB operator+ (CRGB &c1,CRGB &c2);          //运算符重载
    friend CRGB operator- (CRGB &c1,CRGB &c2);
    friend CRGB operator * (CRGB &c1,CRGB &c2);
    friend CRGB operator * (CRGB &c1,double k);
    friend CRGB operator * (double k,CRGB &c1);
    friend CRGB operator/(CRGB &c1,double k);
    friend CRGB operator+= (CRGB &c1,CRGB &c2);
    friend CRGB operator-= (CRGB &c1,CRGB &c2);
    friend CRGB operator * = (CRGB &c1,CRGB &c2);
    friend CRGB operator/=(CRGB &c1,double k);
    void    Normalize();
public:
    double red;                                         //红色分量
    double green;                                       //绿色分量
    double blue;                                        //蓝色分量
};
CRGB::CRGB()
{
```

```
        red=1.0;
        green=1.0;
        blue=1.0;
    }
    CRGB::CRGB(double r,double g,double b)          //重载构造函数
    {
        red=r;
        green=g;
        blue=b;
    }
    CRGB::~CRGB()
    {
    }
    CRGB operator + (CRGB &c1,CRGB &c2)             //+运算符重载
    {
        CRGB c;
        c.red=c1.red+c2.red;
        c.green=c1.green+c2.green;
        c.blue=c1.blue+c2.blue;
        return c;
    }
    CRGB operator - (CRGB &c1,CRGB &c2)             //-运算符重载
    {
        CRGB c;
        c.red=c1.red-c2.red;
        c.green=c1.green-c2.green;
        c.blue=c1.blue-c2.blue;
        return c;
    }
    CRGB operator * (CRGB &c1,CRGB &c2)             //*运算符重载
    {
        CRGB c;
        c.red=c1.red*c2.red;
        c.green=c1.green*c2.green;
        c.blue=c1.blue*c2.blue;
        return c;
    }
    CRGB operator * (CRGB &c1,double k)             //*运算符重载
    {
        CRGB c;
        c.red=k*c1.red;
        c.green=k*c1.green;
        c.blue=k*c1.blue;
        return c;
```

```
    }
    CRGB operator * (double k,CRGB &c1)                    //*运算符重载
    {
        CRGB c;
        c.red=k*c1.red;
        c.green=k*c1.green;
        c.blue=k*c1.blue;
        return c;
    }
    CRGB operator /(CRGB &c1,double k)                     ///运算符重载
    {
        CRGB c;
        c.red=c1.red/k;
        c.green=c1.green/k;
        c.blue=c1.blue/k;
        return c;
    }
    CRGB operator += (CRGB &c1,CRGB &c2)                   //+=运算符重载
    {
        c1.red=c1.red+c2.red;
        c1.green=c1.green+c2.green;
        c1.blue=c1.blue+c2.blue;
        return c1;
    }
    CRGB operator -= (CRGB &c1,CRGB &c2)                   //-=运算符重载
    {
        c1.red=c1.red-c2.red;
        c1.green=c1.green-c2.green;
        c1.blue=c1.blue-c2.blue;
        return c1;
    }
    CRGB operator * = (CRGB &c1,CRGB &c2)                  //*=运算符重载
    {
        c1.red=c1.red*c2.red;
        c1.green=c1.green*c2.green;
        c1.blue=c1.blue*c2.blue;
        return c1;
    }
    CRGB operator /= (CRGB &c1,double k)                   ///=运算符重载
    {
        c1.red=c1.red/k;
        c1.green=c1.green/k;
        c1.blue=c1.blue/k;
        return c1;
```

```
    }
void CRGB::Normalize()                                    //归一化
{
    red=(red<0.0) ?0.0 : ((red>1.0) ?1.0 : red);
    green=(green<0.0) ?0.0 : ((green>1.0) ?1.0 : green);
    blue=(blue<0.0) ?0.0 : ((blue>1.0) ?1.0 : blue);
}
```

## 2.5.2 设计 CLine 直线类

在 CDC 类的成员函数中有 MoveTo() 和 LineTo() 函数用于绘制任意斜率的直线段，直线段的颜色由所选用的画笔指定。MoveTo() 函数只用于移动当前点到参数 $(x,y)$ 所指定的点，不画线；LineTo() 函数从当前点画一直线段到参数 $(x,y)$ 所指定的点，但不包括 $(x,y)$ 点。

本实验是通过 CLine 类来模拟 CDC 类完成任意斜率的直线段绘制，同样提供 MoveTo() 和 LineTo() 成员函数。

**1. 任意斜率直线段的中点 Bresenham 算法**

本实验绘制的是任意斜率的直线段，需要根据直线段的斜率 $k$，除垂线外（$k=\pm\infty$）将直线段划分为 $k>1$、$0\leqslant k\leqslant 1$、$-1\leqslant k<0$ 和 $k<-1$ 四种情况，如图 2-2 所示。当 $0\leqslant k\leqslant 1$ 或 $-1\leqslant k<0$ 时，$x$ 方向为主位移方向；当 $k>1$ 或 $k<-1$ 时，$y$ 方向为主位移方向。对于 $|k|=+\infty$ 的垂线，可以直接画出。不同斜率的直线段中点 Bresenham 误差项计算公式见表 2-1。

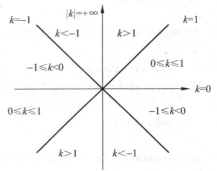

图 2-2　直线段的斜率对称性

表 2-1　不同斜率的直线段中点 Bresenham 误差项计算公式

| 直线斜率 | 误差项 | 公式 |
|---|---|---|
| $k>1$ | 初始值 | $d_0=1-0.5\times k$ |
| | 误差项 | $d_i=y_i+1-k(x_i+0.5)-b$ |
| | 判别条件 | $x_{i+1}=\begin{cases}x_i, & d_i<0\\ x_i+1, & d_i\geqslant 0\end{cases}$ |
| | 递推公式 | $d_{i+1}=\begin{cases}d_i+1, & d_i<0\\ d_i+1-k, & d_i\geqslant 0\end{cases}$ |
| $0\leqslant k\leqslant 1$ | 初始值 | $d_0=0.5-k$ |
| | 误差项 | $d_i=y_i+0.5-k(x_i+1)-b$ |
| | 判别条件 | $y_{i+1}=\begin{cases}y_i+1, & d_i<0\\ y_i, & d_i\geqslant 0\end{cases}$ |
| | 递推公式 | $d_{i+1}=\begin{cases}d_i+1-k, & d_i<0\\ d_i-k, & d_i\geqslant 0\end{cases}$ |

| 直线斜率 | 误差项 | 公式 |
| --- | --- | --- |
| $-1 \leqslant k < 0$ | 初始值 | $d_i = -0.5 - k$ |
| | 误差项 | $d_i = y_i - 0.5 - k(x_i + 1) - b$ |
| | 判别条件 | $y_{i+1} = \begin{cases} y_i, & d_i \leqslant 0 \\ y_i - 1, & d_i > 0 \end{cases}$ |
| | 递推公式 | $d_{i+1} = \begin{cases} d_i - k, & d_i \leqslant 0 \\ d_i - 1 - k, & d_i > 0 \end{cases}$ |
| $k < -1$ | 初始值 | $d_i = -1 - 0.5k$ |
| | 误差项 | $d_i = y_i - 1 - k(x_i + 0.5) - b$ |
| | 判别条件 | $x_{i+1} = \begin{cases} x_i + 1, & d_i < 0 \\ x_i, & d_i \geqslant 0 \end{cases}$ |
| | 递推公式 | $d_{i+1} = \begin{cases} d_i - 1 - k, & d_i < 0 \\ d_i - 1, & d_i \geqslant 0 \end{cases}$ |

**2. 创建 CLine 直线类**

在 ClassView 面板中,右击 Test classes,打开快捷菜单,选择 New Class,如图 2-3 所示。打开 New Class 对话框,在 Class type 中选择 Generic Class 一般类,在 Name 单选框中输入类名 CLine(直线类),如图 2-4 所示。单击 OK 按钮,在类视图 ClassView 中添加了新类 CLine。为 CLine 添加成员函数 MoveTo()移动到直线段起点,添加成员函数 LineTo()绘制直线段到终点。

图 2-3　添加新类

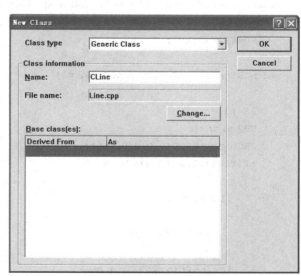

图 2-4　New Class 对话框

(1) Line. h 代码如下:

```
class CLine
```

```
{
public:
    CLine();
    virtual ~CLine();
    void MoveTo(CDC * ,CP2 p0);                          //移动到指定位置
    void MoveTo(CDC * ,double x0,double y0);
    void LineTo(CDC * ,CP2 p1);                          //绘制直线,不含终点
    void LineTo(CDC * ,double x1,double y1);
public:
    CP2 P0;                                              //起点
    CP2 P1;                                              //终点
};
```

(2) Line. cpp 代码如下：

```
CLine::CLine()
{
}
CLine::~CLine()
{
}
void CLine::MoveTo(CDC * pDC,CP2 p0)                     //绘制直线起点函数
{
    P0=p0;
}
void CLine::MoveTo(CDC * pDC,double x0,double y0)        //重载函数
{
    P0=CP2(x0,y0);
}
void CLine::LineTo(CDC * pDC,CP2 p1)
{
    P1=p1;
    CP2 p,t;
    CRGB clr=CRGB(0.0,0.0,0.0);                          //黑色像素点
    if(fabs(P0.x-P1.x)<1e-6)                             //绘制垂线
    {
        if(P0.y>P1.y)                                    //交换顶点,使得起始点低于终点
        {
            t=P0;P0=P1;P1=t;
        }
        for(p=P0;p.y<P1.y;p.y++)
        {
            pDC->SetPixel(ROUND(p.x),ROUND(p.y),
                        RGB(clr.red * 255,clr.green * 255,clr.blue * 255));
        }
    }
```

```
else
{
    double k,d;
    k=(P1.y-P0.y)/(P1.x-P0.x);
    if(k>1.0)                                                //绘制 k>1
    {
        if(P0.y>P1.y)
        {
            t=P0;P0=P1;P1=t;
        }
        d=1-0.5*k;
        for(p=P0;p.y<P1.y;p.y++)
        {
            pDC->SetPixel(ROUND(p.x),ROUND(p.y),
                        RGB(clr.red*255,clr.green*255,clr.blue*255));
            if(d>=0)
            {
                p.x++;
                d+=1-k;
            }
            else
                d+=1;
        }
    }
    if(0.0<=k && k<=1.0)                                      //绘制 0≤k≤1
    {
        if(P0.x>P1.x)
        {
            t=P0;P0=P1;P1=t;
        }
        d=0.5-k;
        for(p=P0;p.x<P1.x;p.x++)
        {
            pDC->SetPixel(ROUND(p.x),ROUND(p.y),
                        RGB(clr.red*255,clr.green*255,clr.blue*255));
            if(d<0)
            {
                p.y++;
                d+=1-k;
            }
            else
                d-=k;
        }
    }
    if(k>=-1.0 && k<0.0)                                      //绘制-1<=k<0
```

```
        {
            if(P0.x>P1.x)
            {
                t=P0;P0=P1;P1=t;
            }
            d=-0.5-k;
        for(p=P0;p.x<P1.x;p.x++)
            {
                pDC->SetPixel(ROUND(p.x),ROUND(p.y),
                            RGB(clr.red * 255,clr.green * 255,clr.blue * 255));
                if(d>0)
                {
                    p.y--;
                    d-=1+k;
                }
                else
                    d-=k;
            }
        }
        if(k<-1.0)                                      //绘制 k<-1
        {
            if(P0.y<P1.y)
            {
                t=P0;P0=P1;P1=t;
            }
            d=-1-0.5 * k;
            for(p=P0;p.y>P1.y;p.y--)
            {
                pDC->SetPixel(ROUND(p.x),ROUND(p.y),
                            RGB(clr.red * 255,clr.green * 255,clr.blue * 255));
                if(d<0)
                {
                    p.x++;
                    d-=1+k;
                }
                else
                    d-=1;
            }
        }
    }
    P0=p1;
}
void CLine::LineTo(CDC * pDC,double x1,double y1)    //重载函数
{
    LineTo(pDC,CP2(x1,y1));
```

}

本实验分别为 MoveTo()函数和 LineTo()函数定义了重载函数,可以处理 double 类型
数据和 CP2 类型数据。本实验使用 SetPixel()函数完成黑色直线段的绘制。在循环中始终
使用了开区间,也就是说 LineTo()函数从当前位置画一段直线到参数$(x,y)$所指定的点,但
不包括$(x,y)$点。LineTo()函数中定义了直线颜色为黑色,语句如下:

```
CRGB clr=CRGB(0.0,0.0,0.0);                        //黑色像素点
```

如果修改 CRGB 类对象 clr 的红色分量为 1.0 可以绘制红色直线。语句可修改为:

```
CRGB clr=CRGB(1.0,0.0,0.0);
```

### 2.5.3　消息映射

本实验要求在屏幕客户区按下鼠标左键后,拖动鼠标到另一位置,释放鼠标左键绘制直
线段,所以需要映射 WM_LBUTTONDOWN 消息和 WM_LBUTTONUP 消息。当鼠标左
键按下时,设置鼠标指针位置点为直线的起点,鼠标左键弹起时,设置鼠标指针位置点为直
线的终点。本实验要求在状态栏动态显示鼠标指针的位置坐标值,所以需要添加 WM_
MOUSEMOVE 消息来获得鼠标指针当前点位置。

**1. 添加 CTestView 类的数据成员**

向 CTestView 类添加两个 CP2 类型的数据成员 p0 和 p1 分别代表直线段的起点坐标
和终点坐标。在 ClassView 面板中右击类名 CTestView,弹出相应的快捷菜单,如图 2-5 所
示。选择 Add Member Variable,弹出 Add Member Variable 对话框,在 Variable Type 框
中输入 CP2,在 Variable Name 框中输入 p0,设置变量的访问方式为 Private,如图 2-6 所示。
采用同样方法可以添加终点数据成员 p1,结果如图 2-7 所示。

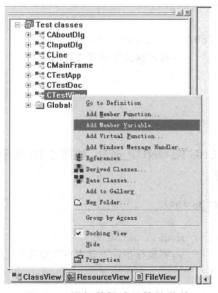

图 2-5　添加数据成员快捷菜单

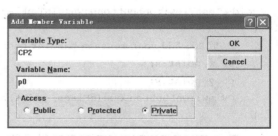

图 2-6　添加起点数据成员

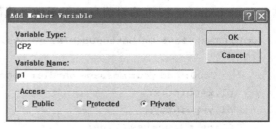

图 2-7　添加终点数据成员

### 2. 添加 WM_LBUTTONDOWN 消息映射函数

在 ClassView 面板中右击 CTestView 类弹出快捷菜单,如图 2-8 所示。选择 Add Windows Message Handler,打开 New Windows Message and Event Handlers for class CTestView 对话框,在 New Windows messages/events 列表框中选择 WM_LBUTTONDOWN 消息,单击 Add Handler 按钮,在 existing message/event handlers 列表框中添加 WM_LBUTTONDOWN 消息,如图 2-9 所示。单击 Edit Existing 按钮编辑消息映射函数。代码如下:

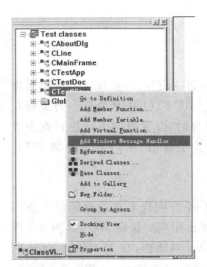

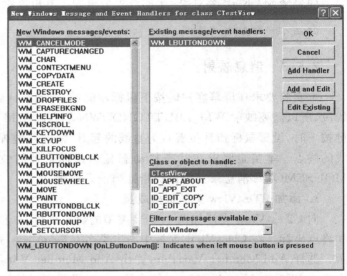

图 2-8 添加消息快捷菜单　　　　　　图 2-9 添加 WM_LBUTTONDOWN 消息

```
void CTestView::OnLButtonDown(UINT nFlags, CPoint point)
{
    // TODO: Add your message handler code here and/or call default
    p0.x=point.x;                                    //将鼠标指针设置为直线段起点
    p0.y=point.y;
    CView::OnLButtonDown(nFlags, point);
}
```

### 3. 添加 WM_LBUTTONUP 消息映射函数

采用类似方法,可以为 CTestView 类添加 WM_LBUTTONUP 消息,如图 2-10 所示。单击 Edit Existing 按钮编辑消息映射函数。代码如下:

```
void CTestView::OnLButtonUp(UINT nFlags, CPoint point)
{
    // TODO: Add your message handler code here and/or call default
    p1.x=point.x;                                    //将鼠标指针设置为直线段终点
    p1.y=point.y;
    CLine * line=new CLine;
    CDC * pDC=GetDC();
    line->MoveTo(pDC,p0);
```

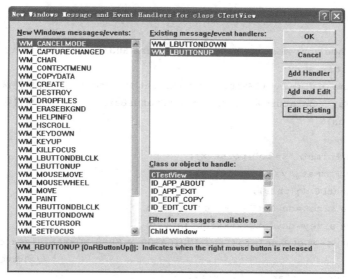

图 2-10  添加 WM_LBUTTONUP 消息

```
line->LineTo(pDC,p1);
delete line;
ReleaseDC(pDC);
CView::OnLButtonUp(nFlags, point);
}
```

这里通过 CLine 类对象 line 调用 MoveTo() 和 LineTo() 成员函数绘制直线段。

**4. 添加 WM_MOUSEMOVE 消息映射函数**

和上述方法类似,可以为 CTestView 类添加 WM_MOUSEMOVE 消息,如图 2-11 所示。单击 Edit Existing 按钮编辑消息。代码如下:

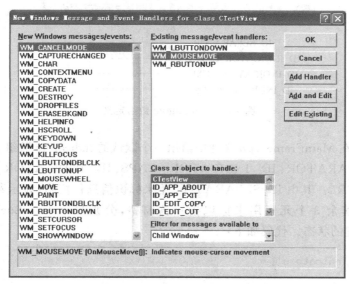

图 2-11  添加 WM_MOUSEMOVE 消息

```
void CTestView::OnMouseMove(UINT nFlags, CPoint point)
{
    // TODO: Add your message handler code here and/or call default
    CString strx,stry;
    CMainFrame * pFrame=(CMainFrame *)AfxGetMainWnd();        //获得窗口指针
    CStatusBar * pstatus=&pFrame->m_wndStatusBar;            //获得状态栏的指针
    if(pstatus)
    {
        strx.Format("x=%d",point.x);
        stry.Format("y=%d",point.y);
        CClientDC dc(this);
        CSize sizex=dc.GetTextExtent(strx);
        CSize sizey=dc.GetTextExtent(stry);
        pstatus->SetPaneInfo(1,ID_INDICATOR_X,SBPS_NORMAL,sizex.cx);
                                                  //动态改变 x 坐标宽度
        pstatus->SetPaneText(1,strx);
        pstatus->SetPaneInfo(2,ID_INDICATOR_Y,SBPS_NORMAL,sizey.cx);
                                                  //动态改变 y 坐标宽度
        pstatus->SetPaneText(2,stry);
    }
    CView::OnMouseMove(nFlags, point);
}
```

状态栏是一条水平长条,位于应用程序的窗口底部,如图 2-12 所示。由于状态栏是由主框架窗口定义,而鼠标移动的消息映射函数位于 CTestView 类内,所以在 CTestView 类内进行状态栏编程时,需要先获得框架窗口的指针。同时将 CMainFrame 类的数据成员 wndStatusBar 属性修改为 public。

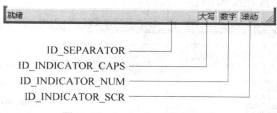

图 2-12　indicators 数组定义

AppWizard 在 MainFrame.cpp 文件中给出一个默认的 indicators 数组,包含 4 个元素,它们是 ID_SEPARATOR、ID_INDICATOR_CAPS、ID_INDICATOR_NUM 和 ID_INDICATOR_SCRL。其中 ID_SEPARATOR 用来标识信息行窗格,显示菜单项和工具按钮的提示信息,其余 3 个元素用来标识指示器窗格,分别显示 CapsLock、NumLock 和 ScrollLock 3 个键的状态。代码如下:

```
static UINT indicators[] =
{
    ID_SEPARATOR,                  // status line indicator
```

```
    ID_INDICATOR_CAPS,
    ID_INDICATOR_NUM,
    ID_INDICATOR_SCRL,
};
```

本实验要求在状态栏显示鼠标位置的 $x$ 和 $y$ 坐标，可以修改 indicators 数组的指示器窗格来实现。首先要在 ResourceView 面板的 String Table 中定义字符串资源 ID，如图 2-13 所示，结果见表 2-2。表 2-2 中的 Value 值是由系统添加的。然后再在 incicators 数组中添加字符串资源的 ID。代码如下：

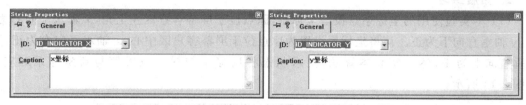

图 2-13　定义字符串资源的 ID

```
static UINT indicators[] =
{
    ID_SEPARATOR,                 // status line indicator
    ID_INDICATOR_X,               //x 坐标窗格
    ID_INDICATOR_Y,               //y 坐标窗格
};
```

表 2-2　String Table

| ID | Value | Caption |
|---|---|---|
| ID_INDICATOR_X | 61446 | x 坐标 |
| ID_INDICATOR_Y | 61447 | y 坐标 |

### 2.5.4　写出实验报告

结合实验步骤，写出实验报告，同时完整给出 CLine 类和 CTestView 类的头文件和源文件。

# 2.6　思考与练习

### 1. 实验总结

（1）在主教材中仅介绍了斜率 $0 \leqslant k \leqslant 1$ 直线段的中点 Bresenham 扫描转换算法。本实验实现了一个类似于 CDC 类的 MoveTo() 函数和 LineTo() 函数，用于绘制任意斜率的直线段。自定义的 CLine 类同样提供了 MoveTo() 成员函数和 LineTo() 成员函数。MSDN 指出 CDC 类的 LineTo() 函数画一条直线段到终点坐标位置，但不包括终点坐标。CLine 类的 LineTo() 函数实现了该功能。读者可能要问：既然 CDC 类已经提供了绘制直线的

MoveTo()和 LineTo()函数,并且直线段的颜色可由当前画笔确定,为什么还定义 CLine 类呢? 实际上,使用 CDC 类提供的绘制直线段函数所绘制的直线段的颜色是一致的,不能绘制颜色渐变直线段,也不能绘制反走样直线段。在真实感图形绘制中,颜色渐变直线段和反走样直线段是光照模型的基础。

(2) 本实验响应了 WM_LBUTTONDOWN 消息来确定直线段的起点坐标,响应 WM_LBUTTONUP 消息来确定直线段的终点坐标,响应了 WM_MOUSEMOVE 消息来在状态栏动态显示鼠标位置。

**2. 拓展练习**

(1) 本实验使用的坐标系是设备坐标系,原点位于屏幕客户区左上角,$x$ 轴水平向右为正,$y$ 轴垂直向下为正。请将坐标系设置为原点位于屏幕客户区中心,$x$ 轴水平向右为正,$y$ 轴垂直向上为正,然后实现本算法,要求状态栏内显示的鼠标位置值与新坐标系对应,如图 2-14 所示。

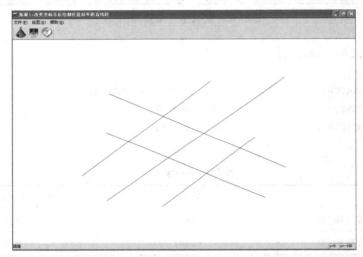

图 2-14　改变坐标系后绘制任意斜率的直线段

(2) 对于斜率满足 $0 \leqslant k \leqslant 1$ 的直线段 $AB$,如图 2-15 所示,$x$ 方向为主位移方向。理想直线段 $AB$ 与像素的中心连线 $P_1P_4$、$P_2P_5$ 和 $P_3P_6$ 分别相交于 $C$、$D$ 和 $E$ 点。$P_1$、$P_2$ 和 $P_3$ 为理想直线上方的像素点,$P_4$、$P_5$ 和 $P_6$ 分别为理想直线下方的像素点。直线段 $AB$ 扫描转换的结果为 $P_2$、$P_3$ 和 $P_4$。由于扫描转换后的像素点分别位于上下两行,直线段 $AB$ 出现了走样。Wu 反走样的原理是使用两个相邻像素共同表示理想直线段上的一点。即将 $C$ 点表示为 $P_1$ 和 $P_4$,$D$ 点表示为 $P_2$ 和 $P_5$,$E$ 点表示为 $P_3$ 和 $P_6$。可以将上下两个像素到交点的距离作为加权参数 $e$,对像素的灰度值进行调节。使所绘制的直线段达到视觉上消除"阶梯"的反走样效果。

请在表 2-3 的基础上,绘制任意斜率反走样直线,如图 2-16 所示。

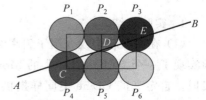

图 2-15　直线段距离加权反走样原理

表 2-3　任意斜率反走样直线段的相邻像素的灰度值设置

| 斜　率 | 主位移方向 | 相邻像素 | 灰　度　值 |
|---|---|---|---|
| $k>1$ | $y$ 方向 | $x$ | $c_0 = \mathrm{RGB}(e \times 255, e \times 255, e \times 255)$ |
| | | $x+1$ | $c_1 = \mathrm{RGB}((1-e) \times 255, (1-e) \times 255, (1-e) \times 255)$ |
| $0 \leqslant k \leqslant 1$ | $x$ 方向 | $y$ | $c_0 = \mathrm{RGB}(e \times 255, e \times 255, e \times 255)$ |
| | | $y+1$ | $c_1 = \mathrm{RGB}((1-e) \times 255, (1-e) \times 255, (1-e) \times 255)$ |
| $-1 \leqslant k < 0$ | $x$ 方向 | $y$ | $c_0 = \mathrm{RGB}(e \times 255, e \times 255, e \times 255)$ |
| | | $y-1$ | $c_1 = \mathrm{RGB}((1-e) \times 255, (1-e) \times 255, (1-e) \times 255)$ |
| $k < -1$ | $y$ 方向 | $x$ | $c_0 = \mathrm{RGB}(e \times 255, e \times 255, e \times 255)$ |
| | | $x+1$ | $c_1 = \mathrm{RGB}((1-e) \times 255, (1-e) \times 255, (1-e) \times 255)$ |

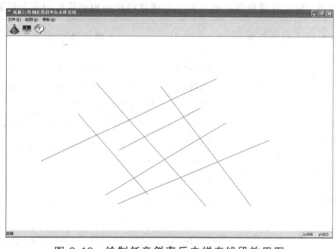

图 2-16　绘制任意斜率反走样直线段效果图

（3）给定直线段起点坐标 $P_0(x_0, y_0)$ 和颜色值 $c_0$，给定直线段终点坐标 $P_1(x_1, y_1)$ 和颜色值 $c_1$，直线段上当前点 $P(x, y)$ 的颜色值 $c$ 可以使用拉格朗日线性插值公式计算。

如果 $0 \leqslant k \leqslant 1$ 时或 $-1 \leqslant k < 0$ 时，$x$ 方向为主位移方向，有

$$c = \frac{x - x_1}{x_0 - x_1} c_0 + \frac{x - x_0}{x_1 - x_0} c_1$$

如果 $k > 1$ 或 $k < -1$ 时，$y$ 方向为主位移方向，有

$$c = \frac{y - y_1}{y_0 - y_1} c_0 + \frac{y - y_0}{y_1 - y_0} c_1$$

假定直线段起点颜色为红色，终点颜色为蓝色，请修改本实验，绘制颜色渐变直线段，如图 2-17 所示。

（4）设直线段的前景色为 $\mathrm{RGB}(r_f, g_f, b_f)$，背景色为 $\mathrm{RGB}(r_b, g_b, b_b)$。彩色直线段的反走样是从前景色变化到背景色，出现模糊边界。相邻两个像素灰度值的设置见表 2-4，表中 $e$ 为像素点与理想直线段的距离。绘制基于背景色的任意斜率颜色渐变反走样直线段，如图 2-18 所示。

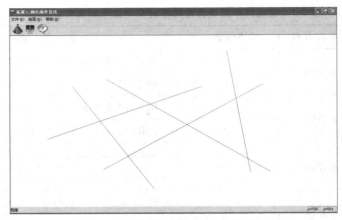

图 2-17 任意斜率的颜色渐变直线段效果图

表 2-4 包含背景色参数的彩色反走样直线段的相邻像素的颜色设置

| 斜 率 | 主位移方向 | 相邻像素 | 颜色值表达式 |
|---|---|---|---|
| $k>1$ | $y$ 方向 | $x$ | $c_0=\mathrm{RGB}((r_b-r_f)\times e+r_f,(g_b-g_f)\times e+g_f,(b_b-b_f)\times e+b_f)$ |
| | | $x+1$ | $c_1=\mathrm{RGB}((r_b-r_f)\times(1-e)+r_f,(g_b-g_f)\times(1-e)$ $+g_f,(b_b-b_f)\times(1-e)+b_f)$ |
| $0\leqslant k\leqslant 1$ | $x$ 方向 | $y$ | $c_0=\mathrm{RGB}((r_b-r_f)\times e+r_f,(g_b-g_f)\times e+g_f,(b_b-b_f)\times e+b_f)$ |
| | | $y+1$ | $c_1=\mathrm{RGB}((r_b-r_f)\times(1-e)+r_f,(g_b-g_f)\times(1-e)$ $+g_f,(b_b-b_f)\times(1-e)+b_f)$ |
| $-1\leqslant k<0$ | $x$ 方向 | $y$ | $c_0=\mathrm{RGB}((r_b-r_f)\times e+r_f,(g_b-g_f)\times e+g_f,(b_b-b_f)\times e+b_f)$ |
| | | $y-1$ | $c_1=\mathrm{RGB}((r_b-r_f)\times(1-e)+r_f,(g_b-g_f)\times(1-e)$ $+g_f,(b_b-b_f)\times(1-e)+b_f)$ |
| $k<-1$ | $y$ 方向 | $x$ | $c_0=\mathrm{RGB}((r_b-r_f)\times e+r_f,(g_b-g_f)\times e+g_f,(b_b-b_f)\times e+b_f)$ |
| | | $x+1$ | $c_1=\mathrm{RGB}((r_b-r_f)\times(1-e)+r_f,(g_b-g_f)\times(1-e)$ $+g_f,(b_b-b_f)\times(1-e)+b_f)$ |

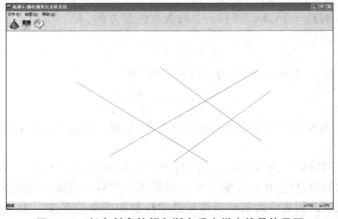

图 2-18 任意斜率的颜色渐变反走样直线段效果图

# 实验 3　交互式绘制多边形

## 3.1　实验目的

(1) 掌握双缓冲绘图技术。

(2) 掌握人机交互技术。

(3) 掌握填充动态多边形的有效边表算法。

## 3.2　实验要求

(1) 使用鼠标在屏幕客户区绘制任意点数的多边形。要求使用橡皮筋技术动态绘制每条边；鼠标移动过程中按住 Shift 键时可绘制垂直边或水平边；将多边形的终点移动到多边形的起点时自动封闭多边形；在绘制多边形的过程中，状态栏动态显示鼠标光标的位置坐标。

(2) 当开始绘制多边形时，更改鼠标光标为十字光标，多边形绘制完毕后恢复为箭头光标。

(3) 多边形闭合后自动调用有效边表算法填充多边形内部区域。

## 3.3　效果图

交互式绘制多边形效果如图 3-1 所示。

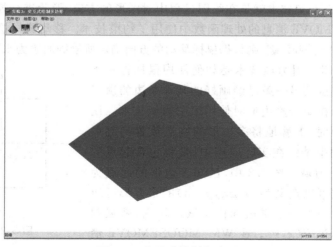

图 3-1　交互式绘制多边形

## 3.4　实验准备

（1）在学习完主教材 4.2 节后进行本实验。

（2）熟悉 Visual C++ 中 CPtrArray 类的使用方法。

（3）熟悉静态多边形的有效边表填充算法。

## 3.5　实验步骤

本实验由 3 个部分构成。第一部分是人机交互技术绘图，使用双缓冲技术实现。第二部分是创建动态数组，使用 MFC 的 CPtrArray 类数组实现。第三部分是填充多边形，使用有效边表算法实现。

### 3.5.1　人机交互技术

人机交互绘图技术主要包括回显、约束、网格、引力域、橡皮筋、拖动、草拟和旋转等技术，这些技术协调使用可以完成图形的交互操作。本实验主要使用了橡皮筋、回显、约束和引力域技术。

（1）橡皮筋技术。橡皮筋技术是将绘图过程动态、连续地表现出来，直到产生用户满意的结果为止的技术。实验中借助于双缓冲技术，在 WM_MOUSEMOVE 消息处理函数中实现了橡皮筋技术。

（2）回显技术。回显技术就是将对图形的交互操作用某种方式表达出来的技术。实验中进行了状态栏编程，当移动鼠标绘制多边形时，在状态栏上显示鼠标光标当前位置的坐标，方便用户确定多边形的顶点。在 WM_MOUSEMOVE 消息处理函数中实现了回显技术。

（3）约束技术。约束技术就是在绘图过程中对图形的方向、形状进行控制的技术。本实验在 WM_MOUSEMOVE 消息的处理函数中使用了约束技术。移动鼠标绘制多边形每条边的过程中，如果同时按 Shift 键，则根据鼠标移动的方向确定所绘制的边为水平边或垂直边。

（4）引力域技术。引力域技术是如何使用鼠标将一条边的终点准确地连接到另一条已经画好的某一条边的顶点上的技术。实验中在闭合多边形时使用了引力域技术。使用鼠标闭合多边形时，准确地将多边形的终点放置到起点上不是一件容易的事情。在实际应用中，常将包含起点的某个范围定义为引力域。图 3-2 中，已知多边形的起点为 $P(x,y)$，其引力域可以定义为 $(x\pm a,y\pm a)$ 的正方形区域 $a$ 为正方形边长的一半。如果鼠标位于该区域内，就强制多边形的终点坐标为 $P(x,y)$。在 WM_MOUSEMOVE 消息处理函数中实现了引力域技术。

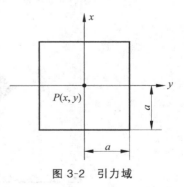

图 3-2　引力域

```
void CTestView::OnMouseMove(UINT nFlags, CPoint point)
```

```
{
    // TODO: Add your message handler code here and/or call default
    if(m_Arrow)
        ::SetCursor(AfxGetApp()->LoadStandardCursor(IDC_ARROW));
    else
        ::SetCursor(AfxGetApp()->LoadStandardCursor(IDC_CROSS));
    CString strx,stry;                          //状态栏显示鼠标位置
    CMainFrame * pFrame=(CMainFrame * )AfxGetApp()->m_pMainWnd;
                                                //要求包含 MainFrm.h 头文件
    CStatusBar * pStatus=&pFrame->m_wndStatusBar;
                                            //需要将 m_wndStatusBar 属性修改为公有
    if(pStatus)
    {
        strx.Format("x=%d",point.x);
        stry.Format("y=%d",point.y);
        CDC * pDC=GetDC();
        CSize sizex=pDC->GetTextExtent(strx);
        CSize sizey=pDC->GetTextExtent(stry);
        pStatus->SetPaneInfo(1,ID_INDICATOR_X,SBPS_NORMAL,sizex.cx);
                                            //改变状态栏风格
        pStatus->SetPaneText(1,strx);
        pStatus->SetPaneInfo(2,ID_INDICATOR_Y,SBPS_NORMAL,sizey.cx);
                                            //改变状态栏风格
        pStatus->SetPaneText(2,stry);
        ReleaseDC(pDC);
    }
    int index=m_ptrarray.GetSize()-1;
    if(m_LBDown)
    {
        if(!m_IsInsert)                         //如果是第一次移动,则插入新的顶点
        {
            CPointArray * pPointArray=new CPointArray(point);
            m_ptrarray.Add(pPointArray);
            m_IsInsert=TRUE;
        }
        else                                    //修改上次插入的顶点数据
        {
            ((CPointArray * )m_ptrarray.GetAt(index))->pt=point;
        }
    }
    if(m_LBDown)
    {
        if(MK_SHIFT==nFlags)                     //约束:测试按下 Shift 键
        {
            CPoint * pt1=&(((CPointArray * )m_ptrarray.GetAt(index))->pt);
```

```
        CPoint * pt2=&(((CPointArray * )m_ptrarray.GetAt(index-1))->pt);
        if(abs(pt1->x-pt2->x)>=abs(pt1->y-pt2->y))
        {
            pt1->y=pt2->y;                    //x方向的垂线
        }
        else
        {
            pt1->x=pt2->x;                    //y方向的垂线
        }
    }
}
if(index>3)
{
    CPoint pt=((CPointArray * )m_ptrarray.GetAt(0))->pt;
    if((abs(point.x-pt.x)<=5) && (abs(point.y-pt.y)<=5))
                                              //引力域:边长为10的正方形
    {
        ((CPointArray * )m_ptrarray.GetAt(index))->pt=pt;    //修改数据
        m_Arrow=TRUE;
        m_LBDown=FALSE;
        m_MState=TRUE;
        m_Flag=FALSE;
    }
}
Invalidate(FALSE);
CView::OnMouseMove(nFlags, point);
}
```

### 3.5.2  双缓冲技术

实验要求使用橡皮筋技术动态地将多边形的绘制过程表现出来,直到产生满意的结果为止。这需要借助双缓冲技术实现。双缓冲是在内存中创建一个与屏幕客户区大小一致的内存对象,先将图形绘制到内存中的这个对象上,再一次性将这个内存对象上的图形复制到屏幕客户区,这样能避免移动边的终点过程中,将边的移动过程全部绘制出来。实现时先在内存设备上下文 MemDC 中作图,然后使用 BitBlt() 函数将做好的图形复制到屏幕客户区显示设备上下文 pDC 中,同时禁止背景刷新,消除屏幕闪烁。

```
void CTestView::DoubleBuffer(CDC * pDC)            //双缓冲
{
    CRect rect;                                    //定义客户区
    GetClientRect(&rect);                          //获得客户区的大小
    CDC memDC;                                     //内存设备上下文
    CBitmap NewBitmap, * pOldBitmap;               //内存中承载图像的临时位图
    memDC.CreateCompatibleDC(pDC);                 //建立与屏幕 pDC 兼容的 memDC
    NewBitmap.CreateCompatibleBitmap(pDC,rect.Width(),rect.Height());
                                                   //创建兼容位图
```

```
pOldBitmap=memDC.SelectObject(&NewBitmap);      //将兼容位图选入 memDC
memDC.FillSolidRect(rect,pDC->GetBkColor());    //按原来背景填充客户区,否则是黑色
DrawObject(&memDC);
pDC->BitBlt(0,0,rect.Width(),rect.Height(),&memDC,0,0,SRCCOPY);
                                                //将内存位图复制到屏幕
memDC.SelectObject(pOldBitmap);                 //恢复位图
NewBitmap.DeleteObject();                        //删除位图
memDC.DeleteDC();                                //删除 memDC
}
```

### 3.5.3　绘制多边形

多边形使用 CLine 类绘制直线,使用 new 运算符动态创建的直线对象指针,要使用 delete 运算符删除,才能防止内存泄漏。

```
void CTestView::DrawObject(CDC * pDC)                //绘制多边形
{
    int index=m_ptrarray.GetSize();
    CLine * line=new CLine;
    if(index)
    {
        line->MoveTo(pDC,((CPointArray * )m_ptrarray.GetAt(0))->pt);
        for(int i=1;i<index;i++)
        {
            line->LineTo(pDC,((CPointArray * )m_ptrarray.GetAt(i))->pt);
        }
        if(FALSE==m_Flag)                            //线段闭合,填充图形
        {
            FillPolygon(pDC);
        }
    }
    delete line;
}
```

### 3.5.4　设计 CPtrArray 类

本实验绘制的是任意顶点数的多边形,可以借助于一维动态数组实现。数组的大小由屏幕上所绘制的顶点个数确定。数组的定义使用了 MFC 提供的 CPtrArray 集合类实现,该集合类类似于一维数组的功能,但可以动态地增减。

(1) 首先创建一个 CPointArray 类,来保存 CPoint 类型的点。

```
class CPointArray :public CObject
{
public:
    CPointArray();
    CPointArray(CPoint);
    virtual ~CPointArray();
```

```
public:
    CPoint pt;
};
```

CObject 为 MFC 的根类,在创建 CPointArray 类时,没有出现在基类列表中,需要手工添加。

(2) CPointArray 类重载了构造函数:

```
CPointArray::CPointArray(CPoint pt)
{
    this->pt=pt;
}
```

(3) 在鼠标左键按下的消息处理函数中保存当前点到 CPointArray 对象 m_ptrarray 中

```
void CTestView::OnLButtonDown(UINT nFlags, CPoint point)
{
    // TODO: Add your message handler code here and/or call default
    if(TRUE==m_Flag)                            //绘图状态
    {
        m_LBDown=TRUE;
        CPointArray * pPointArray=new CPointArray(point);
        m_ptrarray.Add(pPointArray);            //添加新顶点
    }
    m_IsInsert=FALSE;
    CView::OnLButtonDown(nFlags, point);
}
```

### 3.5.5　有效边表填充算法

多边形的填充使用有效边表算法实现,为此定义了 CAET、CBucket 和 CFill 类。

**1. 定义边结点类**

```
class CAET
{
public:
    CAET();
    virtual ~CAET();
public:
    double    x;                    //当前扫描线与有效边的交点的 x 坐标
    int       yMax;                 //边的最大 y 值
    double    k;                    //斜率的倒数(x 的增量)
    CAET      * next;
};
```

**2. 定义桶结点类**

```
class CBucket
{
```

```cpp
public:
    CBucket();
    virtual ~CBucket();
public:
    int     ScanLine;                           //扫描线
    CAET    * pET;                              //边表
    CBucket * next;
};
```

## 3. 定义填充多边形类

```cpp
class CFill
{
public:
    CFill();
    virtual ~CFill();
    void SetPoint(CPoint p[],int);              //设定多边形顶点
    void CreateBucket();                        //创建桶
    void CreateEdge();                          //边表
    void AddEt(CAET * );                        //合并 ET 表
    void EtOrder();                             //ET 表排序
    void FillPolygon(CDC * );                   //填充
    void ClearMemory();                         //清理内存
    void DeleteAETChain(CAET * pAET);           //删除边表
private:
    int     PNum;                               //顶点个数
    CPoint  * P;                                //多边形顶点数组
    CAET    * pHeadE, * pCurrentE, * pEdge;     //有效边表结点指针
    CBucket * pHeadB, * pCurrentB;              //桶表结点指针
};
CFill::CFill()
{
    PNum=0;
    P=NULL;
    pEdge=NULL;
    pHeadB=NULL;
    pHeadE=NULL;
}
CFill::~CFill()
{
    if(P!=NULL)
    {
        delete[] P;
        P=NULL;
    }
    ClearMemory();
}
```

```cpp
void CFill::SetPoint(CPoint p[],int m)          //动态创建多边形顶点数组
{
    P=new CPoint[m];
    for(int i=0;i<m;i++)
    {
        P[i]=p[i];
    }
    PNum=m;
}
void CFill::CreateBucket()                      //创建桶表
{
    int yMin,yMax;
    yMin=yMax=P[0].y;
    for(int i=0;i<PNum;i++)                      //查找多边形所覆盖的最小和最大扫描线
    {
        if(P[i].y<yMin)
        {
            yMin=P[i].y;                         //扫描线的最小值
        }
        if(P[i].y>yMax)
        {
            yMax=P[i].y;                         //扫描线的最大值
        }
    }
    for(int y=yMin;y<=yMax;y++)
    {
        if(yMin==y)                              //建立桶头结点
        {
            pHeadB=new CBucket;                   //pHeadB 为 CBucket 的头结点
            pCurrentB=pHeadB;                     //CurrentB 为 CBucket 当前结点
            pCurrentB->ScanLine=yMin;
            pCurrentB->pET=NULL;                  //没有链接边表
            pCurrentB->next=NULL;
        }
        else                                     //建立桶的其他结点
        {
            pCurrentB->next=new CBucket;
            pCurrentB=pCurrentB->next;
            pCurrentB->ScanLine=y;
            pCurrentB->pET=NULL;
            pCurrentB->next=NULL;
        }
    }
}
void CFill::CreateEdge()                         //创建边表
{
    for(int i=0;i<PNum;i++)
```

```
    {
        pCurrentB=pHeadB;
        int j=(i+1)%PNum;                       //边的第二个顶点,P[i]和P[j]构成边
        if(P[i].y<P[j].y)                       //边的起点比终点低
        {
            pEdge=new CAET;
            pEdge->x=P[i].x;                    //计算 ET 表的值
            pEdge->yMax=P[j].y;
            pEdge->k=(double)(P[j].x-P[i].x)/((double)(P[j].y-P[i].y));
                                                //代表 1/k
            pEdge->next=NULL;
            while(pCurrentB->ScanLine!=P[i].y)//在桶内寻找该边的 yMin
            {
                pCurrentB=pCurrentB->next;      //移到 yMin 所在的桶结点
            }
        }
        if(P[j].y<P[i].y)                       //边的终点比起点低
        {
            pEdge=new CAET;
            pEdge->x=P[j].x;
            pEdge->yMax=P[i].y;
            pEdge->k=(double)(P[i].x-P[j].x)/((double)(P[i].y-P[j].y));
            pEdge->next=NULL;
            while(pCurrentB->ScanLine!=P[j].y)
            {
                pCurrentB=pCurrentB->next;
            }
        }
        if((P[j].y)!=P[i].y)
        {
            pCurrentE=pCurrentB->pET;
            if(pCurrentE==NULL)
            {
                pCurrentE=pEdge;
                pCurrentB->pET=pCurrentE;
            }
            else
            {
                while(NULL!=pCurrentE->next)
                {
                    pCurrentE=pCurrentE->next;
                }
                pCurrentE->next=pEdge;
            }
        }
    }
}
```

```
void CFill::AddEt(CAET * pNewEdge)              //合并 ET 表
{
    CAET * pCE=pHeadE;
    if(pCE==NULL)
    {
        pHeadE=pNewEdge;
        pCE=pHeadE;
    }
    else
    {
        while(pCE->next!=NULL)
        {
            pCE=pCE->next;
        }
        pCE->next=pNewEdge;
    }
}
void CFill::EtOrder()                           //边表的冒泡排序算法
{
    CAET * pT1=NULL, * pT2=NULL;
    int Count=1;
    pT1=pHeadE;
    if(NULL==pT1)
    {
        return;
    }
    if(NULL==pT1->next)                         //如果该 ET 表没有再连 ET 表
    {
        return;                                 //桶结点只有一条边,不需要排序
    }
    while(NULL!=pT1->next)                       //统计结点的个数
    {
        Count++;
        pT1=pT1->next;
    }
    for(int i=1;i<Count;i++)                      //冒泡排序
    {
        pT1=pHeadE;
        if(pT1->x>pT1->next->x)                  //按 x 由小到大排序
        {
            pT2=pT1->next;
            pT1->next=pT1->next->next;
            pT2->next=pT1;
            pHeadE=pT2;
        }
        else
        {
```

```
                    if(pT1->x==pT1->next->x)
                    {
                        if(pT1->k>pT1->next->k)          //按斜率由小到大排序
                        {
                            pT2=pT1->next;
                            pT1->next=pT1->next->next;
                            pT2->next=pT1;
                            pHeadE=pT2;
                        }
                    }
                }
            }
            pT1=pHeadE;
            while(pT1->next->next!=NULL)
            {
                pT2=pT1;
                pT1=pT1->next;
                if(pT1->x>pT1->next->x)                  //按 x 由小到大排序
                {
                    pT2->next=pT1->next;
                    pT1->next=pT1->next->next;
                    pT2->next->next=pT1;
                    pT1=pT2->next;
                }
                else
                {
                    if(pT1->x==pT1->next->x)
                    {
                        if(pT1->k>pT1->next->k)          //按斜率由小到大排序
                        {
                            pT2->next=pT1->next;
                            pT1->next=pT1->next->next;
                            pT2->next->next=pT1;
                            pT1=pT2->next;
                        }
                    }
                }
            }
        }
    }
}
void CFill::FillPolygon(CDC * pDC)                        //填充多边形
{
    CAET * pT1=NULL, * pT2=NULL;
    pHeadE=NULL;
    for(pCurrentB=pHeadB;pCurrentB!=NULL;pCurrentB=pCurrentB->next)
    {
        for(pCurrentE=pCurrentB->pET;pCurrentE!=NULL;pCurrentE=pCurrentE->
        next)
```

```
{
    pEdge=new CAET;
    pEdge->x=pCurrentE->x;
    pEdge->yMax=pCurrentE->yMax;
    pEdge->k=pCurrentE->k;
    pEdge->next=NULL;
    AddEt(pEdge);
}
EtOrder();
pT1=pHeadE;
if(pT1==NULL)
{
    return;
}
while(pCurrentB->ScanLine>=pT1->yMax)    //下闭上开
{
    CAET * pAETTEmp=pT1;
    pT1=pT1->next;
    delete pAETTEmp;
    pHeadE=pT1;
    if(pHeadE==NULL)
        return;
}
if(pT1->next!=NULL)
{
    pT2=pT1;
    pT1=pT2->next;
}
while(pT1!=NULL)
{
    if(pCurrentB->ScanLine>=pT1->yMax)  //下闭上开
    {
        CAET * pAETTemp =pT1;
        pT2->next=pT1->next;
        pT1=pT2->next;
        delete pAETTemp;
    }
    else
    {
        pT2=pT1;
        pT1=pT2->next;
    }
}
BOOL In=FALSE;                          //设置一个 BOOL 变量 In,初始值为假
int xb,xe;                              //扫描线的起点和终点
for(pT1=pHeadE;pT1!=NULL;pT1=pT1->next) //填充扫描线和多边形相交的区间
{
```

```cpp
            if(FALSE==In)
            {
                xb=(int)pT1->x;
                In=TRUE;                              //每访问一个结点,把 In 值取反一次
            }
            else//如果 In 值为真,则填充从当前结点的 x 值开始到下一结点的 x 值结束的区间
            {
                xe=(int)pT1->x;
                for(int x=xb;x<=xe;x++)
                    pDC->SetPixel(x,pCurrentB->ScanLine,RGB(0,0,255));
                                                      //蓝色填充
                In=FALSE;
            }
        }
        for(pT1=pHeadE;pT1!=NULL;pT1=pT1->next) //边连贯性
        {
            pT1->x=pT1->x+pT1->k;                     //x=x+1/k
        }
    }
}
void CFill::ClearMemory()                             //安全删除所有桶和桶上面的边
{
    DeleteAETChain(pHeadE);
    CBucket * pBucket=pHeadB;
    while (pBucket !=NULL)                             // 针对每一个桶
    {
        CBucket * pBucketTemp=pBucket->next;
        DeleteAETChain(pBucket->pET);
        delete pBucket;
        pBucket=pBucketTemp;
    }
    pHeadB=NULL;
    pHeadE=NULL;
}
void CFill::DeleteAETChain(CAET * pAET)
{
    while (pAET!=NULL)
    {
        CAET * pAETTemp=pAET->next;
        delete pAET;
        pAET=pAETTemp;
    }
}
```

### 3.5.6 写出实验报告

结合实验步骤,写出实验报告,同时完整给出 CPointArray、CFill 和 CTestView 类的头文件和源文件。

# 3.6 思考与练习

### 1. 实验总结

(1)本实验给出了交互式绘制多边形的方法。交互式绘制多边形使用了双缓冲技术实现橡皮筋交互技术。实际上双缓冲技术是图形图像处理中的一种重要技术,常用于动画过程中,能避免屏幕闪烁。屏幕闪烁是由于绘制复杂的图形时,每次刷新屏幕,就要响应 WM_ERASEBKGND 消息,先用背景色填充屏幕客户区,然后进行图形重绘,这一擦一写的过程造成了图像颜色的反差,出现了屏幕闪烁现象。双缓冲技术是先在 MemDC 中绘图,然后用 BitBlt()函数将图形一次性复制到 pDC,同时禁止背景刷新,消除了屏幕闪烁。禁止背景刷新代码如下:

```
BOOL CTestView::OnEraseBkgnd(CDC * pDC)
{
    // TODO: Add your message handler code here and/or call default
    return TRUE;
    //return CView::OnEraseBkgnd(pDC);
}
```

(2)本实验的一个重要内容是使用集合类 CPtrArray 来实现多边形动态数组的增加和减少。实现步骤是先定义一个公有继承于 CObject 类的类,如 CPointArray 用于保存鼠标坐标点。然后使用 CPtrArray 的 Add 成员函数向集合类 CPtrArray 添加元素。代码如下:

```
CPointArray * pPointArray=new CPointArray(point);
m_ptrarray.Add(pPointArray);
```

从 CPtrArray 数组中读取鼠标坐标点时,可以使用 CPtrArray 的 GetAt 成员函数,但需要进行强制类型转换。代码如下:

```
CPoint * pt1=&(((CPointArray * )m_ptrarray.GetAt(index))->pt);
```

(3)为了避免内存泄漏,在析构函数中对已经使用的 CPointArray 指针进行删除。

```
CTestView::~CTestView()
{
    int nCount=m_ptrarray.GetSize();
    for (int i=0;i<nCount;i++)
    {
        CPointArray * p=(CPointArray * )m_ptrarray.GetAt(i);
        delete p;                              //释放指针所指向的堆内存
    }
    m_ptrarray.RemoveAll();                    //移除所有元素
}
```

由于本程序允许使用"绘制多边形"菜单(按钮)多次绘制多边形,所以也需要在菜单函数中对已经使用过的 CPointArray 指针进行删除。

```
void CTestView::OnMdraw()
{
    // TODO: Add your command handler code here
    m_Arrow=FALSE;                              //光标判断
    m_Flag=TRUE;                                //绘图状态
    m_MState=FALSE;                             //Shift 键按下
    for (int i=0; i<m_ptrarray.GetSize(); i++)
    {
        CPointArray* p=(CPointArray*)m_ptrarray.GetAt(i);
        delete p;
    }
    m_ptrarray.RemoveAll();                     //清空数组
    if(FALSE==m_Attach)
    {
        MessageBox("请使用鼠标在屏幕上绘制多边形","提示", MB_ICONINFORMATION);
        m_Attach=TRUE;
    }
    Invalidate(FALSE);
}
```

(4) 本实验使用有效边表算法填充多边形。有效边表算法需要使用边表、桶表和有效边表共同实现。由于边表是有效边表的特例,所以将边表和有效边表合并为 CAET 类。

**2. 拓展练习**

(1) 在屏幕上任意单击鼠标绘制三角形的 3 个顶点,设第 1 个顶点的颜色设为红色,第 2 个顶点的颜色设为绿色,第 3 个顶点的颜色设为蓝色。试使用有效边表算法对三角形进行颜色渐变填充,效果如图 3-3 所示。

一个物体无论表面多么复杂,都可以采用三角形面片来逼近。三角形面片的明暗处理是绘制光照模型的基础,三角形面片的颜色渐变可以采用拉格朗日双线性插值来完成。

图 3-4 中,三角形的顶点为 $A(x_A, y_A)$,颜色为 $C_A$;$B(x_B, y_B)$,颜色为 $C_B$;$C(x_C, y_C)$,颜色为 $C_C$。任一扫描线与三角形边 $AC$ 的交点为 $D(x_D, y_D)$,颜色为 $C_D$;与边 $BC$ 的交点为 $E(x_E, y_E)$,颜色为 $C_E$,$F(x_F, y_F)$ 为 $DE$ 内的任一点,颜色为 $C_F$。颜色渐变模型要求根据顶点 $A$、$B$、$C$ 的颜色插值计算三角形内点 $F$ 的渐变颜色。

边 $AC$ 上的 $D$ 点的渐变颜色为

$$C_D = \frac{y_D - y_C}{y_A - y_C}C_A + \frac{y_D - y_A}{y_C - y_A}C_C$$

边 $BC$ 上的 $E$ 点的渐变颜色为

$$C_E = \frac{y_E - y_C}{y_B - y_C}C_B + \frac{y_E - y_B}{y_C - y_B}C_C$$

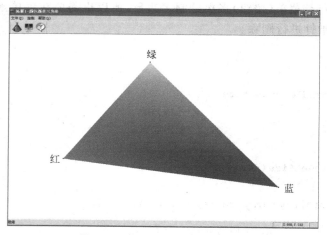

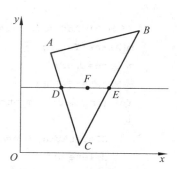

图 3-3　颜色渐变三角形效果图　　　　　图 3-4　三角形双线性插值

$DE$ 上的 $F$ 点的渐变颜色为

$$C_F = \frac{x_F - x_E}{x_D - x_E}C_D + \frac{x_F - x_D}{x_E - x_D}C_E$$

三角形颜色渐变填充的基础是有效边表算法,因为内点颜色的插值需要访问三角形内的每一个像素点。所以说,有效边表算法是绘制真实感图形的最基础算法。

(2) 在屏幕上任意单击鼠标绘制四边形的 4 个顶点,设第 1 个顶点的颜色设为红色,第 2 个顶点的颜色设为绿色,第 3 个顶点的颜色设为黄色,第 4 个顶点的颜色设为蓝色。试使用有效边表算法对四边形进行颜色渐变填充,效果如图 3-5 所示。

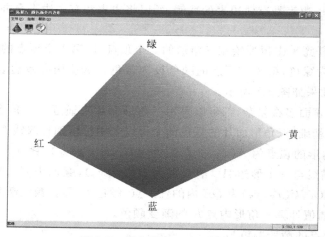

图 3-5　颜色渐变四边形效果图

# 实验 4　二维几何变换

## 4.1　实验目的

(1) 掌握二维平移、比例、旋转几何变换矩阵。

(2) 掌握矩阵乘法的编程实现。

(3) 掌握相对于任意一个参考点的比例变换和旋转变换。

(4) 掌握定时器的使用方法。

(5) 掌握边界碰撞检测方法。

(6) 掌握静态切分视图框架的设计方法。

## 4.2　实验要求

(1) 使用静态切分视图,将窗口分为左右窗格。左窗格为继承于 CFormView 类的表单视图类 CLeftPortion,右窗格为一般视图类 CTestView。

(2) 左窗格提供代表"图形顶点数"(4、8、16 和 32)、"平移变换"($x$ 方向和 $y$ 方向)、"旋转变换"(逆时针和顺时针)和"比例变换"(放大和缩小)的滑动条,用于控制右窗格内的图形变化。

(3) 右窗格内以客户区中心为图形的几何中心,绘制图形顶点数从 4 变化为 8、16、32 的正多边形。为了表达图形的旋转,多边形的每个顶点和图形中心使用直线连接。

(4) 使用双缓冲技术控制图形在右窗格内的无闪烁运动。设定屏幕背景色为黑色,图形颜色为白色。

(5) 使用客户区边界检测技术,改变图形在右窗格内和客户区边界碰撞后的运动方向。

## 4.3　效果图

二维基本变换效果如图 4-1 所示。

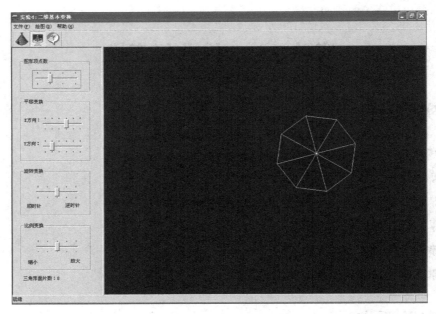

图 4-1　二维基本变换效果图

## 4.4　实验准备

（1）在学习完主教材 5.3 节后进行本实验。

（2）熟悉静态切分视图框架的实现方法。

（3）了解一档多视结构中文档类的使用方法。

（4）熟悉滑动条控件的编程方法。

## 4.5　实验步骤

本实验由 3 个部分构成。第一部分是建立划分左右窗格的静态切分视图框架，左窗格指定为表单视图，右窗格指定为一般视图。第二部分是为左侧窗格滑动条控件添加消息映射函数。第三部分是通过文档类在右窗格内绘制动态二维图形，使用定时器技术控制图形在右窗格内按照左窗格所设置的滑动条控件的位置值运动。二维图形和右窗格边界发生碰撞后改变运动方向。

### 4.5.1　静态切分视图框架

所谓"静态切分"，是指文档窗口在第一次被创建时，窗格的次序和数目就已经被切分好了，不能再被改变，但是可以缩放窗格大小。每个窗格通常代表不同的视图类对象。本实验中，左窗格代表表单视图类 CLeftPortion，用于控制图形，右窗格代表一般视图类 CTestView，用于显示图形，如图 4-1 所示。

静态切分视图框架的创建分为以下 6 个步骤。

（1）在 ResourceView 面板中，新建默认 ID 为 IDD_DIALOG1 对话框资源。打开对话框属性，设置 Style 为 Child，Border 为 None，如图 4-2 所示。

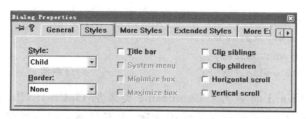

图 4-2　对话框 Styles 属性设置

（2）为对话框添加 4 个 Group Box 控件、7 个 StaticText 控件和 5 个 Slider 控件，如图 4-3 所示。滑动条控件的标识符从上至下依次为 IDC_SLIDER1～IDC_SLIDER5，分别代表图形顶点数、$x$ 方向平移参数、$y$ 方向平移参数、旋转角度比例系数。为了在每个滑动条上都显示刻度线，可以选中 Tick maks 和 Auto ticks 选项，如图 4-4 所示。将 Caption 为"三角形面片数：8"的静态文本的标识符设置为 IDC_CURFACE，用于响应顶点数变化的通知消息。

（3）双击对话框，创建继承于 CFormView 类的 CLeftPortion 类，如图 4-5 所示。CFormView 类具有许多无模态对话框的特点，并且可以包含控件。

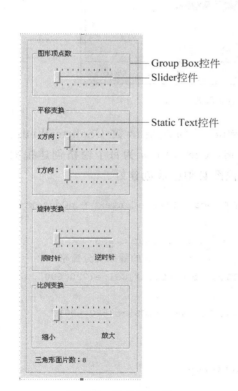

图 4-3　控件的设置

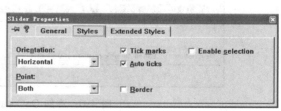

图 4-4　滑动条 Styles 属性设置

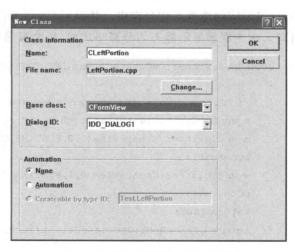

图 4-5　继承于表单类的对话框

（4）在 CMainFrame 框架窗口类中声明一个 CSplitterWnd 类的成员变量 m_wndSplitter。定义如下：

```
protected:  // control bar embedded members
    CStatusBar  m_wndStatusBar;
    CToolBar    m_wndToolBar;
    CSplitterWnd m_wndSplitter;                    //分割器
```

（5）使用 ClassWizard 向导为 CMainFrame 类添加 OnCreateClient 函数，如图 4-6 所示。这里是使用 ClassWizard 重写父类的虚函数，而不是添加消息处理。

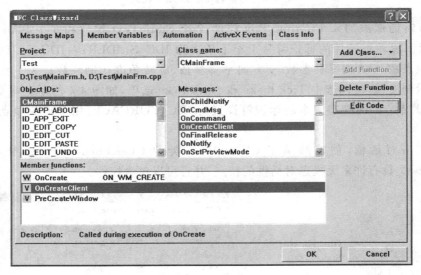

图 4-6　添加 OnCreateClient 函数

（6）在 OnCreateClient 函数中调用 CSplitterWnd 类的成员函数 CSplitterWnd：：CreateStatic 创建静态切分窗格。并调用 CSplitterWnd：：CreateView 为每个窗格创建视图窗口。在主框架显示静态切分窗格之前，每个窗格的视图必须已被创建好。

```
BOOL CMainFrame::OnCreateClient(LPCREATESTRUCT lpcs, CCreateContext * pContext)
{
    // TODO: Add your specialized code here and/or call the base class
    m_wndSplitter.CreateStatic(this,1,2);          // 产生 1×2 的静态切分窗格
    m_wndSplitter.CreateView(0,0,RUNTIME_CLASS(CLeftPortion),CSize(220,600),
    pContext);
    m_wndSplitter.CreateView(0,1,RUNTIME_CLASS(CTestView),CSize(520,600),
    pContext);
    return TRUE;
//  return CFrameWnd::OnCreateClient(lpcs, pContext);
}
```

这里 CLeftPortion 视图的宽度为 220，高度为 600。CTestView 视图的宽度为 520，高度为 600。由于使用了 CLeftPortion 类和 CTestView 视图类，所以，必须包含相应的头文

件。在 MainFrm.cpp 文件的开始部分添加以下 3 个头文件：

```
#include "LeftPortion.h"
#include "TestDoc.h"
#include "TestView.h"
```

产生静态切分后，就不能再调用默认情况下基类的 OnCreateClient 函数。因此，应该将下面的代码行删除或者注释掉：

```
return CFrameWnd::OnCreateClient(lpcs, pContext);
```

### 4.5.2 设计左窗格视图

**1. 控件的数据交换和数据校验**

控件的数据交换是将控件和数据成员变量相连接，用于获得控件的当前值。图 4-7 给出本实验所用到的需要进行数据交换的 5 个滑动条控件和一个静态文本控件，详细解释见表 4-1。

表 4-1　控件变量

| ID | 含　　义 | 变 量 类 别 | 变 量 类 型 | 变　量　名 |
|---|---|---|---|---|
| IDC_CURFACE | 图形面片数 | Control | CStatic | m_curface |
| IDC_SLIDER1 | 图形顶点数 | Control | CSliderCtrl | m_degree |
| IDC_SLIDER2 | 水平位移 | Control | CSliderCtrl | m_translateX |
| IDC_SLIDER3 | 垂直位移 | Control | CSliderCtrl | m_translateY |
| IDC_SLIDER4 | 旋转角度 | Control | CSliderCtrl | m_rotate |
| IDC_SLIDER5 | 缩放系数 | Control | CSliderCtrl | m_scale |

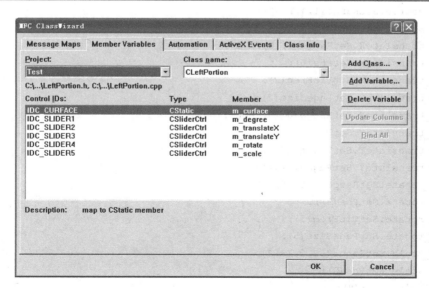

图 4-7　Member Variables 选项卡

## 2. 添加 OnInitialUpdate 消息映射函数

为了设置滑动条控件的初始值,需要在 CLeftPortion 类内添加 OnInitialUpdate 消息映射函数,如图 4-8 所示。

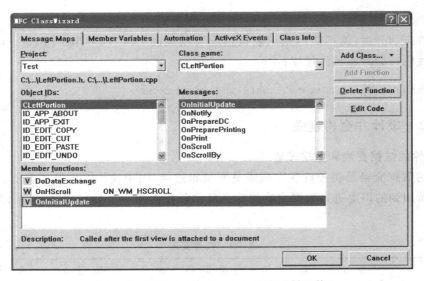

图 4-8　添加 OnInitialUpdate 消息映射函数

代码如下:

```
void CLeftPortion::OnInitialUpdate()
{
    CFormView::OnInitialUpdate();
    // TODO: Add your specialized code here and/or call the base class
    //设置左窗格滑动条的范围及初始值
    m_degree.SetRange(1,4,TRUE);
    m_degree.SetPos(2);
    m_translateX.SetRange(0,10,TRUE);
    m_translateX.SetPos(6);
    m_translateX.SetTicFreq(2);
    m_translateX.SetPageSize(2);
    m_translateY.SetRange(0,10,TRUE);
    m_translateY.SetPos(2);
    m_translateY.SetTicFreq(2);
    m_translateY.SetPageSize(2);
    m_rotate.SetRange(-10,10,TRUE);
    m_rotate.SetPos(5);
    m_rotate.SetTicFreq(5);
    m_rotate.SetPageSize(5);
    m_scale.SetRange(-2,2,TRUE);
    m_scale.SetPos(0);
    CString str("");
    str.Format("三角形面片数:%d",(int(pow(2,m_degree.GetPos()+1))));
```

```
    m_curface.SetWindowText(str);
    UpdateData(FALSE);
}
```

滑动条控件的属性设置主要包括设置滑动条范围的 SetRange() 函数、设置滑动块位置的 SetPos() 函数、设置刻度线位置的 SetTicFreq() 函数和设置滑动条控件的页大小的 SetPageSize() 函数。

设置顶点数 m_degree 范围为 1～4，当前位置为 2，刻度线频率为 1。设置水平平移变换 m_translateX 范围为 0～10，当前位置为 6，刻度线频率为 2，也就是每两个增量显示 1 个刻度线。设置垂直平移变换 m_translateY 范围为 0～10，当前位置为 2，刻度线频率为 2。设置旋转变换角度 m_rotate 范围为 -10～10，当前位置为 5，刻度线频率为 5。OnInitialUpdate() 函数仅用于设置左窗格内控件的初始位置。

**3. 添加 WM_HSCROLL 消息映射函数**

为了判断用户操作了哪个滑动条，需要在 CLeftPortion 类中响应 WM_HSCROLL 消息，如图 4-9 所示。

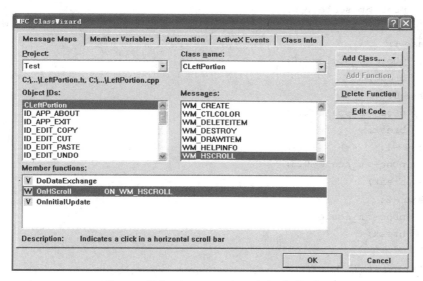

图 4-9　添加 WM_HSCROLL 消息映射函数

代码如下：

```
void CLeftPortion::OnHScroll(UINT nSBCode, UINT nPos, CScrollBar * pScrollBar)
{
    // TODO: Add your message handler code here and/or call default
    CTestDoc * pDoc=(CTestDoc * )CFormView::GetDocument();
    UpdateData();
    switch(m_degree.GetPos())
    {
    case 1:
        pDoc->m_degree=4;
        break;
```

```
    case 2:
        pDoc->m_degree=8;
        break;
    case 3:
        pDoc->m_degree=16;
        break;
    case 4:
        pDoc->m_degree=32;
        break;
    }
pDoc->m_translateX=m_translateX.GetPos();
pDoc->m_translateY=m_translateY.GetPos();
pDoc->m_rotate=m_rotate.GetPos();
switch(m_scale.GetPos())
{
case 2:
    pDoc->m_scale=3.0;
    break;
case 1:
    pDoc->m_scale=2.0;
    break;
case 0:
    pDoc->m_scale=1.0;
    break;
case -1:
    pDoc->m_scale=0.5;
    break;
case -2:
    pDoc->m_scale=0.3;
    break;
}
CString str("");
str.Format("三角形面片数：%d",(int(pow(2,m_degree.GetPos()+1))));
m_curface.SetWindowText(str);
UpdateData(FALSE);
CFormView::OnHScroll(nSBCode, nPos, pScrollBar);
}
```

当拖曳任意一个水平滑动条时,都执行 OnHScroll() 函数。首先获取 CFormView 类的文档指针 pDoc,然后将控件的值转换为文档数据。UpdateData(TRUE)函数表示将控件中的内容输入给它的数据成员变量。m_degree 的滑动条范围为 1~4,分别代表了图形顶点数 4、8、16 和 32,使用 Switch 语句转换。同样,m_scale 的滑动条范围为 −2~2,分别代表图形的比例系数为 1/3、1/2、1、2、和 3,使用 Switch 语句转换。三角形面片数是根据图形顶点数计算的,即 $2^2$、$2^3$、$2^4$ 和 $2^5$。UpdateData(FALSE)函数表示将数据成员的值输出到控件中,让滑动块移动到指定位置。

### 4.5.3 设计 CTestDoc 类

左右两个视图之间的通信是通过 CTestDoc 类实现的。在 TestDoc.h 文件中做如下声明：

```
public:
    int        m_degree;        //图形顶点数
    double     m_translateX;    //x方向平移参数
    double     m_translateY;    //y方向平移参数
    double     m_rotate;        //旋转角度
    double     m_scale;         //比例系数
```

在 TestDoc.cpp 的构造函数中对上述参数进行初始化。对于文档/视图结构来说，右窗格内绘制的图形是从 CTestDoc 类内获取数据，所以构造函数的初始化数据要和 OnInitialUpdate()函数内的初始化数据一致，以保证左窗格内的滑动条的滑动块位置与右窗格内的图形初始运行状态相吻合。m_degree=8 说明图形的初始状态是 8 个顶点的多边形，多边形的每个顶点和图形中心点使用直线连接。m_translateX=6 说明图形的水平位移量是 6。m_translateY=2 说明垂直位移量是 2。m_rotate=5 说明图形逆时针方向旋转。m_scale=1，说明图形既不放大也不缩小。

```
CTestDoc::CTestDoc()
{
    // TODO: add one-time construction code here
     m_degree=8;
    m_translateX=6;
    m_translateY=2;
    m_rotate=5;
    m_scale=1;
}
```

### 4.5.4 设计包含齐次坐标的二维点类 CP2

本实验使用了齐次二维坐标点类 CP2。在实验 1 中曾详细讲解过类似的不包含齐次坐标的 CP2 类的定义方法。本实验仅是修改 CP2 类的定义，增加了齐次坐标 $w$。

```
class CP2
{
public:
        CP2();
        virtual ~CP2();
        CP2(double,double);
public:
        double x;
        double y;
        double w;
};
CP2::CP2()
```

```
{
        x=0;
        y=0;
        w=1;
}
CP2::~CP2()
{
}
CP2::CP2(double x,double y)
{
        this->x=x;
        this->y=y;
        this->w=1;
}
```

### 4.5.5 设计二维几何变换类

为了将图形的几何变换表达为图形顶点集合矩阵与变换矩阵的乘积,引入了齐次坐标 $w$,当 $w=1$ 时称为规范化齐次坐标。定义了规范化齐次坐标以后,二维图形几何变换可以表达为图形顶点集合的规范化齐次坐标矩阵与某一变换矩阵相乘的形式。用规范化齐次坐标表示的二维变换矩阵是一个 $3\times3$ 方阵。

**1. 二维变换矩阵**

1)平移变换矩阵

$$T = \begin{bmatrix} 1 & 0 & 0 \\ 0 & 1 & 0 \\ T_x & T_y & 1 \end{bmatrix}$$

式中,$T_x$、$T_y$ 为平移参数。

2)比例变换矩阵

$$T = \begin{bmatrix} S_x & 0 & 0 \\ 0 & S_y & 0 \\ 0 & 0 & 1 \end{bmatrix}$$

式中,$S_x$、$S_y$ 为比例系数。

3)旋转变换矩阵

$$T = \begin{bmatrix} \cos\beta & \sin\beta & 0 \\ -\sin\beta & \cos\beta & 0 \\ 0 & 0 & 1 \end{bmatrix}$$

式中,$\beta$ 为逆时针旋转角。

4)反射变换矩阵

(1)相对于原点的反射变换矩阵

$$T = \begin{bmatrix} -1 & 0 & 0 \\ 0 & -1 & 0 \\ 0 & 0 & 1 \end{bmatrix}$$

（2）相对于 $x$ 轴的反射变换矩阵

$$\boldsymbol{T} = \begin{bmatrix} 1 & 0 & 0 \\ 0 & -1 & 0 \\ 0 & 0 & 1 \end{bmatrix}$$

（3）相对于 $y$ 轴的反射变换矩阵

$$\boldsymbol{T} = \begin{bmatrix} -1 & 0 & 0 \\ 0 & 1 & 0 \\ 0 & 0 & 1 \end{bmatrix}$$

5）错切变换矩阵

$$\boldsymbol{T} = \begin{bmatrix} 1 & b & 0 \\ c & 1 & 0 \\ 0 & 0 & 1 \end{bmatrix}$$

式中，$c$、$b$ 为错切参数。

**2. 复合变换矩阵**

（1）复合旋转变换矩阵

$$\boldsymbol{T} = \begin{bmatrix} 1 & 0 & 0 \\ 0 & 1 & 0 \\ -T_x & -T_y & 1 \end{bmatrix} \begin{bmatrix} \cos\beta & \sin\beta & 0 \\ -\sin\beta & \cos\beta & 0 \\ 0 & 0 & 1 \end{bmatrix} \begin{bmatrix} 1 & 0 & 0 \\ 0 & 1 & 0 \\ T_x & T_y & 1 \end{bmatrix}$$

（2）复合比例转变换矩阵

$$\boldsymbol{T} = \begin{bmatrix} 1 & 0 & 0 \\ 0 & 1 & 0 \\ -T_x & -T_y & 1 \end{bmatrix} \begin{bmatrix} S_x & 0 & 0 \\ 0 & S_y & 0 \\ 0 & 0 & 1 \end{bmatrix} \begin{bmatrix} 1 & 0 & 0 \\ 0 & 1 & 0 \\ T_x & T_y & 1 \end{bmatrix}$$

**3. 定义二维变换类 CTransForm2**

定义 CTransForm2 类来实现二维变换，包括平移变换、比例变换、相对于任意参考点的比例变换、旋转变换、相对于任意参考点的旋转变换矩阵、反射变换矩阵和错切变换矩阵。

```
class CTransForm2
{
public:
    CTransForm2();
    virtual ~CTransForm2();
    void SetMat(CP2 *,int);
    void Identity();
    void Translate(double,double);               //平移变换矩阵
    void Scale(double,double);                   //比例变换矩阵
    void Scale(double,double,CP2);               //相对于任意点的比例变换矩阵
    void Rotate(double);                         //旋转变换矩阵
    void Rotate(double,CP2);                     //相对于任意点的旋转变换矩阵
    void ReflectO();                             //原点反射变换矩阵
    void ReflectX();                             //x轴反射变换矩阵
    void ReflectY();                             //y轴反射变换矩阵
```

```
    void Shear(double,double);                           //错切变换矩阵
    void MultiMatrix();                                  //矩阵相乘
public:
    double T[3][3];
    CP2 * POld;
    int num;
};
CTransForm2::CTransForm2()
{
}
CTransForm2::~CTransForm2()
{
}
void CTransForm2::SetMat(CP2 * p,int n)
{
    POld=p;
    num=n;
}
void CTransForm2::Identity()                             //单位矩阵
{
    T[0][0]=1.0;T[0][1]=0.0;T[0][2]=0.0;
    T[1][0]=0.0;T[1][1]=1.0;T[1][2]=0.0;
    T[2][0]=0.0;T[2][1]=0.0;T[2][2]=1.0;
}
void CTransForm2::Translate(double tx,double ty)   //平移变换矩阵
{
    Identity();
    T[2][0]=tx;
    T[2][1]=ty;
    MultiMatrix();
}
void CTransForm2::Scale(double sx,double sy)        //比例变换矩阵
{
    Identity();
    T[0][0]=sx;
    T[1][1]=sy;
    MultiMatrix();
}
void CTransForm2::Scale(double sx,double sy,CP2 p)  //相对于任意点的整体比例变换矩阵
{
    Translate(-p.x,-p.y);
    Scale(sx,sy);
    Translate(p.x,p.y);
}
void CTransForm2::Rotate(double beta)               //旋转变换矩阵
```

```cpp
{
    Identity();
    double rad=beta * PI/180;
    T[0][0]=cos(rad); T[0][1]=sin(rad);
    T[1][0]=-sin(rad);T[1][1]=cos(rad);
    MultiMatrix();
}
void CTransForm2::Rotate(double beta,CP2 p)        //相对于任意点的旋转变换矩阵
{
    Translate(-p.x,-p.y);
    Rotate(beta);
    Translate(p.x,p.y);
}
void CTransForm2::ReflectO()                       //原点反射变换矩阵
{
    Identity();
    T[0][0]=-1;
    T[1][1]=-1;
    MultiMatrix();
}
void CTransForm2::ReflectX()                       //x轴反射变换矩阵
{
    Identity();
    T[0][0]=1;
    T[1][1]=-1;
    MultiMatrix();
}
void CTransForm2::ReflectY()                       //y轴反射变换矩阵
{
    Identity();
    T[0][0]=-1;
    T[1][1]=1;
    MultiMatrix();
}
void CTransForm2::Shear(double b,double c)         //错切变换矩阵
{
    Identity();
    T[0][1]=b;
    T[1][0]=c;
    MultiMatrix();
}
void CTransForm2::MultiMatrix()                    //矩阵相乘
{
    CP2 * PNew=new CP2[num];
    for(int i=0;i<num;i++)
```

```
    {
        PNew[i]=POld[i];
    }
    for(int j=0;j<num;j++)
    {
        POld[j].x=PNew[j].x*T[0][0]+PNew[j].y*T[1][0]+PNew[j].w*T[2][0];
        POld[j].y=PNew[j].x*T[0][1]+PNew[j].y*T[1][1]+PNew[j].w*T[2][1];
        POld[j].w=PNew[j].x*T[0][2]+PNew[j].y*T[1][2]+PNew[j].w*T[2][2];
    }
    delete []PNew;
}
```

## 4.5.6 设计双缓冲

双缓冲技术可以消除动画过程中的屏幕闪烁。双缓冲技术是先在 MemDC 中绘图,然后用 BitBlt()函数将图形复制到 pDC,同时禁止背景刷新,就消除了屏幕闪烁。本函数中的 ReadPoint()是计算图形顶点坐标函数,由于放在双缓冲函数中,所以每次图形的移动前,都重新计算了顶点坐标值。比例变换和旋转变换均采用相对于任意参考点的变换。

```
void CTestView::DoubleBuffer()                              //双缓冲
{
    CDC * pDC=GetDC();
    CRect rect;                                             //定义客户区
    GetClientRect(&rect);                                   //获得客户区的大小
    pDC->SetMapMode(MM_ANISOTROPIC);                        //pDC 自定义坐标系
    pDC->SetWindowExt(rect.Width(),rect.Height());          //设置窗口范围
    pDC->SetViewportExt(rect.Width(),-rect.Height());       //x 轴水平向右,y 轴垂直向上
    pDC->SetViewportOrg(rect.Width()/2,rect.Height()/2);    //屏幕中心为原点
    CDC MemDC;                                              //内存 DC
    CBitmap NewBitmap, * pOldBitmap;                        //内存中承载图像的临时位图
    MemDC.CreateCompatibleDC(pDC);                          //建立与屏幕 pDC 兼容的 MemDC
    NewBitmap.CreateCompatibleBitmap(pDC,rect.Width(),rect.Height());
                                                            //创建兼容位图
    pOldBitmap=MemDC.SelectObject(&NewBitmap);              //将兼容位图选入 MemDC
    MemDC.SetMapMode(MM_ANISOTROPIC);                       //MemDC 自定义坐标系
    MemDC.SetWindowExt(rect.Width(),rect.Height());
    MemDC.SetViewportExt(rect.Width(),-rect.Height());
    MemDC.SetViewportOrg(rect.Width()/2,rect.Height()/2);
    ReadPoint();                                            //计算图形顶点坐标
    tran.Translate(translateX,translateY);                 //平移变换
    tran.Rotate(rotate,CP2(translateX,translateY));        //相对于任意点的旋转变换
    tran.Scale(scale,scale,CP2(translateX,translateY));    //相对于任意点的比例变换
    DrawObject(&MemDC);
    BorderCheck();
    pDC->BitBlt(-rect.Width()/2,-rect.Height()/2,rect.Width(),rect.Height(),
```

```
                              &MemDC,-rect.Width()/2,-rect.Height()/2,SRCCOPY);
                                                                   //将内存位图复制到屏幕
        MemDC.SelectObject(pOldBitmap);                            //恢复位图
        NewBitmap.DeleteObject();                                  //删除位图
        MemDC.DeleteDC();                                          //删除 MemDC
        ReleaseDC(pDC);                                            //释放 DC
        if (P!=NULL)
        {
            delete []P;
            P=NULL;
        }
    }
```

## 4.5.7 读入图形顶点

根据图形顶点个数,先计算圆上各点的等分角 $\theta$,然后计算每个顶点的坐标值,最后计算图形中心点的坐标值。齐次坐标的 $w$ 值在 CP2 类的默认构造函数内已经有初始值,不需要再次给出。

```
void CTestView::ReadPoint()
{
    double Dtheta=2 * PI/degree;
    P=new CP2[degree+1];
    for(int i=0;i<degree;i++)
    {
        P[i].x=R * cos(i * Dtheta);
        P[i].y=R * sin(i * Dtheta);
    }
    P[degree].x=0;P[degree].y=0;                                   //图形中心点
    tran.SetMat(P,degree+1);

}
```

## 4.5.8 绘制图形

为了避免直线的重复绘制,在循环体中绘制的是每个三角形的两条边。

```
void CTestView::DrawObject(CDC * pDC)                              //绘制图形
{
    CLine * line=new CLine;
    for(int i=0;i<degree;i++)
    {
        line->MoveTo(pDC,ROUND(P[degree].x),ROUND(P[degree].y));
        line->LineTo(pDC,ROUND(P[i].x),ROUND(P[i].y));
        line->LineTo(pDC,ROUND(P[(i+1)%degree].x),ROUND(P[(i+1)%degree].y));
    }
```

```
    delete line;
}
```

### 4.5.9  碰撞检测

图形在右窗格内按照左窗格内滑动条控件的设置值运动,碰到客户区边界时将运动方向取反。这里采用了近似方法,将多边形看作圆来进行碰撞检测。

```
void CTestView::BorderCheck()                         //边界检测
{
    double TempR=R * scale;
    CRect rect;                                       //定义客户区
    GetClientRect(&rect);                             //获得客户区的大小
    int nWidth=rect.Width()/2;
    int nHeight=rect.Height()/2;
    if(fabs(P[degree].x)+TempR>nWidth)
    {
        directionX * =-1;
        translateX+=fabs(fabs(P[degree].x)+TempR-nWidth) * directionX;
                                                      //判断图形水平越界
    }
    if(fabs(P[degree].y)+TempR>nHeight)
    {
        directionY * =-1;
        translateY+=fabs(fabs(P[degree].y)+TempR-nHeight) * directionY;
                                                      //判断图形垂直越界
    }
}
```

当图形未和边界发生碰撞之前,directionX 和 directionY 参数取值为1;当图形和边界发生碰撞后,directionX 和 directionY 参数取值为-1。即

(1) 当图形未和边界发生碰撞之前:

```
translateX=translateX+pDoc->m_translateX;
translateY=translateY+pDoc->m_translateY;
```

(2) 当图形和边界发生碰撞之后:

```
translateX=translateX-pDoc->m_translateX;
translateY=translateY-pDoc->m_translateY;
```

这样就可以控制图形在屏幕客户区内的碰撞运动。

### 4.5.10  定时器函数

定时器函数 OnTimer()是 WM_TIMER 消息映射函数,该函数由 OnDraw() 函数中的 SetTimer(1,50,NULL)语句调用。程序一启动就自动执行。首先获得文档类内的初始化数据,然后调用双缓冲函数进行图形的绘制。

```
void CTestView::OnDraw(CDC* pDC)
{
    CTestDoc* pDoc=GetDocument();
    ASSERT_VALID(pDoc);
    // TODO: add draw code for native data here
    SetTimer(1,50,NULL);                                    //设置定时器
}
void CTestView::OnTimer(UINT nIDEvent)
{
    // TODO: Add your message handler code here and/or call default
    CTestDoc* pDoc=GetDocument();
    if(((CMainFrame*)AfxGetMainWnd())->bPlay)
    {
        degree=pDoc->m_degree;
        translateX+=pDoc->m_translateX * directionX;
        translateY+=pDoc->m_translateY * directionY;
        rotate+=pDoc->m_rotate;
        scale=pDoc->m_scale;
        DoubleBuffer();
    }
    CView::OnTimer(nIDEvent);
}
```

由于双缓冲函数中每次都调用 ReadPoint()函数，所以 translateX、translateY 和 rotate 参数都是计算累加值，才能使得图形平移和旋转。函数中 directionX 和 directionY 参数控制图形平移方向，取值为±1。

### 4.5.11 禁止背景刷新函数

由于使用了双缓冲技术，所以禁止背景刷新。

```
BOOL CTestView::OnEraseBkgnd(CDC* pDC)                       //禁止背景刷新
{
    // TODO: Add your message handler code here and/or call default
    return  TRUE;
}
```

### 4.5.12 写出实验报告

结合实验步骤，写出实验报告，同时完整给出 CLeftPortion 类和 CTestView 类的头文件和源文件。

## 4.6 思考与练习

**1. 实验总结**

(1) 在 4.5.1 小节的 OnCreateClient 函数中添加代码后，由于使用到了 CLeftPortion

和 CTestView 视图类,所以在 MainFrm. cpp 文件的开始部分包含 LeftPortion. h 和 TestView. h 头文件,编译会出现关于 CTestDoc 类的错误。可以通过在 TestView. h 头文件前包含 TestDoc. h 头文件来解决。即在 MainFrm. cpp 文件的开始部分添加以下 3 个头文件:

```
#include "LeftPortion.h"
#include "TestDoc.h"
#include "TestView.h"
```

(2) 因为首先进行的是平移变换,所以对于比例变换和旋转变换,需要进行相对于右窗格物体中的二维复合变换。代码如下:

```
ReadPoint();                                      //计算图形顶点坐标
tran.Translate(translateX,translateY);            //平移变换
tran.Rotate(rotate,CP2(translateX,translateY));   //相对于任意点的旋转变换
tran.Scale(scale,scale,CP2(translateX,translateY)); //相对于任意点的比例变换
```

(3) 由于本实验使用的是双视图构架,所以"动画"菜单项的"播放"按钮的消息映射是在 CMainFrame 类中完成的。代码如下:

```
void CMainFrame::OnMdraw()
{
    // TODO: Add your command handler code here
    bPlay=!bPlay;
}
```

程序中,bPlay 是 BOOL 型变量,初始值为 TRUE,程序一启动多边形就在客户区内运动。

(4) 为了实现菜单的动态更新,当"动画"按钮按下后,菜单提示为"停止",当"动画"按钮弹起后,菜单提示为"播放"。这需要将"动画"按钮的 ID 标识符与 ON_UPDATE_COMMAND_UI 宏项连接并产生处理更新消息的映射函数,如图 4-10 所示。代码如下:

```
void CMainFrame::OnUpdateMdraw(CCmdUI * pCmdUI)
{
    // TODO: Add your command update UI handler code here
    if(bPlay)
    {
        pCmdUI->SetCheck(TRUE);
        pCmdUI->SetText("停止");
    }
    else
    {
        pCmdUI->SetCheck(FALSE);
        pCmdUI->SetText("播放");
    }
}
```

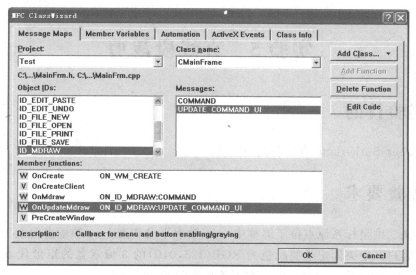

图 4-10 菜单动态更新

**2. 拓展练习**

将本实验中的图形绘制为实验 1 的金刚石图案,图形顶点数代表等分点个数,设置为 5、10、15 和 20。实现金刚石图形在右侧视图窗格内运动,并和客户区边界发生碰撞,效果如图 4-11 所示。请修改程序实现。

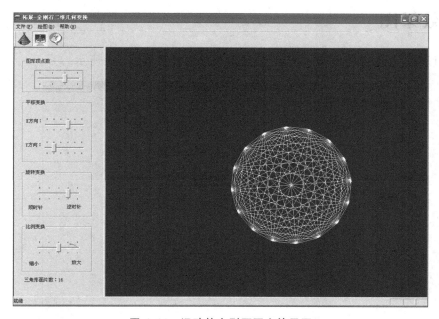

图 4-11 运动的金刚石图案效果图

# 实验5　直线段裁剪

## 5.1　实验目的

掌握 Cohen-Sutherland 直线段裁剪算法。

## 5.2　实验要求

（1）定义二维坐标系原点位于屏幕中心，$x$ 轴水平向右为正，$y$ 轴垂直向上为正。

（2）在客户区中央固定绘制颜色为 RGB(128,0,0)的 3 像素宽的矩形代表裁剪窗口。裁剪窗口的左上角点为（$-300,100$），右下角点为（$300,-100$）。

（3）使用鼠标在屏幕上动态绘制任意直线段。

（4）选择裁剪按钮根据直线段和窗口的相对位置，对直线段进行裁剪，得到位于窗口内的直线段，删除窗口外的直线段。

（5）直线段绘制之前，裁剪按钮无效；直线段绘制之后，裁剪按钮有效。

## 5.3　效果图

直线段裁剪前效果如图 5-1 所示，直线段裁剪后效果如图 5-2 所示。

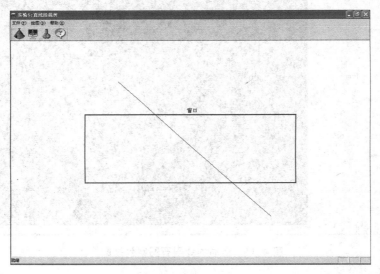

图 5-1　直线段裁剪前效果图

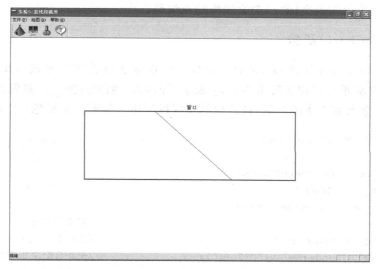

图 5-2　直线段裁剪后效果图

# 5.4　实验准备

(1) 在学习完主教材 5.5 节后,进行本实验。

(2) 熟悉掌握区域编码规则。

(3) 熟悉"简取""简弃"和"求交"的判断条件。

(4) 熟悉窗口边界(或其延长线)与直线段交点坐标的计算公式。

# 5.5　实验步骤

本实验首先修改 CP2 类,绑定直线段顶点及其编码,然后使用双缓冲绘制动态直线,调用 Dan Cohen 和 Ivan Sutherland 所提出的 Cohen-Sutherland 直线段裁剪算法,根据窗口和直线段的相对位置对直线段进行裁剪。

## 5.5.1　定义 CP2 类

为了将直线端点坐标和编码绑定在一起,修改了 CP2 类定义,增加了直线段端点编码。

```
class CP2
{
public:
    CP2();
    virtual ~CP2();
    double x;                    //直线段端点 x 坐标
    double y;                    //直线段端点 y 坐标
    UINT  rc;                    //直线段端点编码
};
```

x 和 y 为直线段端点坐标，rc 为直线段端点编码。

### 5.5.2　OnDrw()函数

在 TestView.cpp 文件的 OnDraw()函数中使用双缓冲绘制矩形裁剪窗口和直线段。同时定义二维坐标系原点位于屏幕中心，$x$ 轴水平向右，$y$ 轴垂直向上。裁剪窗口使用 RGB(128,0,0)的 3 像素宽直线段绘制，被裁剪的直线段使用 1 像素宽的黑色直线段绘制。

```
void CTestView::OnDraw(CDC* pDC)
{
    CTestDoc* pDoc=GetDocument();
    ASSERT_VALID(pDoc);
    //TODO: add draw code for native data here
    CRect rect;                                            //定义客户区
    GetClientRect(&rect);                                  //获得客户区的大小
    pDC->SetMapMode(MM_ANISOTROPIC);                       //pDC 自定义坐标系
    pDC->SetWindowExt(rect.Width(),rect.Height());         //设置窗口范围
    pDC->SetViewportExt(rect.Width(),-rect.Height());      //x 轴水平向右,y 轴垂直向上
    pDC->SetViewportOrg(rect.Width()/2,rect.Height()/2);   //屏幕中心为原点
    CDC memDC;                                             //内存 DC
    CBitmap NewBitmap, * pOldBitmap;                       //内存中承载图像的临时位图
    memDC.CreateCompatibleDC(pDC);                         //建立与屏幕 pDC 兼容的 memDC
    NewBitmap.CreateCompatibleBitmap(pDC,rect.Width(),rect.Height());
                                                           //创建兼容位图
    pOldBitmap=memDC.SelectObject(&NewBitmap);             //将兼容位图选入 memDC
    memDC.FillSolidRect(rect,pDC->GetBkColor());           //按原来背景填充客户区,否则是黑色
    memDC.SetMapMode(MM_ANISOTROPIC);                      //memDC 自定义坐标系
    memDC.SetWindowExt(rect.Width(),rect.Height());
    memDC.SetViewportExt(rect.Width(),-rect.Height());
    memDC.SetViewportOrg(rect.Width()/2,rect.Height()/2);
    DrawWindowRect(&memDC);                                //绘制窗口
    if(PtCount>=1)
    {
        memDC.MoveTo(ROUND(P[0].x),ROUND(P[0].y));
        memDC.LineTo(ROUND(P[1].x),ROUND(P[1].y));
    }
    pDC->BitBlt(-rect.Width()/2,-rect.Height()/2,rect.Width(),rect.Height(),
            &memDC,-rect.Width()/2,-rect.Height()/2,SRCCOPY);
                                                           //将内存位图复制到屏幕
    memDC.SelectObject(pOldBitmap);                        //恢复位图
    NewBitmap.DeleteObject();                              //删除位图
    memDC.DeleteDC();                                      //删除 memDC
}
```

### 5.5.3　绘制裁剪窗口

裁剪窗口的左上角点的 $x$ 坐标为 $W_{xl}$，$y$ 坐标为 $W_{yt}$，$W_{xl}=-300$，$W_{yt}=100$，裁剪窗口

的右下角点的 $x$ 坐标为 $W_{xr}$，$y$ 坐标为 $W_{yb}$，$W_{xr}=300$，$W_{yb}=-100$。

```
void CTestView::DrawWindowRect(CDC* pDC)                //绘制裁剪窗口
{
    // TODO: Add your message handler code here and/or call default
    pDC->SetTextColor(RGB(128,0,0));
    pDC->TextOut(-10,Wyt+20,"窗口");
    CPen NewPen3, * pOldPen3;                            //定义 3 个像素宽度的画笔
    NewPen3.CreatePen(PS_SOLID,3,RGB(128,0,0));
    pOldPen3=pDC->SelectObject(&NewPen3);
    pDC->Rectangle(Wxl,Wyt,Wxr,Wyb);
    pDC->SelectObject(pOldPen3);
    NewPen3.DeleteObject();
}
```

### 5.5.4　鼠标左键按下函数

鼠标左键按下时，确定直线段的起点。PtCount 为直线端点索引的计数器，当 PtCount＝0 时，P［PtCount］为直线段的起点；当 PtCount＝1 时，P［PtCount］为直线段的终点。DrawLine 是 BOOL 型变量，用于判断是否允许画线。由于 OnDraw()函数使用自定义坐标系绘图，而 OnLButtonDown()函数内使用的是物理坐标系，二者需要进行坐标转换。定义了 Convert()函数将设备坐标系内的点转换为自定义坐标系内的点。

```
void CTestView::OnLButtonDown(UINT nFlags, CPoint point)
{
    // TODO: Add your message handler code here and/or call default
    if(DrawLine)
    {   if(PtCount<2)
        {
            P[PtCount]=Convert(point);
            PtCount++;
        }
    }
    CView::OnLButtonDown(nFlags, point);
}
```

### 5.5.5　鼠标移动函数

鼠标移动函数确定直线段的终点。

```
void CTestView::OnMouseMove(UINT nFlags, CPoint point)
{
    // TODO: Add your message handler code here and/or call default
    if(DrawLine)
    {
        if(PtCount<2)
```

```
        {
            P[PtCount]=Convert(point);
            Invalidate(FALSE);
        }
    }
    CView::OnMouseMove(nFlags, point);
}
```

### 5.5.6 编码函数

根据直线段的任一端点 $P(x,y)$ 相对于窗口的位置,可以赋予一组 4 位二进制区域码 $RC=C_4C_3C_2C_1$,从右到左依次代表左、右、下、上,如图 5-3 所示。

为了保证窗口内直线段端点编码 $RC$ 的 4 位二进制区域码全部为 0,每位二进制区域码编码规则如下:

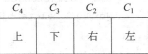

| $C_4$ | $C_3$ | $C_2$ | $C_1$ |
|-------|-------|-------|-------|
| 上 | 下 | 右 | 左 |

图 5-3 区域码各位含义

第 1 位 $C_1$:若端点位于窗口之左侧,即 $x<W_{xl}$,则 $C_1=1$,否则 $C_1=0$。

第 2 位 $C_2$:若端点位于窗口之右侧,即 $x>W_{xr}$,则 $C_2=1$,否则 $C_2=0$。

第 3 位 $C_3$:若端点位于窗口之下侧,即 $y<W_{yb}$,则 $C_3=1$,否则 $C_3=0$。

第 4 位 $C_4$:若端点位于窗口之上侧,即 $y>W_{yt}$,则 $C_4=1$,否则 $C_4=0$。

定义一组宏表示二进制区位码的十进制数。

```
#define LEFT      1                          //代表:0001
#define RIGHT     2                          //代表:0010
#define BOTTOM    4                          //代表:0100
#define TOP       8                          //代表:1000
void CTestView::EnCode(CP2 &pt)              //端点编码函数
{
    pt.rc=0;
    if(pt.x<Wxl)
    {
        pt.rc=pt.rc | LEFT;
    }
    else if(pt.x>Wxr)
    {
        pt.rc=pt.rc | RIGHT;
    }
    if(pt.y<Wyb)
    {
        pt.rc=pt.rc | BOTTOM;
    }
    else if(pt.y>Wyt)
    {
        pt.rc=pt.rc | TOP;
    }
}
```

### 5.5.7 裁剪函数

**1. 裁剪步骤**

(1) 若直线段的两个端点的区域码都为零,即 $RC_0 | RC_1 = 0$(二者按位相或的结果为 0, 即 $RC_0 = 0$ 且 $RC_1 = 0$),说明直线段两端点都在窗口内,应"简取"。

(2) 若直线段的两个端点的区域码都不为 0,即 $RC_0 \& RC_1 \neq 0$。二者按位相与的结果不为 0,即 $RC_0 \neq 0$ 且 $RC_1 \neq 0$,即直线段位于窗口外的同一侧,说明直线段的两个端点都在窗口外,应"简弃"。

(3) 若直线段既不满足"简取"也不满足"简弃"的条件,则需要与窗口进行"求交"判断。这时,直线段必然与窗口边界(及其延长线)相交,分两种情况处理。一种情况是直线段与窗口边界相交,如图 5-4 所示直线段 $P_0 P_1$。按左右下上顺序计算窗口边界与直线段的交点。右边界与 $P_0 P_1$ 的交点为 $P$,$P$ 点的编码为 0000,舍弃 $P_0 P$ 直线段,将 $P$ 点的坐标和编码替换为 $P_0$ 点,交换 $P_0 P_1$ 点的坐标及其编码,使 $P_0$ 总是位于窗口之外,如图 5-5 所示。下边界与 $P_0 P_1$ 的交点为 $P$,$P$ 点的编码为 0000,舍弃 $P_0 P$ 直线段,将 $P$ 点的坐标和编码替换为 $P_0$ 点,如图 5-6 所示。此时,直线段 $P_0 P_1$ 被"简取"。另一种情况是直线段与窗口边界的延长线相交,直线段完全位于窗口之外,且不在窗口同一侧,所以 $RC_0 = 0010 \neq 0$,$RC_1 = 0100 \neq 0$,但 $RC_0 \& RC_1 = 0$,如图 5-7 所示的直线段 $P_0 P_1$。按左右下上顺序计算窗口边界延长线与直线段的交点。右边界延长线与 $P_0 P_1$ 的交点为 $P$,$P$ 点的编码为 0110,舍弃 $P_0 P$ 直线段,将 $P$ 点的坐标和编码替换为 $P_0 P_1$ 点,如图 5-8 所示。此时,直线段 $P_0 P_1$ 位于窗口外的同一侧,被"简弃"。

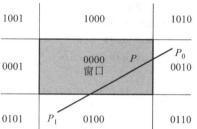

图 5-4 直线段与窗口边界相交

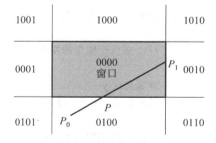

图 5-5 $P_0$ 点位于裁剪窗口之外

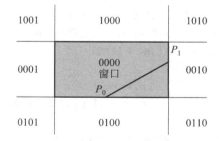

图 5-6 裁剪后的直线段

(4) 实现时,一般按固定顺序左($x = W_{xl}$),右($x = W_{xr}$)、下($y = W_{yb}$)、上($y = W_{yt}$)计算窗口边界及其延长线与直线段的交点。

**2. 交点计算公式**

对于端点坐标为 $P_0(x_0, y_0)$ 和 $P_1(x_1, y_1)$ 的直线段,与窗口左边界($x = W_{xl}$)或右边界($x = W_{xr}$)交点的 $y$ 坐标的计算公式为

$$y = k(x - x_0) + y_0,\text{其中 } k = (y_1 - y_0)/(x_1 - x_0)$$

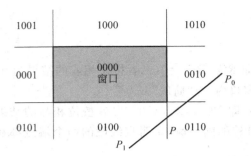

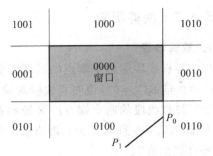

图5-7　直线段与窗口边界的延长线相交　　　图5-8　窗口右边界的延长线裁剪后的直线段

与窗口上边界($y=W_{yt}$)或下边界($y=W_{yb}$)交点的 $x$ 坐标的计算公式为

$$x=\frac{y-y_0}{k}+x_0, \quad \text{其中 } k=(y_1-y_0)/(x_1-x_0)$$

```
void CTestView::Cohen()                                 //Cohen-Sutherland算法
{
    CP2 p;                                              //交点坐标
    EnCode(P[0]);                                       //起点编码
    EnCode(P[1]);                                       //终点编码
    while(P[0].rc!=0 || P[1].rc!=0)
    {
        if(0!=(P[0].rc & P[1].rc))
        {                                               //简弃之
            PtCount=0;
            return;
        }
        UINT RC=P[0].rc;
        if(P[0].rc==0) RC=P[1].rc;                      //确保 P₀ 点位于窗口之外
        //按左、右、下、上的顺序裁剪
        if(RC & LEFT)                                   //P₀ 点位于窗口的左侧
        {
            p.x=Wxl;                                    //求交点 y
            p.y=P[0].y+(P[1].y-P[0].y)*(p.x-P[0].x)/(P[1].x-P[0].x);
        }
        else if(RC & RIGHT)                             //P₀ 点位于窗口的右侧
        {
            p.x=Wxr;                                    //求交点 y
            p.y=P[0].y+(P[1].y-P[0].y)*(p.x-P[0].x)/(P[1].x-P[0].x);
        }
        else if(RC & BOTTOM)                            //P₀ 点位于窗口的下侧
        {
            p.y=Wyb;                                    //求交点 x
            p.x=P[0].x+(P[1].x-P[0].x)*(p.y-P[0].y)/(P[1].y-P[0].y);
        }
        else if(RC & TOP)                               //P₀ 点位于窗口的上侧
```

```
    {
        p.y=Wyt;                                    //求交点 x
        p.x=P[0].x+(P[1].x-P[0].x) * (p.y-P[0].y)/(P[1].y-P[0].y);

    }
    if(RC==P[0].rc)
    {
        EnCode(p);
        P[0]=p;
    }
    else
    {
        EnCode(p);
        P[1]=p;
    }
    }
}
```

### 5.5.8　写出实验报告

结合实验步骤,写出实验报告,同时完整给出 CTestView 类的头文件和源文件。

# 5.6　思考与练习

**1. 实验总结**

(1) 在 OnDraw()函数中使用了二维自定义坐标系,原点位于屏幕中心,$x$ 轴水平向右,$y$ 轴垂直向上。而在 OnLButtonDown()和 OnMouseMove()函数中,使用的依然是原点位于屏幕左上角,$x$ 轴水平向右,$y$ 轴垂直向下的二维设备坐标系。自定义坐标系和设备坐标系之间需要进行转换。转换函数为:

```
CP2 CTestView::Convert(CPoint point)                //坐标系变换
{
    CRect rect;
    GetClientRect(&rect);
    CP2 ptemp;
    ptemp.x=point.x-rect.right/2;
    ptemp.y=rect.bottom/2-point.y;
    return ptemp;
}
```

(2) 裁剪是在直线段绘制后完成的,所以裁剪按钮只有在直线绘制完毕后才能有效。这需要为"裁剪"按钮的 ID 标识符 ID_MCLIP 映射 ON_UPDATE_COMMAND_UI 宏的更新消息处理函数。代码如下:

```
void CTestView::OnUpdateMclip(CCmdUI * pCmdUI)      //剪切图标状态控制
```

```
{
    // TODO: Add your command update UI handler code here
    pCmdUI->Enable((PtCount>=2)?TRUE:FALSE);
}
```

**2. 拓展练习**

使用中点分割算法可以避免 Cohen-Sutherland 裁剪算法的求交运算，简单地把直线段等分为两段直线，对每一段直线重复"简取"和"简弃"的处理。对于不能处理的直线段再继续等分下去，直到每一段直线完全能够被"简取"或"简弃"。请编程实现。

# 实验 6  立方体线框模型正交投影

## 6.1  实验目的

（1）掌握使用点表和面表构造立方体线框模型的方法。
（2）掌握立方体线框模型二维正交投影图的绘制方法。
（3）掌握立方体线框模型二维正交投影图的旋转方法。

## 6.2  实验要求

（1）在屏幕中心建立三维坐标系 $\{O;x,y,z\}$，$x$ 轴水平向右，$y$ 轴垂直向上，$z$ 轴垂直于屏幕指向观察者。
（2）以三维坐标系 $\{O;x,y,z\}$ 的原点为立方体体心绘制边长为 $2a$ 的立方体线框模型。
（3）使用旋转变换矩阵计算立方体线框模型围绕三维坐标系原点变换前后的顶点坐标。
（4）使用双缓冲技术在屏幕上绘制三维立方体线框模型的二维正交投影图。
（5）使用键盘方向键旋转立方体线框模型。
（6）使用工具条上的"动画"按钮播放立方体线框模型的旋转动画。

## 6.3  效果图

立方体线框模型正交投影效果如图 6-1 所示。

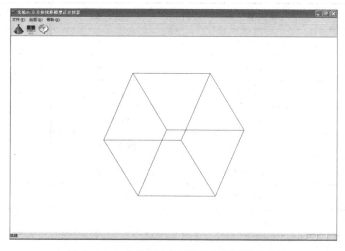

图 6-1  立方体线框模型正交投影效果图

## 6.4　实验准备

（1）在学习完主教材 6.2 节后，进行本实验。
（2）熟悉三维旋转变换矩阵。
（3）熟悉动画按钮的"弹起"和"按下"状态的设置方法。
（4）熟悉双缓冲技术的使用方法。
（5）熟悉键盘消息的映射方法。

## 6.5　实验步骤

立方体线框模型的顶点坐标为三维坐标，需要构造三维点类 CP3 来存储立方体的 8 个顶点坐标。同时构造直线类 CLine 来绘制立方体线框模型的边线。立方体线框模型围绕体心的旋转是使用旋转变换矩阵实现的。立方体线框模型的正交投影的绘制方法是根据顶点表和表面表，依次向 $xOy$ 面内投影其各个表面四边形。

### 6.5.1　立方体数学模型

设立方体的边长为 $2a$，立方体中心位于三维坐标系原点，立方体数学模型如图 6-2 所示。

立方体的顶点表和面表见表 6-1 和表 6-2。其中面表的顶点排列顺序应保持该面的外法矢量方向向外，为后续的消隐做准备。

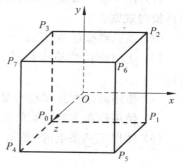

图 6-2　立方体几何模型

**表 6-1　立方体的顶点表**

| 顶　　点 | $x$ 坐标 | $y$ 坐标 | $z$ 坐标 |
|:---:|:---:|:---:|:---:|
| $P_0$ | $x_0 = -a$ | $y_0 = -a$ | $z_0 = -a$ |
| $P_1$ | $x_1 = a$ | $y_1 = -a$ | $z_1 = -a$ |
| $P_2$ | $x_2 = a$ | $y_2 = a$ | $z_2 = -a$ |
| $P_3$ | $x_3 = -a$ | $y_3 = a$ | $z_3 = -a$ |
| $P_4$ | $x_4 = -a$ | $y_4 = -a$ | $z_4 = a$ |
| $P_5$ | $x_5 = a$ | $y_5 = -a$ | $z_5 = a$ |
| $P_6$ | $x_6 = a$ | $y_6 = a$ | $z_6 = a$ |
| $P_7$ | $x_7 = -a$ | $y_7 = a$ | $z_7 = a$ |

表 6-2　立方体的面表

| 面 | 边数 | 顶点 1 序号 | 顶点 2 序号 | 顶点 3 序号 | 顶点 4 序号 | 说明 |
|---|---|---|---|---|---|---|
| $F_0$ | 4 | 4 | 5 | 6 | 7 | 前面 |
| $F_1$ | 4 | 0 | 3 | 2 | 1 | 后面 |
| $F_2$ | 4 | 0 | 4 | 7 | 3 | 左面 |
| $F_3$ | 4 | 1 | 2 | 6 | 5 | 右面 |
| $F_4$ | 4 | 2 | 3 | 7 | 6 | 顶面 |
| $F_5$ | 4 | 0 | 1 | 5 | 4 | 底面 |

## 6.5.2　三维变换

定义了规范化齐次坐标以后,三维图形的几何变换可以表达为图形顶点集合的规范化齐次坐标矩阵与某一变换矩阵相乘的形式。用规范化齐次坐标表示的三维变换矩阵是一个 $4 \times 4$ 方阵。立方体旋转变换的基本方法是把旋转变换矩阵作用到变换前的立方体顶点的规范化齐次坐标矩阵上,得到变换后新的立方体顶点的规范化齐次坐标矩阵。用直线连接变换后新的立方体顶点,就可以绘制出变换后的立方体线框模型。立方体的旋转表达变换为

$$P' = P \cdot T$$

式中,$P$ 为变换前的立方体顶点的规范化齐次坐标矩阵,$P'$ 为变换后的新的立方体顶点的规范化齐次坐标矩阵。$T$ 为三维变换矩阵。

$$P = \begin{bmatrix} x_0 & y_0 & z_0 & 1 \\ x_1 & y_1 & z_1 & 1 \\ x_2 & y_2 & z_2 & 1 \\ x_3 & y_3 & z_3 & 1 \\ x_4 & y_4 & z_4 & 1 \\ x_5 & y_5 & z_5 & 1 \\ x_6 & y_6 & z_6 & 1 \\ x_7 & y_7 & z_7 & 1 \end{bmatrix}, \quad P' = \begin{bmatrix} x_0' & y_0' & z_0' & 1 \\ x_1' & y_1' & z_1' & 1 \\ x_2' & y_2' & z_2' & 1 \\ x_3' & y_3' & z_3' & 1 \\ x_4' & y_4' & z_4' & 1 \\ x_5' & y_5' & z_5' & 1 \\ x_6' & y_6' & z_6' & 1 \\ x_7' & y_7' & z_7' & 1 \end{bmatrix}$$

三维变换一般包括平移、比例、旋转、反射和错切五种形式,变换矩阵 $T$ 表示如下:

**1. 平移变换矩阵**

$$T = \begin{bmatrix} 1 & 0 & 0 & 0 \\ 0 & 1 & 0 & 0 \\ 0 & 0 & 1 & 0 \\ T_x & T_y & T_z & 1 \end{bmatrix}$$

式中,$T_x$、$T_y$ 和 $T_z$ 为平移参数。

**2. 比例变换矩阵**

$$T = \begin{bmatrix} S_x & 0 & 0 & 0 \\ 0 & S_y & 0 & 0 \\ 0 & 0 & S_z & 0 \\ 0 & 0 & 0 & 1 \end{bmatrix}$$

式中, $S_x$、$S_y$ 和 $S_z$ 为比例系数。

**3. 旋转变换矩阵**

（1）绕 $x$ 轴旋转。

$$T = \begin{bmatrix} 1 & 0 & 0 & 0 \\ 0 & \cos\beta & \sin\beta & 0 \\ 0 & -\sin\beta & \cos\beta & 0 \\ 0 & 0 & 0 & 1 \end{bmatrix}$$

式中, $\beta$ 为正向旋转角。

（2）绕 $y$ 轴旋转。

$$T = \begin{bmatrix} \cos\beta & 0 & -\sin\beta & 0 \\ 0 & 1 & 0 & 0 \\ \sin\beta & 0 & \cos\beta & 0 \\ 0 & 0 & 0 & 1 \end{bmatrix}$$

（3）绕 $z$ 轴旋转。

$$T = \begin{bmatrix} \cos\beta & \sin\beta & 0 & 0 \\ -\sin\beta & \cos\beta & 0 & 0 \\ 0 & 0 & 1 & 0 \\ 0 & 0 & 0 & 1 \end{bmatrix}$$

**4. 反射变换矩阵**

（1）关于 $x$ 轴的反射。

$$T = \begin{bmatrix} 1 & 0 & 0 & 0 \\ 0 & -1 & 0 & 0 \\ 0 & 0 & -1 & 0 \\ 0 & 0 & 0 & 1 \end{bmatrix}$$

（2）关于 $y$ 轴的反射。

$$T = \begin{bmatrix} -1 & 0 & 0 & 0 \\ 0 & 1 & 0 & 0 \\ 0 & 0 & -1 & 0 \\ 0 & 0 & 0 & 1 \end{bmatrix}$$

（3）关于 $z$ 轴的反射。

$$T = \begin{bmatrix} -1 & 0 & 0 & 0 \\ 0 & -1 & 0 & 0 \\ 0 & 0 & 1 & 0 \\ 0 & 0 & 0 & 1 \end{bmatrix}$$

（4）关于 $xOy$ 面的反射。

$$T = \begin{bmatrix} 1 & 0 & 0 & 0 \\ 0 & 1 & 0 & 0 \\ 0 & 0 & -1 & 0 \\ 0 & 0 & 0 & 1 \end{bmatrix}$$

（5）关于 $yOz$ 面的反射。

$$T = \begin{bmatrix} -1 & 0 & 0 & 0 \\ 0 & 1 & 0 & 0 \\ 0 & 0 & 1 & 0 \\ 0 & 0 & 0 & 1 \end{bmatrix}$$

（6）关于 $zOx$ 面的反射。

$$T = \begin{bmatrix} 1 & 0 & 0 & 0 \\ 0 & -1 & 0 & 0 \\ 0 & 0 & 1 & 0 \\ 0 & 0 & 0 & 1 \end{bmatrix}$$

**5. 错切变换矩阵**

$$T = \begin{bmatrix} 1 & b & c & 0 \\ d & 1 & f & 0 \\ g & h & 1 & 0 \\ 0 & 0 & 0 & 1 \end{bmatrix}$$

式中，$b$、$c$、$d$、$f$、$g$ 和 $h$ 为错切参数。

### 6.5.3  正交投影

平面显示器只能用二维图形表示三维物体，在屏幕上绘制三维物体前需要借助于投影变换。常用的投影变换有平行投影和透视投影。投影中心到投影面的距离为无限大时得到的投影为平行投影。平行投影又分为正投影和斜投影，若投影方向垂直于投影面则为正投影，也称为正交投影；若投影方向不垂直于投影面就是斜投影。正交投影后的物体尺寸保持不变，主要应用于工程制图等 CAD 等领域。立方体的三维坐标系 $\{O; x, y, z\}$ 是 $x$ 轴向右，$y$ 轴向上，$z$ 轴指向观察者。绘制立方体在 $xOy$ 面上的正交投影时，直接取 $z$ 坐标为 0。正交投影变换矩阵为

$$T = \begin{bmatrix} 1 & 0 & 0 & 0 \\ 0 & 1 & 0 & 0 \\ 0 & 0 & 0 & 0 \\ 0 & 0 & 0 & 1 \end{bmatrix}$$

使用正交投影绘制动态旋转物体的方法是视点垂直于投影面并一直位于正前方，物体发生旋转，所以需要计算物体在旋转变换前后的顶点坐标。

### 6.5.4  设计三维点类

**1. 二维点类**

由于涉及三维物体的旋转，需要计算旋转角的正弦和余弦值，一般将三维物体的顶点坐标设为浮点数。为此先建立包含齐次坐标的二维点类，结构如下：

```
class CP2
{
public:
```

```
        CP2();
        virtual ~CP2();
        CP2(double x,double y);
public:
        double x;
        double y;
        double w;
};
CP2::CP2()
{
        x=0;
        y=0;
        w=1;
}


CP2::~CP2()
{
}
CP2::CP2(double x,double y)
{
        this->x=x;
        this->y=y;
        this->w=1;
}
```

## 2. 三维点类

立方体的顶点用三维坐标表示,可以通过继承二维点类得到三维点类,结构如下:

```
#include "P2.h"
class CP3:public CP2
{
public:
        CP3();
        virtual ~CP3();
        CP3(double x,double y,double z);
public:
        double z;
};
CP3::CP3()
{
        z=0.0;
}
CP3::~CP3()
{
}
CP3::CP3(double x,double y,double z):CP2(x,y)
```

```
    {
        this->z=z;
    }
```

### 3. 表面类

表面类定义面的边数以及该面的顶点索引编号,面的顶点排列顺序应保持该面的外法矢量方向向外。

```
class CFacet
{
public:
    CFacet();
    virtual ~CFacet();
    void SetNum(int pNum);
public:
    int pNum;                                    //面的顶点数 pointNumber
    int * pI;                                    //面的顶点索引 pointIndex
};
CFacet::CFacet()
{
    pI=NULL;
}
CFacet::~CFacet()
{
    if(pI!=NULL)
    {
        delete []pI;
        pI=NULL;
    }
}
void CFacet::SetNum(int pNum)
{
    this->pNum=pNum;
    pI=new int[pNum];
}
```

## 6.5.5　定义三维变换类

定义三维变换类 CTransForm3 来实现平移、比例、旋转、反射、错切变换以及矩阵乘法运算。

```
class CTransform3
{
public:
    CTransform3();
    virtual ~CTransform3();
```

```cpp
    void SetMat(CP3 *,int);
    void Identity();
    void Translate(double tx,double ty,double tz);        //平移变换矩阵
    void Scale(double sx,double sy,double sz);             //比例变换矩阵
    void Scale(double sx,double sy,double sz,CP3 p);       //相对于任意点的比例变换矩阵
    void RotateX(double beta);                             //绕 x 轴旋转变换矩阵
    void RotateX(double beta,CP3 p);                       //相对于任意点的 x 旋转变换矩阵
    void RotateY(double beta);                             //绕 y 轴旋转变换矩阵
    void RotateY(double,CP3 p);                            //相对于任意点的 y 旋转变换矩阵
    void RotateZ(double beta);                             //绕 z 轴旋转变换矩阵
    void RotateZ(double,CP3 p);                            //相对于任意点的 z 旋转变换矩阵
    void ReflectX();                                       //x 轴反射变换矩阵
    void ReflectY();                                       //y 轴反射变换矩阵
    void ReflectZ();                                       //z 轴反射变换矩阵
    void ReflectXOY();                                     //xOy 面反射变换矩阵
    void ReflectYOZ();                                     //yOz 面反射变换矩阵
    void ReflectZOX();                                     //zOx 面反射变换矩阵
    void ShearX(double d,double g);                        //x 方向错切变换矩阵
    void ShearY(double b,double h);                        //y 方向错切变换矩阵
    void ShearZ(double c,double f);                        //z 方向错切变换矩阵
    void MultiMatrix();                                    //矩阵相乘
public:
    double T[4][4];
    CP3 * POld;
    int num;
};
CTransform3::CTransform3()
{
}
CTransform3::~CTransform3()
{
}
void CTransform3::SetMat(CP3 * p,int n)
{
    POld=p;
    num=n;
}
void CTransform3::Identity()                               //单位矩阵
{
    T[0][0]=1.0;T[0][1]=0.0;T[0][2]=0.0;T[0][3]=0.0;
    T[1][0]=0.0;T[1][1]=1.0;T[1][2]=0.0;T[1][3]=0.0;
    T[2][0]=0.0;T[2][1]=0.0;T[2][2]=1.0;T[2][3]=0.0;
    T[3][0]=0.0;T[3][1]=0.0;T[3][2]=0.0;T[3][3]=1.0;
}
```

```
void CTransform3::Translate(double tx,double ty,double tz)        //平移变换矩阵
{
    Identity();
    T[3][0]=tx;
    T[3][1]=ty;
    T[3][2]=tz;
    MultiMatrix();
}
void CTransform3::Scale(double sx,double sy,double sz)        //比例变换矩阵
{
    Identity();
    T[0][0]=sx;
    T[1][1]=sy;
    T[2][2]=sz;
    MultiMatrix();
}
void CTransform3::Scale(double sx,double sy,double sz,CP3 p)
                                            //相对于任意点的比例变换矩阵
{
    Translate(-p.x,-p.y,-p.z);
    Scale(sx,sy,sz);
    Translate(p.x,p.y,p.z);
}
void CTransform3::RotateX(double beta)        //绕 x 轴旋转变换矩阵
{
    Identity();
    double rad=beta * PI/180;
    T[1][1]=cos(rad); T[1][2]=sin(rad);
    T[2][1]=-sin(rad);T[2][2]=cos(rad);
    MultiMatrix();
}
void CTransform3::RotateX(double beta,CP3 p)        //相对于任意点的绕 x 轴旋转变换矩阵
{
    Translate(-p.x,-p.y,-p.z);
    RotateX(beta);
    Translate(p.x,p.y,p.z);
}
void CTransform3::RotateY(double beta)        //绕 y 轴旋转变换矩阵
{
    Identity();
    double rad=beta * PI/180;
    T[0][0]=cos(rad);T[0][2]=-sin(rad);
    T[2][0]=sin(rad);T[2][2]=cos(rad);
    MultiMatrix();
```

```
}
void CTransform3::RotateY(double beta,CP3 p)          //相对于任意点的绕 y 轴旋转变换矩阵
{
    Translate(-p.x,-p.y,-p.z);
    RotateY(beta);
    Translate(p.x,p.y,p.z);
}
void CTransform3::RotateZ(double beta)                //绕 z 轴旋转变换矩阵
{
    Identity();
    double rad=beta*PI/180;
    T[0][0]=cos(rad); T[0][1]=sin(rad);
    T[1][0]=-sin(rad);T[1][1]=cos(rad);
    MultiMatrix();
}
void CTransform3::RotateZ(double beta,CP3 p)          //相对于任意点的绕 z 轴旋转变换矩阵
{
    Translate(-p.x,-p.y,-p.z);
    RotateZ(beta);
    Translate(p.x,p.y,p.z);
}
void CTransform3::ReflectX()                          //x 轴反射变换矩阵
{
    Identity();
    T[1][1]=-1;
    T[2][2]=-1;
    MultiMatrix();
}
void CTransform3::ReflectY()                          //y 轴反射变换矩阵
{
    Identity();
    T[0][0]=-1;
    T[2][2]=-1;
    MultiMatrix();
}
void CTransform3::ReflectZ()                          //z 轴反射变换矩阵
{
    Identity();
    T[0][0]=-1;
    T[1][1]=-1;
    MultiMatrix();
}
void CTransform3::ReflectXOY()                        //xOy 面反射变换矩阵
{
```

```cpp
        Identity();
        T[2][2]=-1;
        MultiMatrix();
    }
    void CTransform3::ReflectYOZ()              //yOz 面反射变换矩阵
    {
        Identity();
        T[0][0]=-1;
        MultiMatrix();
    }
    void CTransform3::ReflectZOX()              //zOx 面反射变换矩阵
    {
        Identity();
        T[1][1]=-1;
        MultiMatrix();
    }
    void CTransform3::ShearX(double d,double g)  //x 方向错切变换矩阵
    {
        Identity();
        T[1][0]=d;
        T[2][0]=g;
        MultiMatrix();
    }
    void CTransform3::ShearY(double b,double h)  //y 方向错切变换矩阵
    {
        Identity();
        T[0][1]=b;
        T[2][1]=h;
        MultiMatrix();
    }
    void CTransform3::ShearZ(double c,double f)  //z 方向错切变换矩阵
    {
        Identity();
        T[0][2]=c;
        T[1][2]=f;
        MultiMatrix();
    }
    void CTransform3::MultiMatrix()              //矩阵相乘
    {
        CP3 * PNew=new CP3[num];
        for(int i=0;i<num;i++)
        {
            PNew[i]=POld[i];
        }
```

```
    for(int j=0;j<num;j++)
    {
        POld[j].x=PNew[j].x * T[0][0]+PNew[j].y * T[1][0]+PNew[j].z * T[2][0]+PNew
        [j].w * T[3][0];
        POld[j].y=PNew[j].x * T[0][1]+PNew[j].y * T[1][1]+PNew[j].z * T[2][1]+PNew
        [j].w * T[3][1];
        POld[j].z=PNew[j].x * T[0][2]+PNew[j].y * T[1][2]+PNew[j].z * T[2][2]+PNew
        [j].w * T[3][2];
        POld[j].w=PNew[j].x * T[0][3]+PNew[j].y * T[1][3]+PNew[j].z * T[2][3]+PNew
        [j].w * T[3][3];
    }
    delete []PNew;
}
```

### 6.5.6  定义点表

顶点表存储立方体 8 个顶点的三维坐标值。

```
void CTestView::ReadPoint()                              //点表
{
    double a=160;                                        //立方体边长为 2a
    //顶点的三维坐标(x,y,z)
    P[0].x=-a;P[0].y=-a;P[0].z=-a;
    P[1].x=+a;P[1].y=-a;P[1].z=-a;
    P[2].x=+a;P[2].y=+a;P[2].z=-a;
    P[3].x=-a;P[3].y=+a;P[3].z=-a;
    P[4].x=-a;P[4].y=-a;P[4].z=+a;
    P[5].x=+a;P[5].y=-a;P[5].z=+a;
    P[6].x=+a;P[6].y=+a;P[6].z=+a;
    P[7].x=-a;P[7].y=+a;P[7].z=+a;
}
```

### 6.5.7  定义面表

面表存储立方体 6 个面的边数以及每个面上 4 个顶点的索引编号。顶点排列顺序应保持该面的外法矢量方向向外。

```
void CTestView::ReadFacet()                                                    //面表
{
    //面的边数、面的顶点编号
    F[0].SetNum(4);F[0].pI[0]=4;F[0].pI[1]=5;F[0].pI[2]=6;F[0].pI[3]=7;  //前面
    F[1].SetNum(4);F[1].pI[0]=0;F[1].pI[1]=3;F[1].pI[2]=2;F[1].pI[3]=1;  //后面
    F[2].SetNum(4);F[2].pI[0]=0;F[2].pI[1]=4;F[2].pI[2]=7;F[2].pI[3]=3;  //左面
    F[3].SetNum(4);F[3].pI[0]=1;F[3].pI[1]=2;F[3].pI[2]=6;F[3].pI[3]=5;  //右面
    F[4].SetNum(4);F[4].pI[0]=2;F[4].pI[1]=3;F[4].pI[2]=7;F[4].pI[3]=6;  //顶面
    F[5].SetNum(4);F[5].pI[0]=0;F[5].pI[1]=1;F[5].pI[2]=5;F[5].pI[3]=4;  //底面
}
```

### 6.5.8 绘制立方体线框模型

立方体线框模型的正交投影图是 $xOy$ 面内的二维图形,认为视线是垂直于屏幕指向立方体的,立方体的 $z$ 坐标为 0。可以简单按照每个三维点的 $x$ 坐标和 $y$ 坐标来绘制二维投影。依次访问立方体的 6 个表面,使用自定义 CLine 类的成员函数 MoveTo() 和 LineTo() 连接每个表面的 4 个顶点,得到立方体的线框模型。

```
void CTestView::DrawObject(CDC * pDC)                        //绘制立方体的表面
{
    CP2 ScreenP,t;
    CLine * line=new CLine;
    for(int nFacet=0;nFacet<6;nFacet++)                      //面循环
    {
        for(int nPoint=0;nPoint<F[nFacet].pNum;nPoint++)     //顶点循环
        {
            ScreenP=P[F[nFacet].pI[nPoint]];
            if(0==nPoint)
            {
                line->MoveTo(pDC,ScreenP);
                t=ScreenP;
            }
            else
                line->LineTo(pDC,ScreenP);
        }
        line->LineTo(pDC,t);                                 //闭合四边形
    }
    delete line;
}
```

### 6.5.9 键盘控制

本实验绘制的立方体线框模型可以使用方向键旋转。当按下键盘上的方向键后,改变绕 $x$ 轴旋转角 $\alpha$ 和绕 $y$ 轴旋转角 $\beta$ 的值,然后调用三维变换类的 RotateX() 和 RotateY() 函数重新计算立方体的新顶点坐标,使用双缓冲技术重新绘制图形。双缓冲的特点是不需要擦除屏幕原先绘制的旧图形。

```
void CTestView::OnKeyDown(UINT nChar, UINT nRepCnt, UINT nFlags)
{
    // TODO: Add your message handler code here and/or call default
    if(!Play)
    {
        switch(nChar)
        {
        case VK_UP:
```

```
            afa=-5;
            tran.RotateX(afa);
            break;
        case VK_DOWN:
            afa=5;
            tran.RotateX(afa);
            break;
        case VK_LEFT:
            beta=-5;
            tran.RotateY(beta);
            break;
        case VK_RIGHT:
            beta=5;
            tran.RotateY(beta);
            break;
        default:
            break;
        }
        Invalidate(FALSE);
    }
    CView::OnKeyDown(nChar, nRepCnt, nFlags);
}
```

### 6.5.10  动画控制

按下"动画"按钮,立方体线框模型围绕体心开始旋转;弹起"动画"按钮,立方体线框模型停止旋转,如图 6-3 所示。"动画"按钮是由"动画"菜单控制的,当"动画"按钮弹起时,"动画"菜单显示"播放",提示用户可以按下;当"动画"按钮按下时,"动画"菜单显示"停止",提示用户可以弹起,如图 6-4 所示。立方体的旋转速度是由定时器函数 SetTimer() 设置的。

图 6-3  "动画"按钮的按下和弹起状态　　　　图 6-4  "动画"菜单的播放和停止状态

**1. "动画"菜单函数**

```
void CTestView::OnMdraw()
{
    //TODO: Add your command handler code here
    bPlay=bPlay? FALSE:TRUE;
    if(bPlay)                                          //设置定时器
        SetTimer(1,150,NULL);
    else
        KillTimer(1);
}
```

## 2. 定时器处理函数

定时器处理函数是 WM_TIMER 消息的映射函数，如图 6-5 所示。

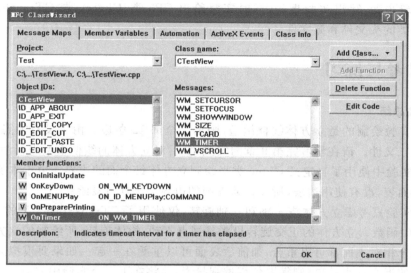

图 6-5　添加 WM_TIMER 消息的映射函数

```
void CTestView::OnTimer(UINT nIDEvent)
{
    // TODO: Add your message handler code here and/or call default
    afa=5;beta=5;
    tran.RotateX(afa);
    tran.RotateY(beta);
    Invalidate(FALSE);
    CView::OnTimer(nIDEvent);
}
```

## 3. "动画"按钮状态控制函数

```
void CTestView::OnUpdateMdraw(CCmdUI * pCmdUI)
{
    //TODO: Add your command update UI handler code here
    if(bPlay)
    {
        pCmdUI->SetCheck(TRUE);
        pCmdUI->SetText("停止");
    }
    else
    {
        pCmdUI->SetCheck(FALSE);
        pCmdUI->SetText("开始");
    }
}
```

### 6.5.11　写出实验报告

结合实验步骤,写出实验报告,同时完整给出 CP3 类、CFacet 类、CTransForm3 类和 CTestView 类的头文件和源文件。

# 6.6　思考与练习

**1. 实验总结**

(1) 本实验绘制的是立方体线框模型,画出了全部 12 条边。由于没有消隐,立方体的理解上存在二义性。请在学习完第 9 章的实验 12 后对立方体的线框模型进行消隐。

(2) 本实验中使用了自定义 CLine 类来绘制立方体每个面的边界。由于本实验只是定义了点表和面表,没有使用边表,所以相邻表面的边界会出现重复绘制。

(3) 本实验只考虑立方体绕 $x$ 轴和 $y$ 轴旋转,仅使用了 CTransForm3 类的 RotateX() 和 RotateY() 函数。立方体的正交旋转投影是视点不动,物体旋转,所绘制的立方体线框模型的任何两个相对表面都可以重合,如前后表面可以重叠在一起。如果要模拟人眼观察物体时所获得的近大远小效果,则需要使用透视投影,这将在下一个实验中完成。

**2. 拓展练习**

(1) 正八面体由 8 个等边三角形组成,每个顶点都有 4 个三角形顶点共点,初始顶点全部取在坐标轴上。设正八面体的外接球体的半径为 $r$,则正八面体的 6 个顶点为 $P_0(0, r, 0)$,$P_1(0\ 0, r)$,$P_2(r, 0, 0)$,$P_3(0, 0, -r)$,$P_4(-r, 0, 0)$,$P_5(0, -r, 0)$,如图 6-6 所示。请以屏幕中心为正八面体的体心,绘制正八面体线框模型转正交投影,如图 6-7 所示。

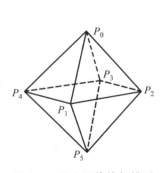

图 6-6　正八面体线框模型

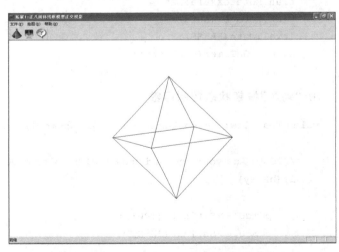

图 6-7　正八面体线框模型正交投影效果图

(2) 给定立方体 8 个顶点的颜色分别为黑色、白色、红色、绿色、蓝色、黄色、品红色和青色。请设置屏幕背景色为黑色,绘制颜色渐变立方体线框模型的正交投影,如图 6-8 所示。

(3) 正交投影立方体的线框模型消除二义性的方法是进行消隐,请在学习完实验 12 后完成,效果如图 6-9 所示。

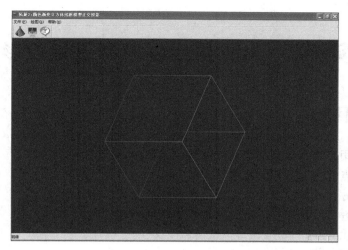

图 6-8　颜色渐变立方体线框模型正交投影效果图

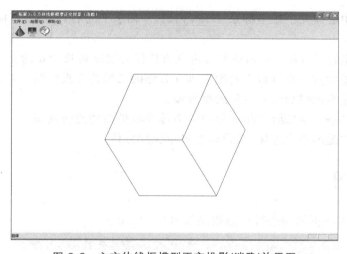

图 6-9　立方体线框模型正交投影(消隐)效果图

# 实验7 立方体线框模型透视投影

## 7.1 实验目的

(1) 掌握使用点表和面表构造立方体线框模型的方法。
(2) 掌握视点球坐标的计算方法。
(3) 掌握立方体线框模型的二维透视投影图的绘制方法。
(4) 掌握立方体线框模型的二维透视投影图的旋转方法。

## 7.2 实验要求

(1) 在屏幕中心建立三维坐标系$\{O;x,y,z\}$，$x$ 轴水平向右，$y$ 轴垂直向上，$z$ 轴垂直于屏幕指向观察者。
(2) 以三维坐标系$\{O;x,y,z\}$的原点为立方体体心绘制边长为 $a$ 的立方体线框模型。
(3) 使用双缓冲技术在屏幕上绘制三维立方体的二维透视投影图。
(4) 使用键盘方向键旋转立方体线框模型。
(5) 使用工具条上的"动画"图标播放立方体线框模型的旋转动画。
(6) 按鼠标左键缩小立方体，按鼠标右键增大立方体。

## 7.3 效果图

绘制的立方体线框模型透视投影效果如图 7-1 所示。

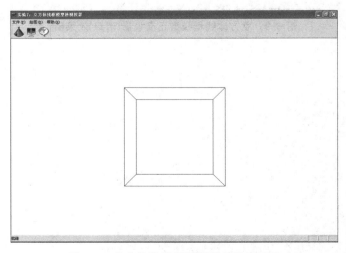

图 7-1 立方体线框模型透视投影效果图

## 7.4　实验准备

（1）在学习完主教材 6.5 节后，进行本实验。

（2）熟悉视点的球坐标表示。

（3）熟悉透视变换矩阵和投影变换矩阵。

（4）熟悉"动画"按钮"弹起"和"按下"状态的设置方法。

（5）熟悉双缓冲技术的使用方法。

（6）熟悉键盘消息的映射方法。

## 7.5　实验步骤

本实验需要构造三维点 CP3 类，同时构造直线 CLine 类。立方体线框模型的绘制方法是根据顶点表和表面表依次绘制其每个表面的线框模型边线。

透视投影的投影中心与投影面的距离是有限的。视线从视点出发，彼此不平行。任何一束不平行于投影平面的平行线的透视投影将会聚为一点，使得离视点近的物体投影大，离视点远的物体投影小，小到极点成为灭点。使用相机拍摄的照片有透视效果，如图 7-2 所示。透视投影模拟了人眼观察物体的过程，符合人类的视觉习惯，所以在真实感图形中得到了广泛应用。

图 7-2　林中小路的透视投影

定义立方体位于世界坐标系，定义视点位于观察坐标系。立方体的透视图可由两种方法得到。

方法 1：立方体不动，视点在观察坐标系内旋转，在垂直于观察坐标系原点和世界坐标系原点连线的平面上产生立方体各方向的透视图。

方法 2：视点不动，立方体在世界坐标系内旋转，在垂直于观察坐标系原点和世界坐标系原点连线的平面上产生立方体各方向的透视图。

两种方法得到的立方体透视图效果一致。对于单个立方体构成的透视场景，常采用方法 1 绘制旋转透视图,仅需要使用透视变换矩阵计算视点旋转前后的位置坐标,不需要重新计算立方体的顶点坐标。对于多个立方体构成的场景,比如一个立方体绕另一个立方体旋转的场景,只能采用方法 2 绘制。位于观察坐标系内的视点位置相对于世界坐标系不变,立方体在世界坐标系内采用三维变换矩阵旋转,需要重新计算立方体的顶点坐标。本实验采用方法 1 实现。

透视投影变换分两步实施:第 1 步为透视变换,第 2 步为投影变换。

**1. 透视变换**

透视投影变换中,立方体位于世界坐标系中,视点位于观察坐标系中。两种坐标系的关系如图 7-3 所示。

世界坐标系采用右手球面坐标系,观察坐标系采用左手系,原点位于视点 $O_v$ 上,$z_v$ 轴沿着视线方向 $O_vO$,视线的正右方为 $x_v$ 轴,视线的正上方为 $y_v$ 轴。在世界坐标系中,视点的直角坐标为 $O_v(a,b,c)$,$OO_v$ 的长度为 $R$,$OO_v$ 和 $y$ 轴的夹角为 $\varphi$,$O_v$ 点在 $xOz$ 平面内的投影为 $P(a,0,c)$,$OP$ 与 $z$ 轴的夹角为 $\theta$。视点的球面坐标表示为 $O_v(R,\theta,\varphi)$。视点的球面坐标和直角坐标的关系为

$$\begin{cases} a = R\sin\varphi\sin\theta \\ b = R\cos\varphi \\ c = R\sin\varphi\cos\theta \end{cases}$$

式中,$0 \leqslant R < +\infty$,$0 \leqslant \varphi \leqslant \pi$,$0 \leqslant \theta \leqslant 2\pi$。

透视变换是从世界坐标系到观察坐标系的变换。变换矩阵为

$$\boldsymbol{T}_v = \begin{bmatrix} \cos\theta & -\cos\varphi\sin\theta & -\sin\varphi\sin\theta & 0 \\ 0 & \sin\varphi & -\cos\varphi & 0 \\ -\sin\theta & -\cos\varphi\cos\theta & -\sin\varphi\cos\theta & 0 \\ 0 & 0 & R & 1 \end{bmatrix}$$

式中,$R$ 为视点的矢径,$\varphi$ 是矢径和 $y$ 轴的夹角,$\theta$ 是 $OO_v$ 在 $xOy$ 面内的投影 $OP$ 与 $z$ 轴的夹角。$0 \leqslant R < +\infty$,$0 \leqslant \varphi \leqslant \pi$,$0 \leqslant \theta \leqslant 2\pi$。

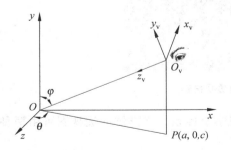

图 7-3 世界坐标系和观察坐标系

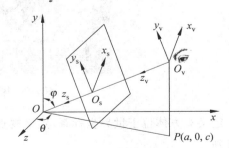

图 7-4 屏幕坐标系

**2. 投影变换**

屏幕坐标系也是左手系,坐标原点 $O_s$ 位于视心,如图 7-4 所示。屏幕坐标系的 $x_s$ 和 $y_s$ 轴与观察坐标系的 $x_v$ 轴和 $y_v$ 轴方向一致,也就是说屏幕垂直于视线,$z_s$ 轴自然与 $z_v$ 轴重合。投影变换是从观察坐标系到屏幕坐标系的变换,产生立方体近大远小的透视效果。

$$T_s = \begin{bmatrix} 1 & 0 & 0 & 0 \\ 0 & 1 & 0 & 0 \\ 0 & 0 & 0 & 1/d \\ 0 & 0 & 0 & 0 \end{bmatrix}$$

式中，$d$ 为视距。

### 7.5.1　透视投影变换的实现

**1. 计算观察坐标系内立方体的坐标点**

立方体由世界坐标系到观察坐标系的变换为 $[x_v \ \ y_v \ \ z_v \ \ 1] = [x_w \ \ y_w \ \ z_w \ \ 1] T_v$
写成展开式为

$$\begin{cases} x_v = x_w \cos\theta - z_w \sin\theta \\ y_v = -x_w \cos\varphi\sin\theta + y_w \sin\varphi - z_w \cos\varphi\cos\theta \\ z_v = -x_w \sin\varphi\sin\theta - y_w \cos\varphi - z_w \sin\varphi\cos\theta + R \end{cases} \qquad (7\text{-}1)$$

为了避免程序中重复计算三角函数耗费时间，三角函数可以使用常数代替。

令 $k_1 = \sin\theta, k_2 = \sin\varphi, k_3 = \cos\theta, k_4 = \cos\varphi$

则有

$$k_5 = \sin\varphi\cos\theta = k_2 k_3$$
$$k_6 = \sin\varphi\sin\theta = k_2 k_1$$
$$k_7 = \cos\varphi\cos\theta = k_4 k_3$$
$$k_8 = \cos\varphi\sin\theta = k_4 k_1$$

将 $k_1 \sim k_8$ 代入式(7-1)，有

$$\begin{cases} x_v = k_3 x_w - k_1 z_w \\ y_v = -k_8 x_w + k_2 y_w - k_7 z_w \\ z_v = -k_6 x_w - k_4 y_w - k_5 z_w + R \end{cases} \qquad (7\text{-}2)$$

式(7-2)表明，世界坐标系的立方体上的任意一个三维坐标点 $(x_w, y_w, z_w)$，在观察坐标系表示为三维坐标点 $(x_v, y_v, z_v)$。改变 $\varphi$ 和 $\theta$，观察坐标系就会旋转。如果看作视点不动，等同于立方体反向旋转。注意，虽然观察到了立方体的旋转，但立方体的物理位置并没有发生改变。

**2. 计算视点球坐标**

视点坐标 $\text{ViewPoint}(x, y, z)$ 按球坐标计算。

$$\begin{cases} x = R\sin\varphi\sin\theta \\ y = R\cos\varphi \\ z = R\sin\varphi\cos\theta \end{cases}, \qquad 即 \begin{cases} x = Rk[6] \\ y = Rk[4] \\ z = Rk[5] \end{cases}$$

**3. 投影变换坐标**

透视投影变换后得到的屏幕坐标是二维坐标。

$$\begin{cases} x_s = d \dfrac{x_v}{z_v} \\[2mm] x_s = d \dfrac{x_v}{z_v} \end{cases}$$

```
void CTestView::InitParameter()              //透视变换参数初始化
{
    k[1]=sin(PI * Theta/180);                //sin(theta)
    k[2]=sin(PI * Phi/180);                  //sin(phi)
    k[3]=cos(PI * Theta/180);                //cos(theta)
    k[4]=cos(PI * Phi/180);                  //cos(phi)
    k[5]=k[2] * k[3];                        //sin(phi) * cos(theta)
    k[6]=k[2] * k[1];                        //sin(phi) * sin(theta)
    k[7]=k[4] * k[3];                        //cos(phi) * cos(theta)
    k[8]=k[4] * k[1];                        //cos(phi) * sin(theta)
    ViewPoint.x=R * k[6];                    //世界坐标系的视点球坐标
    ViewPoint.y=R * k[4];
    ViewPoint.z=R * k[5];
}
```

**4. 透视变换**

```
void CTestView::PerProject(CP3 WorldP)       //透视变换
{
    CP3 ViewP;
    ViewP.x=WorldP.x * k[3]-WorldP.z * k[1];    //观察坐标系三维坐标
    ViewP.y=-WorldP.x * k[8]+WorldP.y * k[2]-WorldP.z * k[7];
    ViewP.z=-WorldP.x * k[6]-WorldP.y * k[4]-WorldP.z * k[5]+R;
     ScreenP.x=d * ViewP.x/ViewP.z;          //屏幕坐标系二维坐标
    ScreenP.y=d * ViewP.y/ViewP.z;
}
```

## 7.5.2　定义点表

指定立方体的每个顶点的三维坐标。

```
void CTestView::ReadPoint()                  //点表
{
    double a=160;                            //立方体边长为2a
    //顶点的三维坐标(x,y,z)
    P[0].x=-a;P[0].y=-a;P[0].z=-a;
    P[1].x=+a;P[1].y=-a;P[1].z=-a;
    P[2].x=+a;P[2].y=+a;P[2].z=-a;
    P[3].x=-a;P[3].y=+a;P[3].z=-a;
    P[4].x=-a;P[4].y=-a;P[4].z=+a;
    P[5].x=+a;P[5].y=-a;P[5].z=+a;
    P[6].x=+a;P[6].y=+a;P[6].z=+a;
    P[7].x=-a;P[7].y=+a;P[7].z=+a;
}
```

### 7.5.3 定义面表

指定立方体的每个表面的边数和顶点编号。顶点排列顺序应保持该面的外法矢量方向向外。

```
void CTestView::ReadFacet()                                          //面表
{
    //面的边数、面的顶点编号
    F[0].SetNum(4);F[0].pI[0]=4;F[0].pI[1]=5;F[0].pI[2]=6;F[0].pI[3]=7;  //前面
    F[1].SetNum(4);F[1].pI[0]=0;F[1].pI[1]=3;F[1].pI[2]=2;F[1].pI[3]=1;  //后面
    F[2].SetNum(4);F[2].pI[0]=0;F[2].pI[1]=4;F[2].pI[2]=7;F[2].pI[3]=3;  //左面
    F[3].SetNum(4);F[3].pI[0]=1;F[3].pI[1]=2;F[3].pI[2]=6;F[3].pI[3]=5;  //右面
    F[4].SetNum(4);F[4].pI[0]=2;F[4].pI[1]=3;F[4].pI[2]=7;F[4].pI[3]=6;  //顶面
    F[5].SetNum(4);F[5].pI[0]=0;F[5].pI[1]=1;F[5].pI[2]=5;F[5].pI[3]=4;  //底面
}
```

### 7.5.4 绘制立方体

立方体的透视投影图也是二维图形,调用 PerProject() 函数进行透视投影变换后得到的屏幕二维坐标 ScreenP。先访问立方体的 6 个表面,然后访问每个面的 4 个顶点,使用自定义 CLine 类的成员函数 MoveTo() 和 LineTo() 绘制线框模型。

```
void CTestView::DrawObject(CDC * pDC)                               //绘制立方体表面
{
    CP2 t,ScreenP;
    CLine * line=new CLine;
    for(int nFacet=0;nFacet<6;nFacet++)
    {
        for(int nPoint=0;nPoint<F[nFacet].pNum;nPoint++)    //顶点循环
        {
            ScreenP=PerProject(P[F[nFacet].pI[nPoint]]);    //透视投影
            if(0==nPoint)
            {
                line->MoveTo(pDC,ScreenP);
                t=ScreenP;
            }
            else
                line->LineTo(pDC,ScreenP);
        }
        line->LineTo(pDC,t);                                //闭合四边形
    }
    delete line;
}
```

### 7.5.5 缩小立方体

为 CTestView 类添加 WM_LBUTTONDOWN 消息的响应函数。其中 R 是视点的球坐标半径，R 值增加，则视点离物体距离远，物体变小。

```
void CTestView::OnLButtonDown(UINT nFlags, CPoint point)      //鼠标左键函数
{
    // TODO: Add your message handler code here and/or call default
    R=R+100;
    InitParameter();
    Invalidate(FALSE);
    CView::OnLButtonDown(nFlags, point);
}
```

### 7.5.6 放大立方体

为 CTestView 类添加 WM_RBUTTONDOWN 消息的响应函数。其中 R 是视点的球坐标半径，R 值减小，则视点离物体距离近，物体变大。

```
void CTestView::OnRButtonDown(UINT nFlags, CPoint point)      //鼠标右键函数
{
    // TODO: Add your message handler code here and/or call default
    R=R-100;
    InitParameter();
    Invalidate(FALSE);
    CView::OnRButtonDown(nFlags, point);
}
```

### 7.5.7 写出实验报告

结合实验步骤，写出实验报告，同时完整给出 CTestView 类的头文件和源文件。

## 7.6 思考与练习

**1. 实验总结**

（1）本实验的顶点表和面表与实验 6 基本相同。

（2）投影变换主要包括平行投影变换和透视投影变换两种。平行投影变换的特点是无论物体距离视点多远，投影后的尺寸保持不变，能真实地反映物体的精确尺寸和形状。

（3）透视投影变换的特点是物体与视点的距离有限，与屏幕平行的平行线投影后仍保持平行，不与屏幕平行的平行线经过透视投影之后收敛于灭点，透视投影变换可以是产生近大远小的视图，与人眼观察物体的效果一致，但不能真实地反映物体的精确尺寸和形状。透视投影变换在真实感图形学中得到广泛的应用。本实验中所绘制的立方体线框模型的任何两个相对表面的投影都不能重合，如前表面投影大于后表面投影。

（4）透视投影分透视变换和投影变换两部分来实施。前者只产生立方体旋转的效果，后者产生近大远小的透视效果。

（5）本实验采用的是物体不动，视点旋转方式形成立方体的旋转动画。

**2. 拓展练习**

（1）视点不动，立方体在世界坐标系内旋转，在垂直于观察坐标系原点和世界坐标系原点连线的平面上产生立方体各方向的透视图。请编程实现。

（2）正八面体由 8 个等边三角形组成，每个顶点都有 4 个三角形顶点共点，初始顶点全部取在坐标轴上。设正八面体的外接球体的半径为 $r$，则正八面体的 6 个顶点为 $P_0(0, r, 0)$、$P_1(0, 0, r)$、$P_2(r, 0, 0)$、$P_3(0, 0, -r)$、$P_4(-r, 0, 0)$ 和 $P_5(0, -r, 0)$，如图 7-5 所示。请以屏幕中心为正八面体的体心，绘制正八面体线框模型透视投影，如图 7-6 所示。

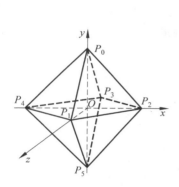

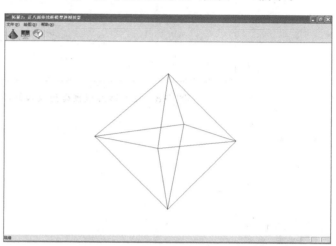

图 7-5　正八面体线框模型　　　　　　　　图 7-6　正八面体线框模型透视投影效果

（3）给定立方体 8 个顶点的颜色分别为黑色、白色、红色、绿色、蓝色、黄色、品红色和青色，设置屏幕背景色为黑色，绘制颜色渐变立方体线框模型透视投影，如图 7-7 所示。

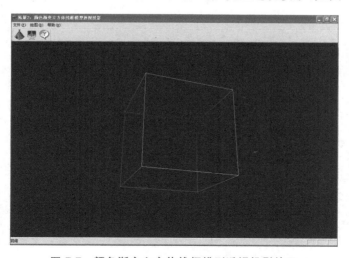

图 7-7　颜色渐变立方体线框模型透视投影效果

（4）透视投影立方体线框模型消除二义性的方法是进行消隐，在学习完实验 12 后完成，如图 7-8 所示。要求已分"视点旋转，物体不动"与"物体旋转，视点不动"两种情况实现。

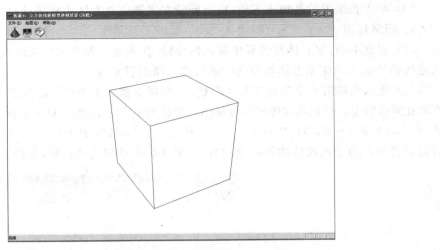

图 7-8　立方体线框模型透视投影(消隐)效果

# 实验 8　动态三视图

## 8.1　实验目的

（1）掌握主视图变换矩阵。
（2）掌握俯视图变换矩阵。
（3）掌握侧视图变换矩阵。
（4）掌握斜等测图绘制方法。

## 8.2　实验要求

（1）在屏幕中心建立三维坐标系$\{O;x,y,z\}$，$x$ 轴水平向右，$y$ 轴垂直向上，$z$ 轴垂直于屏幕指向观察者。

（2）将屏幕静态切分为 4 个窗格。左上窗格绘制主视图、左下窗格绘制俯视图、右上窗格绘制侧视图，右下窗格绘制斜等测消隐线框模型。

（3）使用正交投影绘制主视图、俯视图和侧视图，使用斜等测投影绘制多面体线框模型。

（4）使用键盘方向键旋转右下窗格多面体斜等测线框模型，其余 3 个窗格内的视图随之动态改变。

（5）使用工具条上的"动画"按钮播放所绘制物体的斜等测线框模型及三视图的旋转动画。

## 8.3　效果图

绘制的多面体动态三视图的效果如图 8-1 所示。

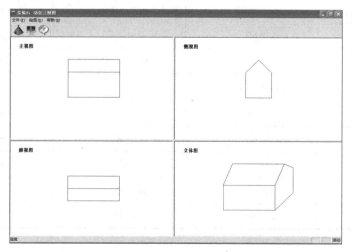

图 8-1　多面体动态三视图的效果图

## 8.4　实验准备

（1）在学习完主教材 6.4 节后，进行本实验。

（2）熟悉矩阵相乘的编程方法。

（3）熟悉正交投影的三视图形成过程。

（4）熟悉斜等测图投影变换矩阵。

## 8.5　实验步骤

本实验将屏幕划分为 4 个窗格，编号分别为 00,01,10,11。位于左上角的 00 窗格显示主视图、位于左下角的 10 窗格显示俯视图、位于右上角的 01 窗格显示侧视图、位于右下角的 11 窗格显示斜等测消隐图。将 11 窗格设为活动窗格，支持使用鼠标旋转斜等测消隐图。

### 8.5.1　建立多面体的数据结构

设多面体中心位于三维坐标系原点，多面体线框模型如图 8-2 所示。

多面体的顶点表和面表见表 8-1 和表 8-2。其中面表的顶点排列顺序应保持该面的外法矢量方向向外。

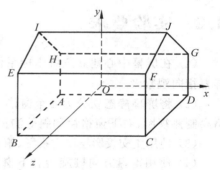

图 8-2　多面体线框模型

表 8-1　多面体的顶点表

| 顶　　点 | $x$ 坐　标 | $y$ 坐　标 | $z$ 坐　标 |
|---|---|---|---|
| $A$ | $x_0 = -80$ | $y_0 = -50$ | $z_0 = -40$ |
| $B$ | $x_1 = -80$ | $y_1 = -50$ | $z_1 = 40$ |
| $C$ | $x_2 = 80$ | $y_2 = -50$ | $z_2 = 40$ |
| $D$ | $x_3 = 80$ | $y_3 = -50$ | $z_3 = -40$ |
| $E$ | $x_4 = -80$ | $y_4 = 50$ | $z_4 = 40$ |
| $F$ | $x_5 = 80$ | $y_5 = 50$ | $z_5 = 40$ |
| $G$ | $x_6 = 80$ | $y_6 = 50$ | $z_6 = -40$ |
| $H$ | $x_7 = -80$ | $y_7 = 50$ | $z_7 = -40$ |
| $I$ | $x_8 = -80$ | $y_8 = 80$ | $z_8 = 0$ |
| $J$ | $x_9 = 80$ | $y_9 = 80$ | $z_9 = 0$ |

表 8-2    多面体的面表

| 面 | 边　　数 | 顶点编号 | 说　　明 |
|---|---|---|---|
| $F_0$ | 4 | BCFE | 前面 |
| $F_1$ | 4 | AHGD | 后面 |
| $F_2$ | 5 | ABEIH | 左面 |
| $F_3$ | 5 | DGJFC | 右面 |
| $F_4$ | 4 | EFJI | 前顶面 |
| $F_5$ | 4 | IJGH | 后顶面 |
| $F_6$ | 4 | ADCB | 底面 |

## 8.5.2    创建 2×2 静态切分窗格

定义继承于 CView 类的 CVView 类、CHView 类和 CWView 类，分别代表主视图、俯视图和侧视图。多面体的斜等测立体图线框模型用 CTestView 类显示。

```
BOOL CMainFrame::OnCreateClient(LPCREATESTRUCT lpcs, CCreateContext * pContext)
{
    // TODO: Add your specialized code here and/or call the base class
    m_wndSplitter.CreateStatic(this,2,2);              //创建 2×2 的静态切分窗格
    m_wndSplitter.CreateView(0,0,RUNTIME_CLASS(CVView),CSize(500,320),
    pContext);
    m_wndSplitter.CreateView(0,1,RUNTIME_CLASS(CWView),CSize(500,320),
    pContext);
    m_wndSplitter.CreateView(1,0,RUNTIME_CLASS(CHView),CSize(500,320),
    pContext);
    m_wndSplitter.CreateView(1,1,RUNTIME_CLASS(CTestView),CSize(500,320),
    pContext);
    m_wndSplitter.SetActivePane(1,1);                  //设置活动窗格
    return TRUE;
}
```

在 MainFrame.cpp 文件头需要包含以下头文件：

```
#include "VView.h"
#include "HView.h"
#include "WView.h"
#include "TestDoc.h"
#include "TestView.h"
```

SetActivePane() 函数设置绘制多面体线框模型的窗格为活动窗格，这样程序运行后就直接支持使用鼠标旋转多面体线框模型。

## 8.5.3    建立齐次三维点类

先定义齐次二维点类 CP2，然后通过继承定义三维点类 CP3。由于几何变换是使用齐

次坐标实现的,所以代码中使用 w 代表任意不为 0 的比例系数,如果 w=1 就是规范化齐次坐标。

```
class CP2
{
public:
    CP2();
    virtual ~CP2();
    CP2(double x,double y);
public:
    double x;
    double y;
    double w;
};
CP2::CP2()
{
    x=0;
    y=0;
    w=1;
}
CP2::~CP2()
{
}
CP2::CP2(double x,double y)
{
    this->x=x;
    this->y=y;
    this->w=1;
}
class CP3:public CP2
{
public:
    CP3();
    virtual ~CP3();
    CP3(double,double,double);
public:
    double z;
};
CP3::CP3()
{
    z=0.0;
}
CP3::~CP3()
{
}
```

```
CP3::CP3(double x,double y,double z):CP2(x,y)
{
    this->z=z;
}
```

**本实验使用的多面体顶点表为**

```
void CTestView::ReadPoint()                              //点表
{
    POld[0].x=-100;POld[0].y=-50;POld[0].z=-50;          //A 点
    POld[1].x=-100;POld[1].y=-50;POld[1].z=50;           //B 点
    POld[2].x=100;POld[2].y=-50;POld[2].z=50;            //C 点
    POld[3].x=100;POld[3].y=-50;POld[3].z=-50;           //D 点
    POld[4].x=-100;POld[4].y=50;POld[4].z=50;            //E 点
    POld[5].x=100;POld[5].y=50;POld[5].z=50;             //F 点
    POld[6].x=100;POld[6].y=50;POld[6].z=-50;            //G 点
    POld[7].x=-100;POld[7].y=50;POld[7].z=-50;           //H 点
    POld[8].x=-100;POld[8].y=100;POld[8].z=  0;          //I 点
    POld[9].x=100;POld[9].y=100;POld[9].z=  0;           //J 点
}
```

## 8.5.4 建立表面类

为了正确绘制多面体的每个表面,需要建立面表。面表由每个面的边数和每个顶点的
索引编号构成。

```
class CFacet
{
public:
    CFacet();
    virtual ~CFacet();
    void SetNum(int pNum);
public:
    int pNum;                                            //面的顶点数 pointNumber
    int * pI;                                            //面的顶点索引 pointIndex
};
CFacet::CFacet()
{
    pI=NULL;
}

CFacet::~CFacet()
{
    if(pI!=NULL)
    {
        delete []pI;
        pI=NULL;
```

```
        }
    }

void CFacet::SetNum(int pNum)
{
    this->pNum=pNum;
    pI=new int[pNum];
}
```

**本实验使用的多面体面表为**

```
void CTestView::ReadFacet()                                          //面表
{                                                          //面的边数、面的顶点编号
    F[0].SetNum(4);F[0].pI[0]=1;F[0].pI[1]=2;F[0].pI[2]=5;F[0].pI[3]=4;
                                                                //前面 BCFE
    F[1].SetNum(4);F[1].pI[0]=0;F[1].pI[1]=7;F[1].pI[2]=6;F[1].pI[3]=3;
                                                                //后面 AHGD
    F[2].SetNum(5);F[2].pI[0]=0;F[2].pI[1]=1;F[2].pI[2]=4;F[2].pI[3]=8;F[2].pI
    [4]=7;                                                      //左面 ABEIH
    F[3].SetNum(5);F[3].pI[0]=3;F[3].pI[1]=6;F[3].pI[2]=9;F[3].pI[3]=5;F[3].pI
    [4]=2;                                                      //右面 DGJFC
    F[4].SetNum(4);F[4].pI[0]=4;F[4].pI[1]=5;F[4].pI[2]=9;F[4].pI[3]=8;
                                                                //前顶面 EFJI
    F[5].SetNum(4);F[5].pI[0]=8;F[5].pI[1]=9;F[5].pI[2]=6;F[5].pI[3]=7;
                                                                //后顶面 IJGH
    F[6].SetNum(4);F[6].pI[0]=0;F[6].pI[1]=3;F[6].pI[2]=2;F[6].pI[3]=1;
                                                                //底面 ADCB

}
```

### 8.5.5　内存复制

将屏幕客户区静态切分为 4 个窗格绘图,可以使用文档类来传递数据,但会带来数据的冗余,参见实验 4。另一个更好的方法是将数据存放在 CTestView 类内,首先获得指向每个窗格的指针,为每个窗格建立相应的屏幕设备上下文和内存设备上下文,然后对每个内存设备上下文绘图,最终使用 BitBlt 函数将内存位图复制到与每个窗格相应的屏幕设备上下文上。

```
void CTestView::DoubleBuffer()                              //双缓冲
{
    CDC * pDC=GetDC();                                      //获得屏幕 DC
    CRect rect;                                            //定义客户区
    GetClientRect(&rect);                                  //获得客户区的大小
    CDC memDC[4];
    CDC * pViewDC[4];
    CMainFrame * pFrame=(CMainFrame *)AfxGetMainWnd();      //获得框架指针
```

```
CVView * pVView=(CVView * )pFrame->m_wndSplitter.GetPane(0,0);
                                                    //获得主视图窗格指针
CWView * pWView=(CWView * )pFrame->m_wndSplitter.GetPane(0,1);
                                                    //获得左视图窗格指针
CHView * pHView=(CHView * )pFrame->m_wndSplitter.GetPane(1,0);
                                                    //获得俯视图窗格指针
pViewDC[0]=pDC;                                     //多面体屏幕 DC
pViewDC[1]=pVView->GetDC();                         //主视图屏幕 DC
pViewDC[2]=pWView->GetDC();                         //左视图屏幕 DC
pViewDC[3]=pHView->GetDC();                         //俯视图屏幕 DC
CBitmap NewBitmap[4],* pOldBitmap[4];               //内存中承载图像的临时位图
for(int i=0;i<4;i++)                                //创建内存 DC
{
    pViewDC[i]->SetMapMode(MM_ANISOTROPIC);         //pDC 自定义坐标系
    pViewDC[i]->SetWindowExt(rect.Width(),rect.Height());
                                                    //设置窗口范围
    pViewDC[i]->SetViewportExt(rect.Width(),-rect.Height());
                                                    //x 轴水平向右,y 轴铅直向上
    pViewDC[i]->SetViewportOrg(rect.Width()/2,rect.Height()/2);
                                                    //屏幕中心为原点
    NewBitmap[i].CreateCompatibleBitmap(pViewDC[i],rect.Width(),rect.Height());
                                                    //创建兼容位图
    memDC[i].CreateCompatibleDC(pViewDC[i]);
    pOldBitmap[i]=memDC[i].SelectObject(&NewBitmap[i]);
    memDC[i].FillSolidRect(rect,pViewDC[i]->GetBkColor());
                                                    //按原来背景填充客户区,否则是黑色
    memDC[i].SetMapMode(MM_ANISOTROPIC);            //memDC 自定义坐标系
    memDC[i].SetWindowExt(rect.Width(),rect.Height());
    memDC[i].SetViewportExt(rect.Width(),-rect.Height());
    memDC[i].SetViewportOrg(rect.Width()/2,rect.Height()/2);
}
DrawObject(&memDC[0]);                              //绘制立体图
DrawVView(&memDC[1]);                               //绘制主视图
DrawWView(&memDC[2]);                               //绘制左视图
DrawHView(&memDC[3]);                               //绘制俯视图
for(i=0;i<4;i++)
{
    pViewDC[i]->BitBlt(-rect.Width()/2,-rect.Height()/2,rect.Width(),
        rect.Height(),&memDC[i],-rect.Width()/2,-rect.Height()/2,SRCCOPY);
                                                    //将内存位图复制到屏幕
    memDC[i].SelectObject(pOldBitmap[i]);          //恢复位图
    NewBitmap[i].DeleteObject();                    //删除位图
    ReleaseDC(pViewDC[i]);                          //释放视图 DC
}
ReleaseDC(pDC);                                     //释放屏幕 DC
}
```

### 8.5.6 三视图变换矩阵

**1. 主视图变换矩阵**

观察图 8-2 可以看出，主视图是向 $xOy$ 面平行投影得到的。所以变换矩阵为

$$\boldsymbol{T}_v = \begin{bmatrix} 1 & 0 & 0 & 0 \\ 0 & 1 & 0 & 0 \\ 0 & 0 & 0 & 0 \\ 0 & 0 & 0 & 1 \end{bmatrix}$$

**2. 俯视图变换矩阵**

观察图 8-2 可以看出，俯视图是向 $xOz$ 面平行投影得到的。

$$\boldsymbol{T}_{xOz} = \begin{bmatrix} 1 & 0 & 0 & 0 \\ 0 & 0 & 0 & 0 \\ 0 & 0 & 1 & 0 \\ 0 & 0 & 0 & 1 \end{bmatrix}$$

为了在 $xOy$ 面内看到俯视图，需要将 $xOz$ 面绕 $x$ 轴逆时针旋转 $90°$。

$$\boldsymbol{T}_{Rx} = \begin{bmatrix} 1 & 0 & 0 & 0 \\ 0 & \cos\dfrac{\pi}{2} & \sin\dfrac{\pi}{2} & 0 \\ 0 & -\sin\dfrac{\pi}{2} & \cos\dfrac{\pi}{2} & 0 \\ 0 & 0 & 0 & 1 \end{bmatrix} = \begin{bmatrix} 1 & 0 & 0 & 0 \\ 0 & 0 & 1 & 0 \\ 0 & -1 & 0 & 0 \\ 0 & 0 & 0 & 1 \end{bmatrix}$$

俯视图的投影变换矩阵为上述两个变换矩阵的乘积：

$$\boldsymbol{T}_H = \boldsymbol{T}_{xOz} \cdot \boldsymbol{T}_{Rx} = \begin{bmatrix} 1 & 0 & 0 & 0 \\ 0 & 0 & 0 & 0 \\ 0 & 0 & 1 & 0 \\ 0 & 0 & 0 & 1 \end{bmatrix} \cdot \begin{bmatrix} 1 & 0 & 0 & 0 \\ 0 & 0 & 1 & 0 \\ 0 & -1 & 0 & 0 \\ 0 & 0 & 0 & 1 \end{bmatrix}$$

俯视图投影变换矩阵为 $\boldsymbol{T}_H = \begin{bmatrix} 1 & 0 & 0 & 0 \\ 0 & 0 & 0 & 0 \\ 0 & -1 & 0 & 0 \\ 0 & 0 & 0 & 1 \end{bmatrix}$。

**3. 侧视图变换矩阵**

观察图 8-2 可以看出，侧视图是向 $yOz$ 面平行投影得到的。

$$\boldsymbol{T}_{yOz} = \begin{bmatrix} 0 & 0 & 0 & 0 \\ 0 & 1 & 0 & 0 \\ 0 & 0 & 1 & 0 \\ 0 & 0 & 0 & 1 \end{bmatrix}$$

为了在 $xOy$ 面内看到俯视图，需要将 $yOz$ 面绕 $y$ 轴逆时针旋转 $90°$。

$$T_{Ry} = \begin{bmatrix} \cos\dfrac{\pi}{2} & 0 & -\sin\dfrac{\pi}{2} & 0 \\ 0 & 1 & 0 & 0 \\ \sin\dfrac{\pi}{2} & 0 & \cos\dfrac{\pi}{2} & 0 \\ 0 & 0 & 0 & 1 \end{bmatrix} = \begin{bmatrix} 0 & 0 & -1 & 0 \\ 0 & 1 & 0 & 0 \\ 1 & 0 & 0 & 0 \\ 0 & 0 & 0 & 1 \end{bmatrix}$$

侧视图的投影变换矩阵为上面两个变换矩阵的乘积：

$$T_W = T_{yOz} \cdot T_{Ry} = \begin{bmatrix} 0 & 0 & 0 & 0 \\ 0 & 1 & 0 & 0 \\ 0 & 0 & 1 & 0 \\ 0 & 0 & 0 & 1 \end{bmatrix} \cdot \begin{bmatrix} 0 & 0 & -1 & 0 \\ 0 & 1 & 0 & 0 \\ 1 & 0 & 0 & 0 \\ 0 & 0 & 0 & 1 \end{bmatrix}$$

侧视图投影变换矩阵为

$$T_w = \begin{bmatrix} 0 & 0 & 0 & 0 \\ 0 & 1 & 0 & 0 \\ 1 & 0 & 0 & 0 \\ 0 & 0 & 0 & 1 \end{bmatrix}$$

### 8.5.7　矩阵相乘函数

在绘制三视图时,使用到 CP3 类当前点和以数组形式表示的变换矩阵相乘的运算,需要分别计算 CP3 类的每个分量。计算结果存储在 CP3 类的三视图顶点中。

```
void CTestView::MultiMatrix(double T[][4])                //两个矩阵相乘
{
    for(int i=0;i<10;i++)
    {
        PTri[i].x=PNew[i].x * T[0][0]+PNew[i].y * T[1][0]+PNew[i].z * T[2][0]+PNew
        [i].w * T[3][0];
        PTri[i].y=PNew[i].x * T[0][1]+PNew[i].y * T[1][1]+PNew[i].z * T[2][1]+PNew
        [i].w * T[3][1];
        PTri[i].z=PNew[i].x * T[0][2]+PNew[i].y * T[1][2]+PNew[i].z * T[2][2]+PNew
        [i].w * T[3][2];
        PTri[i].w=PNew[i].x * T[0][3]+PNew[i].y * T[1][3]+PNew[i].z * T[2][3]+PNew
        [i].w * T[3][3];
    }
}
```

### 8.5.8　绘制多面体斜等测图

#### 1. 斜轴侧投影原理

斜轴测图是将三维物体向投影面作平行投影,但投影方向不垂直于投影面得到的斜投影视图。斜平行投影的倾斜度可以由两个角来描述,如图 8-3 所示。投影面选择垂直于 $z$ 坐标轴,且过原点。下面推导斜平行投影的变换矩阵。空间一点 $P_1(x,y,z)$ 位于 $z$ 轴的正向,该点在 $xOy$ 面上的斜平行投影坐标是 $P_2(x',y',0)$,正平行投影坐标是 $P_3(x,y,0)$。斜

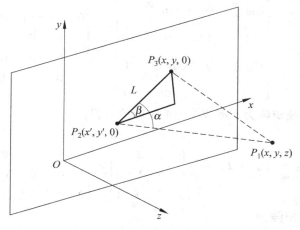

图 8-3　斜等测图原理

投影线 $P_1 P_2$ 与 $P_2 P_3$ 的连线构成夹角 $\alpha$，而 $P_2 P_3$ 与 $x$ 轴构成夹角 $\beta$。设 $P_2 P_3$ 的长度为 $L$，则有 $L = z\cot\alpha$。从图 8-3 中可以直接得出斜投影的坐标是

$$\begin{cases} x' = x - z\cot\alpha \cdot \cos\beta \\ y' = y - z\cot\alpha \cdot \sin\beta \end{cases}$$

取 $\beta = 45°$，$\alpha = 45°$，得到的斜投影图为斜等测图有

$$\begin{cases} x' = x - z/\sqrt{2} \\ y' = y - z/\sqrt{2} \end{cases}$$

## 2. 斜等侧投影算法

```
CP2 CTestView:: ObliqueProject(CP3 WorldP)                    //斜等测变换
{
    CP2 ScreenP;                                             //屏幕坐标系的二维坐标点
    ScreenP.x=WorldP.x-WorldP.z/sqrt(2);
    ScreenP.y=WorldP.y-WorldP.z/sqrt(2);
    return ScreenP;
}
void CTestView::DrawObject(CDC* pDC)                         //绘制多面体表面
{
    pDC->TextOut(-230,130,"立体图");
    for(int nFacet=0;nFacet<7;nFacet++)
    {
        CP3 ViewPoint(1/2.0,1/2.0,sqrt(2)/2.0);             //根据投影方向计算视点
        CVector VS(ViewPoint);                              //面的视矢量
        CVector V01(P[F[nFacet].pI[0]],P[F[nFacet].pI[1]]); //面的一条边矢量
        CVector V02(P[F[nFacet].pI[0]],P[F[nFacet].pI[2]]); //面的另一条边矢量
        CVector VN=V01 * V02;                               //面的法矢量
        if(Dot(VS,VN)>=0)                                   //背面剔除
        {
            CP2 ScreenP,t;
```

```
CLine * line=new CLine;
for(int nPoint=0;nPoint<F[nFacet].pNum;nPoint++)        //点循环
{
    ScreenP=ObliqueProject(P[F[nFacet].pI[nPoint]]); //斜等测投影
    if(0==nPoint)
    {
        line->MoveTo(pDC,ScreenP.x,ScreenP.y);
        t=ScreenP;
    }
    else
        line->LineTo(pDC,ScreenP.x,ScreenP.y);
}
line->LineTo(pDC,t.x,t.y);                       //闭合多边形
delete line;
    }
}
}
```

## 8.5.9 绘制三视图

使当前点 PNew 和主视图、俯视图、侧视图变换矩阵相乘,结果存放在 PTri 数组中。

```
void CTestView::DrawTriView(CDC * pDC,CP3 P[])                //绘制三视图
{
    for(int nFacet=0;nFacet<7;nFacet++)
    {
        CP3 ScreenP,t;
        CLine * line=new CLine;
        for(int nPoint=0;nPoint<F[nFacet].pNum;nPoint++)  //顶点循环
        {
            ScreenP=PTri[F[nFacet].pI[nPoint]];
            if(0==nPoint)
            {
                line->MoveTo(pDC,ScreenP.x,ScreenP.y);
                t=ScreenP;
            }
            else
                line->LineTo(pDC,ScreenP.x,ScreenP.y);
        }
        line->LineTo(pDC,t.x,t.y);                          //闭合多边形
        delete line;
    }
}
```

## 8.5.10 写出实验报告

结合实验步骤,写出实验报告,同时完整给出 CTestView 类的头文件和源文件。

## 8.6 思考与练习

**1. 实验总结**

（1）本实验绘制的 3 个窗格是在 $1024 \times 768$ 分辨率的屏幕上绘制的，如果在液晶宽屏上显示，请调整 8.5.2 节内的窗格宽度来使得每个窗格等分显示。

（2）本例的三视图绘制是借助光栅操作函数 BitBlt() 完成的，将 CTestView 类中计算结果先绘制到内存 DC，然后分别向主视图窗格、俯视图窗格和左视图窗格复制完成。

（3）本实验综合使用了正平行投影的三视图变换矩阵和斜平行投影的斜等测图的变换矩阵。

（4）本实验对斜等侧图进行了消隐。

（5）本实验中的三视图变换矩阵、斜等测图计算公式和教材略有差异，原因在于坐标系不同，请读者认真理解三视图和斜等测图的生成过程，然后做适当调整。

**2. 拓展练习**

（1）正三棱柱如图 8-4 所示，体心位于坐标系原点，请将屏幕划分为 4 个窗格，分别绘制主视图、俯视图、侧视图和斜等测图。使用鼠标旋转正三棱柱的斜等测图，三视图随之动态地改变投影结果如图 8-5 所示。请使用 MFC 编程实现。

（2）正六棱柱如图 8-6 所示，投影方式为正交投影，不使用窗口的静态切分，只在屏幕上呈 120° 夹角的 $Oxyz$ 坐标系平面内分别绘制其主视图、俯视图和侧视图，如图 8-7 所示。使用鼠标旋转正六棱柱

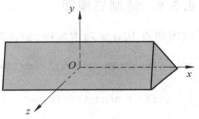

图 8-4　正三棱柱

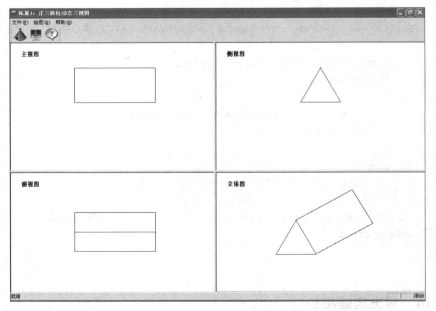

图 8-5　正三棱柱动态三视图效果图

三维模型，三视图随之动态地改变投影结果。请使用 MFC 编程实现，效果如图 8-8 所示。

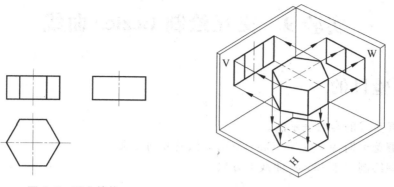

图 8-6　正六棱柱　　　　　　　　图 8-7　正六棱柱三视图

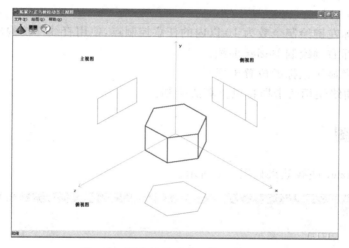

图 8-8　正六棱柱动态三视图效果图

# 实验 9　交互绘制 Bezier 曲线

## 9.1　实验目的

(1) 掌握直线的参数表示法。

(2) 掌握德卡斯特里奥(de Casteljau)算法的几何意义。

(3) 掌握绘制二维 Bezier 曲线的方法。

## 9.2　实验要求

(1) 使用鼠标左键绘制个数为 10 以内的任意控制点,使用直线连接构成控制多边形。

(2) 使用鼠标右键绘制 Bezier 曲线。

(3) 在状态栏显示鼠标的位置坐标。

(4) Bezier 曲线使用德卡斯特里奥算法绘制。

## 9.3　效果图

动态绘制 Bezier 曲线效果如图 9-1 所示。

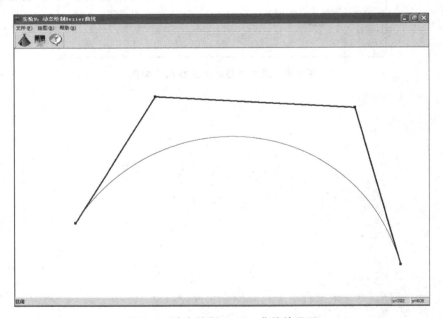

图 9-1　动态绘制 Bezier 曲线效果图

# 9.4　实验准备

（1）在学习完主教材 7.4 节后，进行本实验。

（2）熟悉 Bezier 曲线的定义。

（3）熟悉 Bezier 曲线的性质。

# 9.5　实验步骤

使用 WM_LBUTTONDOWN 消息映射函数读入控制多边形的顶点，并绘制控制多边形。使用 WM_MOUSEMOVE 消息映射函数在状态栏输出鼠标位置坐标。使用 WM_RBUTTONDOWN 消息映射函数调用德卡斯特里奥函数绘制 Bezier 曲线。

### 9.5.1　Bezier 曲线的分割递推德卡斯特里奥算法

给定空间 $n+1$ 个点 $P_i(i=0,1,2,\cdots,n)$ 及参数 $t$，有

$$P_i^r(t) = (1-t)P_i^{r-1}(t) + tP_{i+1}^{r-1}(t)$$

式中，$r=1,2,\cdots,n;i=0,1,\cdots,n-r;t\in[0,1]$。且规定当 $r=0$ 时，$P_i^0(t)=P_i$，$P_0^n(t)$ 是在曲线上具有参数 $t$ 的点，如图 9-2 所示。

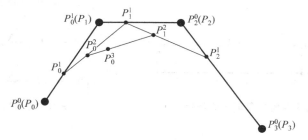

图 9-2　绘制 $t=1/3$ 的点

例如，当 $n=3$ 时，有 $\begin{cases} r=1,i=0,1,2 \\ r=2,i=0,1 \\ r=3,i=0 \end{cases}$，三次 Bezier 曲线递推如下：

$$\begin{cases} P_0^1(t) = (1-t)P_0^0(t) + tP_1^0(t) \\ P_1^1(t) = (1-t)P_1^0(t) + tP_2^0(t) \\ P_2^1(t) = (1-t)P_2^0(t) + tP_3^0(t) \end{cases}$$

$$\begin{cases} P_0^2(t) = (1-t)P_0^1(t) + tP_1^1(t) \\ P_1^2(t) = (1-t)P_1^1(t) + tP_2^1(t) \end{cases}$$

$$P_0^3(t) = (1-t)P_0^2(t) + tP_1^2(t)$$

其中，规定 $P_i^0(t)=P_i$。

根据该式可以绘制 $0\leqslant t\leqslant 1$ 时的 Bezier 曲线，此时点的运动轨迹形成 Bezier 曲线。图 9-2 绘制的是 $t=1/3$ 的点。图 9-3 绘制的是 $t=2/3$ 的点。连接闭区间 $(0,1)$ 内的所有

$P_0^3$ 点,可以绘制出 Bezier 曲线,如图 9-4 所示。

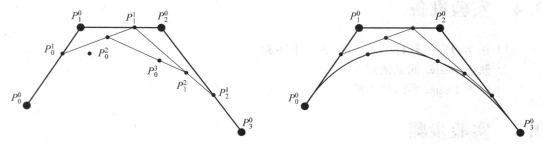

图 9-3　绘制 $t=2/3$ 的点　　　　　　　图 9-4　德卡斯特里奥算法

　　德卡斯特里奥算法的基础就是在矢量 $\overrightarrow{P_0P_1}$ 上选择一个点 $P$,使得 $P$ 点划分矢量 $\overrightarrow{P_0P_1}$ 为 $|\overline{P_0P}| : |\overline{PP_1}| = t : (1-t)$,如图 9-5 所示。给定点 $P_0$、$P_1$ 的坐标以及 $t$ 的值,点 $P$ 的坐标为 $P=P_0+t(P_1-P_0)=(1-t)P_0+tP_1$。式中,$t\in[0,1]$。

　　定义贝塞尔曲线的控制点编号为 $P_i^r$,其中,$r$ 表示迭代次数。德卡斯特里奥证明了,当 $r=n$ 时,$P_0^n$ 表示 Bezier 曲线上的点。

　　德卡斯特里奥算法递推出的 $P_i^r$,本例中 $r=3$ 呈直角三角形,如图 9-6 所示。

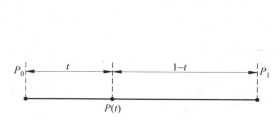

图 9-5　德卡斯特里奥算法的基础

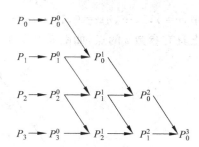

图 9-6　德卡斯特里奥递推三角形

### 9.5.2　德卡斯特里奥函数

绘制二维曲线时,德卡斯特里奥函数被调用两次。程序中 N_MAX_POINT＝10。

```
long CTestView::DeCasteliau(double t,long * p)          //德卡斯特里奥函数
{
    double P[N_MAX_POINT][N_MAX_POINT];
    int n=CtrlPNum-1;
    for(int k=0;k<=n;k++)
    {
        P[0][k]=p[k];
    }
    for(int r=1;r<=n;r++)
    {
        for(int i=0;i<=n-r;i++)
        {
```

```
            P[r][i]=(1-t) * P[r-1][i]+t * P[r-1][i+1];
        }
    }
    return(long(P[n][0]));
}
```

### 9.5.3  绘制 Bezier 曲线

绘制二维 Bezier 曲线,需要分别对 $x$ 方向和 $y$ 方向进行计算。本实验中 Bezier 曲线使用 SetPixel()函数以蓝色绘制。

```
void CTestView::DrawBezier()                                   //绘制 Bezier 曲线
{
    CDC * pDC=GetDC();
    double delt=1.0/50000;                                     //步长
    int n=CtrlPNum-1;
    CPoint p;
    long px[N_MAX_POINT],py[N_MAX_POINT];
    for(int k=0;k<=n;k++)
    {
        px[k]=pt[k].x;
        py[k]=pt[k].y;
    }
    for(double t=0;t<=1;t+=delt)
    {
        p.x=DeCasteliau(t,px);                                 //计算 x 方向
        p.y=DeCasteliau(t,py);                                 //计算 y 方向
        pDC->SetPixel(p.x,p.y,RGB(0,0,255));
    }
    ReleaseDC(pDC);
}
```

### 9.5.4  绘制控制多边形

控制多边形使用 3 像素宽的黑色直线绘制。为了突出控制点,使用黑色填充边长为 4 个像素的正方形块代表控制点。

```
void CTestView::DrawCtrPolygon()
{
    CDC * pDC=GetDC();
    CPen NewPen, * pOldPen;
    NewPen.CreatePen(PS_SOLID,3,RGB(0,0,0));
    pOldPen=pDC->SelectObject(&NewPen);
    CBrush NewBrush, * pOldBrush;
    NewBrush.CreateSolidBrush(RGB(0,0,0));
```

```
        pOldBrush=pDC->SelectObject(&NewBrush);
        for(int i=0;i<CtrlPNum;i++)
        {
            if(0==i)
            {
                pDC->MoveTo(pt[i].x,pt[i].y);
                pDC->Rectangle(pt[i].x-2,pt[i].y-2,pt[i].x+2,pt[i].y+2);
            }
            else
            {
                pDC->LineTo(pt[i].x,pt[i].y);
                pDC->Rectangle(pt[i].x-2,pt[i].y-2,pt[i].x+2,pt[i].y+2);
            }
        }
        pDC->SelectObject(pOldBrush);
        NewBrush.DeleteObject();
        pDC->SelectObject(pOldPen);
        NewPen.DeleteObject();
        ReleaseDC(pDC);
    }
```

### 9.5.5  鼠标左键按下的函数

按下鼠标左键,将鼠标位置点作为控制点,并调用 DrawCtrPolygon()函数绘制控制多边形。

```
void CTestView::OnLButtonDown(UINT nFlags, CPoint point)//获得屏幕控制点坐标
{
    // TODO: Add your message handler code here and/or call default
    if(m_flag)                                          //m_flag 为鼠标绘图标志
    {
        pt[CtrlPNum]=point;
        if(CtrlPNum<N_MAX_POINT)
        {
            CtrlPNum++;
        }
        else
        {
            m_flag=FALSE;
        }
        DrawCtrPolygon();
    }
    CView::OnLButtonDown(nFlags, point);
}
```

### 9.5.6  鼠标右键按下的函数

控制多边形绘制完毕,通过鼠标右键绘制 Bezier 曲线。

```
void CTestView::OnRButtonDown(UINT nFlags, CPoint point)//调用 Bezier 函数
{
    // TODO: Add your message handler code here and/or call default
    m_flag=FALSE;                                    //结束鼠标绘图
    DrawBezier();                                    //绘制 Bezier 曲线
    CView::OnRButtonDown(nFlags, point);
}
```

### 9.5.7  鼠标移动的函数

移动鼠标时在状态栏显示鼠标位置的坐标值,详细解释请参看实验 3。

```
void CTestView::OnMouseMove(UINT nFlags, CPoint point)    //显示鼠标位置函数
{
    // TODO: Add your message handler code here and/or call default
    CString strx,stry;                               //状态栏显示鼠标位置
    CMainFrame * pFrame=(CMainFrame * )AfxGetApp()->m_pMainWnd;
                                                     //要求包含 MainFrm.h 头文件
    CStatusBar * pStatus=&pFrame->m_wndStatusBar;
                                       //需要将 m_wndStatusBar 属性修改为公有
    if(pStatus)
    {
        strx.Format("x=%d",point.x);
        stry.Format("y=%d",point.y);
        CClientDC dc(this);
        CSize sizex=dc.GetTextExtent(strx);
        CSize sizey=dc.GetTextExtent(stry);
        pStatus->SetPaneInfo(1,ID_INDICATOR_X,SBPS_NORMAL,sizex.cx);
                                                     //改变状态栏风格
        pStatus->SetPaneText(1,strx);
        pStatus->SetPaneInfo(2,ID_INDICATOR_Y,SBPS_NORMAL,sizey.cx);
                                                     //改变状态栏风格
        pStatus->SetPaneText(2,stry);
    }
    CView::OnMouseMove(nFlags, point);
}
```

### 9.5.8  写出实验报告

结合实验步骤,写出实验报告,同时完整给出 CTestView 类的头文件和源文件。

## 9.6 思考与练习

**1. 实验总结**

（1）本实验使用德卡斯特里奥算法绘制 Bezier 曲线。

（2）从本实验可以看出：$n+1$ 个顶点构成的控制多边形产生 $n$ 次 Bezier 曲线。曲线的起点和终点与多边形的起点和终点重合，且控制多边形的第一条边和最后一条边表示曲线在起点和终点的切矢量方向。曲线的形状趋于控制多边形的形状。

（3）由于定义 N_MAX_POINT＝10，本实验最大可以绘制出 9 阶的 Bezier 曲线。可以修改 N_MAX_POINT 的值绘制更高阶次的 Bezier 曲线。

（4）使用本实验提供的程序，可以绘制出一些典型的 Bezier 曲线，如图 9-7 所示。

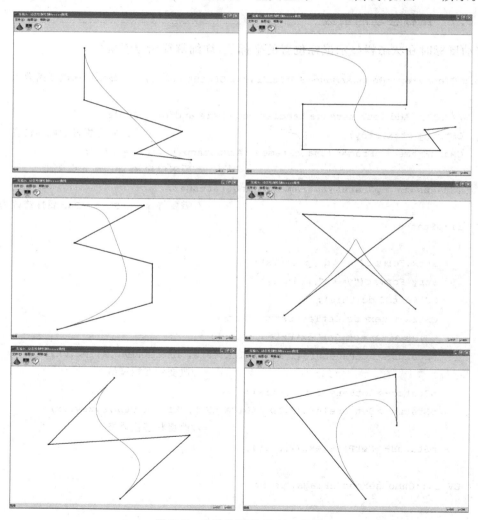

图 9-7　几种典型的 Bezier 曲线

**2. 拓展练习**

请使用 4 段三次 Bezier 曲线绘制圆。

# 实验 10  交互绘制三次 B 样条曲线

## 10.1  实验目的

(1) 掌握三次 B 样条曲线的基函数。
(2) 掌握分段三次 B 样条曲线的绘制方法。
(3) 掌握三次 B 样条曲线的特殊构造技巧。
(4) 掌握图形顶点可视化移动技巧。

## 10.2  实验要求

(1) 给定 9 个控制点：$P_0(104,330)$、$P_1(204,231)$、$P_2(286,362)$、$P_3(363,145)$、$P_4(472,527)$、$P_5(548,228)$、$P_6(662,40)$、$P_7(830,450)$ 和 $P_8(930,350)$。绘制三次 B 样条曲线。
(2) 移动鼠标光标到控制点上，光标变为手形，显示其坐标信息。
(3) 拖动控制点，曲线形状随之发生改变，验证三次 B 样条曲线的特殊构造技巧。

## 10.3  效果图

绘制的三次 B 样条曲线效果如图 10-1 所示。

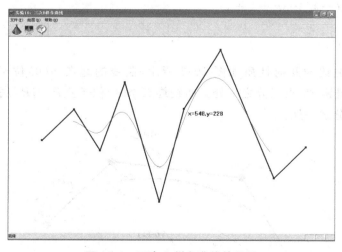

图 10-1  三次 B 样条曲线效果图

## 10.4  实验准备

（1）在学习完主教材 7.6 节后，进行本实验。
（2）熟悉光标的导入和更换。
（3）熟悉三次 B 样条曲线的几何性质。
（4）熟悉 B 样条曲线的连续性。
（5）熟悉 B 样条曲线的局部修改性。

## 10.5  实验步骤

在屏幕上绘制 9 个控制点构成的控制多边形。根据控制点绘制 6 段三次 B 样条曲线。在 WM_MOUSEMOVE 消息响应函数中获得控制点信息并移动控制点。

### 10.5.1  三次 B 样条曲线的几何性质

一段三次 B 样条曲线的控制多边形有 4 个控制点 $P_0$、$P_1$、$P_2$ 和 $P_3$，B 样条曲线是三次多项式。

$$p(t) = \sum_{i=0}^{3} P_i F_{i,3}(t) = P_0 F_{0,3}(t) + P_1 F_{1,3}(t) + P_2 F_{2,3}(t) + P_3 F_{3,3}(t), \quad t \in (0,1)$$

其中，$F_{0,3}(t) = \dfrac{1}{6}(-t^3 + 3t^2 - 3t + 1)$

$\qquad F_{1,3}(t) = \dfrac{1}{6}(3t^3 - 6t^2 + 4)$

$\qquad F_{2,3}(t) = \dfrac{1}{6}(-3t^3 + 3t^2 + 3t + 1)$

$\qquad F_{3,3}(t) = \dfrac{1}{6}t^3$

三次 B 样条曲线的几何性质如图 10-2 所示，曲线的起点 $p(0)$ 位于 $\triangle P_0 P_1 P_2$ 底边 $P_0 P_2$ 的中线上，且距 $P_1$ 点三分之一处。曲线终点 $p(1)$ 位于 $\triangle P_1 P_2 P_3$ 底边 $P_1 P_3$ 的中线上，且距 $P_2$ 点三分之一处。

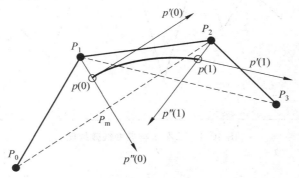

图 10-2  三次 B 样条曲线的几何性质

$$\begin{cases} p(0) = \dfrac{1}{6}(P_0 + 4P_1 + P_2) = \dfrac{1}{3}\left(\dfrac{P_0 + P_2}{2}\right) + \dfrac{2}{3}P_1 \\[3mm] p(1) = \dfrac{1}{6}(P_1 + 4P_2 + P_3) = \dfrac{1}{3}\left(\dfrac{P_1 + P_3}{2}\right) + \dfrac{2}{3}P_2 \end{cases}$$

### 10.5.2  绘制控制多边形

使用双缓冲技术绘制三次 B 样条曲线的控制多边形,每个控制点用边长为 4 个像素的黑色正方形表示,控制多边形用 3 像素宽的直线绘制。当鼠标移动到控制点上时,显示位置坐标信息。

```
void CTestView::OnDraw(CDC * pDC)
{
    CTestDoc * pDoc=GetDocument();
    ASSERT_VALID(pDoc);
    //TODO: add draw code for native data here
    CRect rect;                                          //定义客户区
    GetClientRect(&rect);                                //获得客户区的大小
    CDC memDC;                                            //内存设备上下文
    CBitmap NewBitmap, * pOldBitmap;                     //内存中承载图像的临时位图
    memDC.CreateCompatibleDC(pDC);                       //建立与屏幕 pDC 兼容的 memDC
    NewBitmap.CreateCompatibleBitmap(pDC,rect.Width(),rect.Height());
                                                         //创建兼容位图
    pOldBitmap=memDC.SelectObject(&NewBitmap);           //将兼容位图选入 memDC
    memDC.FillSolidRect(rect,pDC->GetBkColor());
                                                         //按原来背景填充客户区,否则是黑色
    CPen NewPen3, * pOldPen3;
    NewPen3.CreatePen(PS_SOLID,3,RGB(0,0,0));            //绘制控制多边形
    pOldPen3=memDC.SelectObject(&NewPen3);               //选入画笔
    memDC.MoveTo(P[0]);
    memDC.Rectangle(P[0].x-2,P[0].y-2,P[0].x+2,P[0].y+2);     //绘制控制多边形顶点
    for(int i=1;i<9;i++)
    {
        memDC.LineTo(P[i]);
        memDC.Rectangle(P[i].x-2,P[i].y-2,P[i].x+2,P[i].y+2);
    }
    if(m_i!=-1)
    {
        CString    str;
        str.Format("x=%d,y=%d",P[m_i].x,P[m_i].y);
        memDC.TextOut(P[m_i].x+10,P[m_i].y+10,str);    //输出控制点的坐标信息
    }
    B3Curves(P,&memDC);
    pDC->BitBlt(0,0,rect.Width(),rect.Height(),&memDC,0,0,SRCCOPY);
                                                         //将内存位图复制到屏幕
    memDC.SelectObject(pOldBitmap);                      //恢复位图
```

```
NewBitmap.DeleteObject();                                  //删除位图
memDC.SelectObject(pOldPen3);                              //恢复画笔
NewPen3.DeleteObject();                                    //删除画笔
memDC.DeleteDC();                                          //删除 memDC
}
```

### 10.5.3  绘制三次 B 样条曲线

4 个控制点决定一段三次 B 样条曲线。9 个控制点决定 6 段 B 样条曲线。三次 B 样条曲线实现自然连接，可以达到 $C^2$ 连续性。

```
void CTestView::B3Curves(CPoint p[],CDC * pDC)
{
    double delt=1.0/10;                                    //步长
    CPoint PStart,PEnd;                                    //每段 B 样条曲线的起点和终点
    double F03,F13,F23,F33;                                //B 样条基函数
    PStart.x=long((p[0].x+4.0*p[1].x+p[2].x)/6.0);         //t＝0 的起点 x 坐标
    PStart.y=long((p[0].y+4.0*p[1].y+p[2].y)/6.0);         //t＝0 的起点 y 坐标
    pDC->MoveTo(PStart);
    CPen NewPen1(PS_SOLID,1,RGB(0,0,255));                 //绘制 B 样条曲线
    CPen * pOldPen1=pDC->SelectObject(&NewPen1);
    for(int i=1;i<7;i++)                                   //6 段样条曲线
    {
        for(double t=0;t<=1;t+=delt)
        {
            F03=(-t*t*t+3*t*t-3*t+1)/6;                    //计算 F0,3(t)
            F13=(3*t*t*t-6*t*t+4)/6;                       //计算 F1,3(t)
            F23=(-3*t*t*t+3*t*t+3*t+1)/6;                  //计算 F2,3(t)
            F33=t*t*t/6;                                   //计算 B3,3(t)
            PEnd.x=long(p[i-1].x*F03+p[i].x*F13+p[i+1].x*F23+p[i+2].x*F33);
            PEnd.y=long(p[i-1].y*F03+p[i].y*F13+p[i+1].y*F23+p[i+2].y*F33);
            pDC->LineTo(PEnd);
        }
    }
    pDC->SelectObject(pOldPen1);
    NewPen1.DeleteObject();
}
```

### 10.5.4  鼠标移动函数

当鼠标移动到控制点的一5～5 范围内时，鼠标光标改变为手形👆，可以移动控制点。

```
void CTestView::OnMouseMove(UINT nFlags, CPoint point)//鼠标移动函数
{
    // TODO: Add your message handler code here and/or call default
    if(TRUE==m_AbleToMove)
```

```
{
    P[m_i]=point;
}
m_i=-1;
int i;
for(i=0;i<9;i++)
{
    if((point.x-P[i].x)*(point.x-P[i].x)+(point.y-P[i].
    y)*(point.y-P[i].y)<25)
    {
        m_i=i;
        m_AbleToLeftBtn=TRUE;
        m_Cursor=AfxGetApp()->LoadCursor(IDC_CURSOR1);      //改为手形光标
        SetCursor(m_Cursor);
        break;
    }
}
if(10==i)
{
    m_i=-1;
}
Invalidate(FALSE);
CView::OnMouseMove(nFlags, point);
}
```

当鼠标光标位于曲线顶点的±5的范围内时,鼠标光标更换为手形🖑。手形鼠标的资源添加在资源面板中,其标识为 IDC_CURSOR1。LoadCursor()函数是 CWinApp 的成员函数,所以使用 AfxGetApp 来获得 CWinApp 的指针。SetCursor()函数用于设定鼠标。曲线控制点的坐标信息是使用 m_i 参数控制的,当 m_i 不等于一1 时,在 OnDraw()函数中输出。

### 10.5.5　写出实验报告

结合实验步骤,写出实验报告,同时完整给出 CTestView 类的头文件和源文件。

# 10.6　思考与练习

**1. 实验总结**

(1) 本实验所绘制 9 个控制点的三次 B 样条曲线由 6 段曲线构成。

(2) 移动一个控制点只有 4 段曲线受到影响,其余曲线段形状保持不变,如图 10-3 所示。

(3) 本实验可以移动控制点使两顶点重合,B 样条曲线和控制多边形的边相切,如图 10-4 所示。

(4) 本实验可以移动控制点使三顶点重合,B 样条曲线出现尖点,如图 10-5 所示。

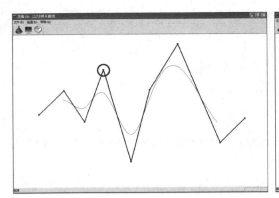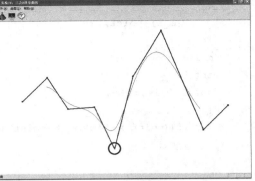

图 10-3　三次 B 样条曲线的局部修改

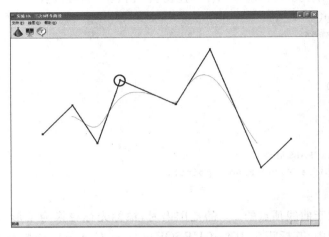

图 10-4　两顶点重合

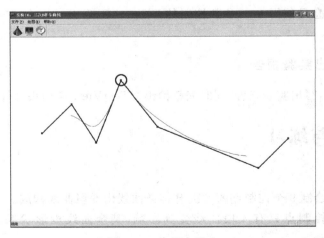

图 10-5　三顶点重合

（5）本实验可以移动控制点使三顶点共线，用于处理两段弧的连接，如图 10-6 所示。

（6）本实验可以移动控制点使四顶点共线，用于解决曲线之间接入一条直线段的问题，

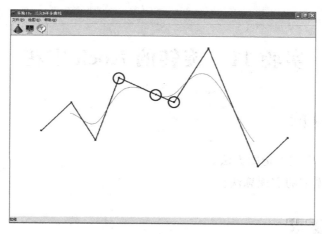

图 10-6 三顶点共线

如图 10-7 所示。

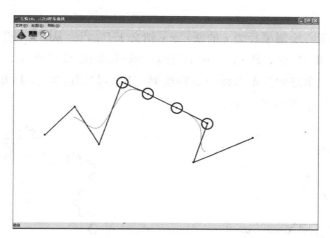

图 10-7 四顶点共线

## 2. 拓展练习

使用三次 B 样条曲线的特殊构造技巧绘制如图 10-8 所示的"枫叶"图形。

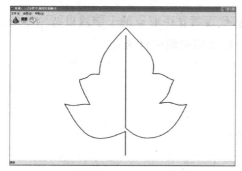

(a) 一笔画图形

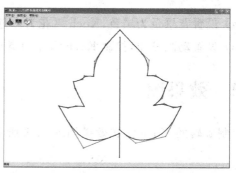

(b) 带控制多边形的枫叶效果图

图 10-8 三次 B 样条曲线绘制枫叶

# 实验 11　旋转的 Koch 雪花

## 11.1　实验目的

(1) 掌握 Koch 雪花的构图方法。

(2) 掌握递归模型的实现算法。

## 11.2　实验要求

(1) 建立自定义二维坐标系,原点位于屏幕客户区中心,$x$ 轴水平向右为正,$y$ 轴垂直向上为正。

(2) 以原点为圆心绘制半径为 $r$ 的圆,与 $y$ 轴交于 $P_0$ 点。从 $P_0$ 点开始,顺时针方向将圆三等分,得到 $P_1$ 和 $P_2$ 点。$P_0P_1P_2$ 构成等边三角形,如图 11-1 所示。

(3) 沿着等边三角形的三条边外侧分别绘制三段递归深度为 4,夹角为 $60°$ 的 Koch 曲线,形成 Koch 雪花,如图 11-2 所示。

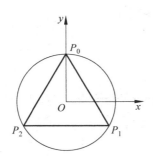

图 11-1　构成等边三角形

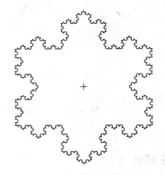

图 11-2　Koch 雪花

(4) 设置背景色为黑色,Koch 雪花为白色,代表雪花中心点的十字线以蓝色绘制。

(5) 设置动画按钮,控制 Koch 雪花围绕坐标系原点顺时针旋转。

## 11.3　效果图

绘制旋转的 Koch 雪花效果如图 11-3 所示。

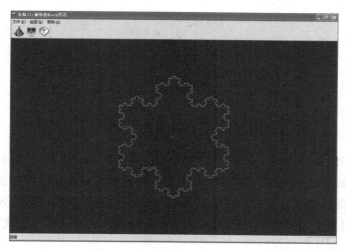

图 11-3　旋转的 Koch 雪花效果图

# 11.4　实验准备

（1）在学习完主教材 8.2 节后，进行本实验。
（2）熟悉 Koch 曲线的生成元构造方法。
（3）熟悉双缓冲机制。
（4）熟悉定时器的设置方法。

# 11.5　实验步骤

以中心位于屏幕客户区中心的正三角形为基，沿每条边外侧绘制分段 Koch 曲线，形成 Koch 雪花。使用双缓冲机制绘制 Koch 雪花动态图形，使用定时器控制 Koch 雪花的旋转。

## 11.5.1　Koch 曲线的生成元

Koch 曲线是一个数学曲线，同时也是早期被描述的一种典型分形曲线。Koch 曲线由瑞典数学家 Koch 在 1904 年发表的论文《从初等几何构造的一条没有切线的连续曲线》中首次提出。

Koch 曲线生成规则为：取一段长度为 $L$ 的起点为 $A$，终点为 $B$ 的直线段，将其三等分，等分点为 $C$ 和 $E$。保留两端的线段，将中间一段 $CE$ 改换成夹角为 $\theta$ 的两个长度为 $L/3$ 的直线段 $CD$ 和 $DE$，如图 11-4 所示。然后再对图中的每一小段直线都按上述方式处理，得到不同递归深度的 Koch 曲线。可以看出，Koch 曲线是连续的，但是处处不可导。如果在正三角形上按上述规则在每边外侧的中间各凸起一个小三角形，一直进行下去，则曲线形状近似为一朵雪花，称为 Koch 雪花。理论上可以证明这种不断构造的 Koch 雪花周长是无穷的，但其面积却是有限的。

Koch 曲线的变换规则是将每一条直线段用一条折线替代，称为该分形的生成元，分形

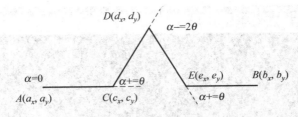

图 11-4　Koch 曲线生成元

的基本特性完全由生成元决定,给定不同的生成元,就可以生成各种各样的分形图形。

生成元:Koch 曲线的生成元由 $AC$、$CD$、$DE$ 和 $EB$ 这 4 条直线段构成。Koch 曲线生成元的第一段直线和第二段直线之间的夹角称为 Koch 角($0° \leqslant \theta \leqslant 90°$),不同的 Koch 角生成的 Koch 曲线有很大差异。最常用的 Koch 角是 $\theta=60°$ 和 $\theta=85°$。生成元的起点和终点坐标分别为 $A(a_x, a_y)$ 和 $B(b_x, b_y)$。

Koch 曲线是典型的分形曲线,其构造过程是通过反复用一生成元来取代每一段直线,因而图形的每一部分都和它本身的形状相同,具有自相似性,这正是分形最为重要的标志。Koch 曲线的构造过程也决定了在计算机上绘制应该采用递归算法,即执行函数自己调用自己的过程。

图 11-4 中的 $\alpha$ 是一个绝对角度,Koch 角 $\theta$ 是不变的,但其绝对角度 $\alpha$ 是变化的。在 $AB$ 段 $\alpha=0$;在 $CD$ 段,$\alpha=\alpha+\theta$;在 $DE$ 段,$\alpha=\alpha-2\theta$;$EB$ 段,$\alpha=\alpha+\theta$。绘图时,先绘制第一段直线,然后依次改变夹角 $\alpha$,分别绘制其余三段直线。

在绘制 Koch 雪花时,正三角形的三条边夹角为 $60°$,也就是生成元存在和水平线的夹角,称为生成元起始角。对于图 11-5 所示的起始角 $\alpha_0$ 角的生成元,参数计算如下。

直线段长度 $L$:

$$L = \sqrt{(b_x - a_x)^2 + (b_y - a_y)^2}$$

直线段的起始角 $\alpha_0$:

$$\alpha_0 = a\tan\frac{b_y - a_y}{b_x - a_x}$$

递归 $n$ 次后的 Koch 曲线最小线元 $d$:

$$d = L/(2 \times (1 + \cos(\theta)))^n$$

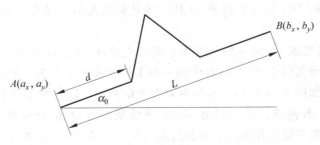

图 11-5　倾斜一个角度的生成元

### 11.5.2 绘制 Koch 雪花

以正三角形的每条边为基，在外侧分别绘制 Koch 曲线形成 Koch 雪花。图 11-6 是递归深度为 1 时的 Koch 雪花。

绘制 $P_0P_1$ 段时，$P_0$ 点为起点，$P_1$ 点为终点，Koch 曲线向外。绘制 $P_1P_2$ 段时，$P_1$ 点为起点，$P_2$ 点为终点，Koch 曲线向内。这时需要调整起始角为 $\alpha_0 = \alpha_0 + \pi$，才能使得 Koch 曲线向外。绘制 $P_2P_0$ 段时，$P_2$ 点为起点，$P_0$ 点为终点，Koch 曲线向外。

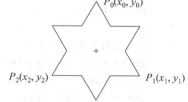

图 11-6　递归深度为 1 时的 Koch 雪花

### 11.5.3 双缓冲函数

为了实现图形的旋转，采用了双缓冲技术。先将图形绘制到内存设备上下文 MemDC，然后再一次性复制到显示设备上下文 pDC 上。

```
void CTestView::DoubleBuffer(CDC * pDC)                    //双缓冲绘图
{
    CRect rect;                                            //定义客户区
    GetClientRect(&rect);                                  //获得客户区的大小
    pDC->SetMapMode(MM_ANISOTROPIC);                       //pDC 自定义坐标系
    pDC->SetWindowExt(rect.Width(),rect.Height());         //设置窗口范围
    pDC->SetViewportExt(rect.Width(),-rect.Height());      //x轴水平向右,y轴垂直向上
    pDC->SetViewportOrg(rect.Width()/2,rect.Height()/2);   //屏幕中心为原点
    CBitmap NewBitmap, * pOldBitmap;                       //内存中承载图像的临时位图
    memDC.CreateCompatibleDC(pDC);                         //建立与屏幕 pDC 兼容的 memDC
    NewBitmap.CreateCompatibleBitmap(pDC,rect.Width(),rect.Height());
                                                           //创建兼容位图
    pOldBitmap=memDC.SelectObject(&NewBitmap);             //将兼容位图选入 memDC
    //memDC.FillSolidRect(rect,pDC->GetBkColor());
                                                           //按原来背景填充客户区,否则是黑色
    memDC.SetMapMode(MM_ANISOTROPIC);                      //memDC 自定义坐标系
    memDC.SetWindowExt(rect.Width(),rect.Height());
    memDC.SetViewportExt(rect.Width(),-rect.Height());
    memDC.SetViewportOrg(rect.Width()/2,rect.Height()/2);
    CPen PenBlue, * pOldPen;
    PenBlue.CreatePen(PS_SOLID,1,RGB(0,0,255));
    pOldPen=memDC.SelectObject(&PenBlue);
    memDC.MoveTo(-10,0);                                   //绘制雪花中心
    memDC.LineTo(10,0);
    memDC.MoveTo(0,-10);
    memDC.LineTo(0,10);
    memDC.SelectObject(pOldPen);
    PenBlue.DeleteObject();
```

```
    CPen PenWhite;
    PenWhite.CreatePen(PS_SOLID,1,RGB(255,255,255));
    pOldPen=memDC.SelectObject(&PenWhite);
    n=4;                                               //递归深度
    theta=PI/3;                                        //Koch 角度
    r=200;                                             //正三角形外接圆半径
    //正三角形顶点坐标
    x0=r*sin(RotateAngle*PI/180);
    y0=r*cos(RotateAngle*PI/180);
    x1=r*sin((RotateAngle+120)*PI/180);
    y1=r*cos((RotateAngle+120)*PI/180);
    x2=r*sin((RotateAngle+240)*PI/180);
    y2=r*cos((RotateAngle+240)*PI/180);
    //绘制三段 Koch 曲线
    Fractal(x0,y0,x1,y1);                              //绘制右边
    Fractal(x1,y1,x2,y2);                              //绘制底边
    Fractal(x2,y2,x0,y0);                              //绘制左边
    memDC.SelectObject(pOldPen);
    PenWhite.DeleteObject();
    pDC->BitBlt(-rect.Width()/2,-rect.Height()/2,rect.Width(),rect.Height(),
         &memDC,-rect.Width()/2,-rect.Height()/2,SRCCOPY);
                                                       //将内存位图复制到屏幕
    memDC.SelectObject(pOldBitmap);                    //恢复位图
    NewBitmap.DeleteObject();                          //删除位图
    memDC.DeleteDC();                                  //删除 memDC
}
```

将语句 memDC.FillSolidRect(rect,pDC->GetBkColor())注释是为了将屏幕背景色设置为黑色。双缓冲函数分三次调用 Fractal()函数,在正三角形的三条边上绘制 Koch曲线。

### 11.5.4 分形函数

分形函数 Fractal()的参数为正三角形每条边的起点和终点坐标。函数体内先计算边的长度、曲线中每一小段直线的长度以及边的起始角,然后调用 Koch()函数绘制每段 Koch曲线。

```
void CTestView::Fractal(double bx,double by,double ex,double ey)
                                                       //绘制一段 Koch 曲线
{
    L=sqrt((ex-bx)*(ex-bx)+(ey-by)*(ey-by));           //线段长度
    d=L/pow(2*(1+cos(theta)),n);                       //曲线中每一段长度
    angle=atan((ey-by)/(ex-bx));                       //曲线起始角度
    if(ex<bx)
         angle=angle+PI;                               //处理底边反向绘制
    ax=bx,ay=by;
```

```
        Koch(angle,n);
    }
```

对于图 11-6 所示的正三角形底边 $P_1P_2$，特征是终点的横坐标小于起点的横坐标。在该种情况下，将起始角增加 180°。

### 11.5.5  Koch 函数

Koch 函数用于在正三角形的每条边上绘制 Koch 曲线。函数的实现使用了递归模型。

```
void CTestView::Koch(double alpha,int n)                //Koch 函数
{
    if(n==0)
    {
        bx=ax+d*cos(alpha);
        by=ay+d*sin(alpha);
        MemDC.MoveTo(ROUND(ax),ROUND(ay));
        MemDC.LineTo(ROUND(bx),ROUND(by));
        ax=bx;ay=by;
        return;
    }
    Koch(alpha,n-1);
    alpha+=theta;
    Koch(alpha,n-1);
    alpha-=2*theta;
    Koch(alpha,n-1);
    alpha+=theta;
    Koch(alpha,n-1);
}
```

每段 Koch 曲线分成 4 小段绘制，先按边的起始角绘制第一小段直线，然后依次改变夹角 $\alpha$，分别绘制其余三小段直线。

### 11.5.6  写出实验报告

结合实验步骤，写出实验报告，同时完整给出 CTestView 类的头文件和源文件。

# 11.6  思考与练习

**1. 实验总结**

（1）本实验由三段 Koch 曲线构成 Koch 雪花，这种雪花的特点是周长无限，面积有限，属于"病态"曲线。

（2）Koch 雪花使用白色画笔绘制，雪花中心十字形使用蓝色画笔绘制。

（3）本实验在双缓冲函数中设置递归深度 $n$ 为 4，可以改变 $n$ 的值绘制其他递归深度的 Koch 雪花。

（4）为了旋转图形，双缓冲函数中设置了图形旋转角 RotateAngle，起始角度为 0°。SetTimer()函数每隔 50ms 调用一次 OnTimer()函数，在 OnTimer()函数中 RotateAngle 以 10°步长增长。

**2. 拓展练习**

（1）当递归深度 $n=4$，Koch 角 $\theta=85°$ 时，本实验所绘制的图形如图 11-7 所示。请上机验证。

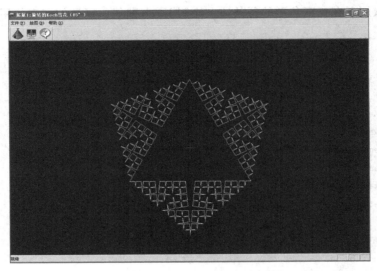

图 11-7　Koch 角 $\theta=85°$ 时的效果图

（2）当递归深度 $n=4$，Koch 角 $\theta=90°$ 时，本实验所绘制的图形如图 11-8 所示。请上机验证。

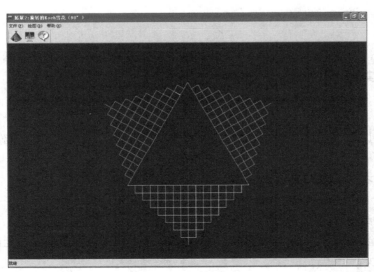

图 11-8　Koch 角 $\theta=90°$ 时的效果图

（3）使用定时器调整 Cayley 树的递归深度和画笔的粗细及颜色，在白色屏幕客户区绘制自动生长的 Cayley 树，动画过程如图 11-9 所示。

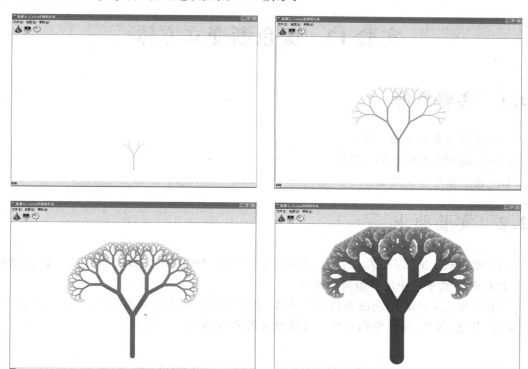

图 11-9　Cayley 生长动画效果图

# 实验 12　颜色渐变立方体

## 12.1　实验目的

(1) 掌握凸多面体消隐算法。
(2) 掌握双线性颜色插值算法。
(3) 建立基本三维场景。

## 12.2　实验要求

(1) 建立三维坐标系 $\{O; x, y, z\}$，原点位于屏幕客户区中心，$x$ 轴水平向右为正，$y$ 轴垂直向上为正，$z$ 轴垂直于屏幕指向观察者。

(2) 以原点为体心绘制透视投影立方体，立方体 8 个顶点的颜色分别为黑色、白色、红色、绿色、蓝色、黄色、品红色和青色。背景色为黑色，如图 12-1 所示。

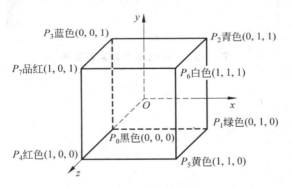

图 12-1　立方体模型

(3) 使用凸多面体消隐算法消隐，只绘制立方体的可见表面。
(4) 立方体的每个可见表面的内点根据 4 个顶点的颜色进行渐变填充。
(5) 使用鼠标左键缩小立方体，使用鼠标右键放大立方体，使用键盘方向键旋转立方体。
(6) 旋转视点生成立方体动画。设置动画按钮，播放或停止立方体动画。

## 12.3　效果图

绘制颜色渐变立方体效果如图 12-2 所示。

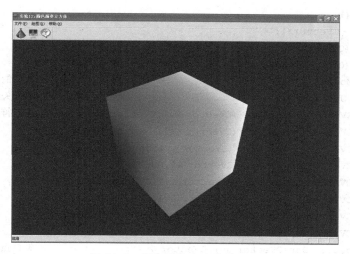

图 12-2　颜色渐变立方体效果图

# 12.4　实验准备

（1）在学习完主教材 9.3 节后,参考 10.1 节进行本实验。

（2）熟悉单线性颜色算法,进而使用两个单线性插值算法构造双线性插值算法。

（3）熟悉有效边表填充算法。

（4）熟悉双缓冲机制。

（5）熟悉透视投影变换技术。

（6）熟悉矢量的点积和叉积计算公式。

（7）熟悉键盘消息的响应方法。

（8）熟悉动画按钮弹起和按下的设置方式。

# 12.5　实验步骤

建立立方体的点表和面表,使用透视投影绘制立方体,使用凸多面体消隐算法对立方体进行背面剔除,使用有效边表算法对立方体的每个可见表面进行颜色渐变填充。旋转视点生成立方体动画。

## 12.5.1　定义矢量类 CVector

为了规范矢量的运算,定义了 CVector 类,重载了＋、－、＊、/、＋＝、－＝、＊＝、/＝运算符。成员函数 Dot()计算矢量点积、Mold()计算矢量的模、Unit()将矢量规范为单位矢量。

```
class CVector
{
public:
```

```cpp
    CVector();
    virtual ~CVector();
    CVector(CP3 p);
    CVector(CP3 p1,CP3 p2);
    double Mold();                                          //矢量的模
    CVector Unit();                                         //单位矢量
    friend CVector operator + (CVector &v1,CVector &v2);    //运算符重载
    friend CVector operator - (CVector &v1,CVector &v2);
    friend CVector operator * (CVector &v1,double k);
    friend CVector operator /(CVector &v,double k);
    friend CVector operator+= (CVector &v1,CVector &v2);
    friend CVector operator-= (CVector &v1,CVector &v2);
    friend CVector operator * = (CVector &v1,CVector &v2);
    friend CVector operator/= (CVector &v1,double k);
    friend double Dot(CVector &v1,CVector &v2);             //矢量点积
    friend CVector operator * (CVector &v1,CVector &v2);    //矢量叉积
public:
    double x,y,z;
};
CVector::CVector()
{
    x=0.0;
    y=0.0;
    z=0.0;
}
CVector::~CVector()
{
}
CVector::CVector(CP3 p)
{
    x=p.x;
    y=p.y;
    z=p.z;
}
CVector::CVector(CP3 p1,CP3 p2)
{
    x=p2.x-p1.x;
    y=p2.y-p1.y;
    z=p2.z-p1.z;
}
CVector CVector::Unit()                                     //单位矢量
{
    CVector vector;
    double product=sqrt(this->x * this->x+this->y * this->y+this->z * this->z);
    if(fabs(product)<1e-5)
        product=1.0;
    vector.x=this->x/product;
```

```cpp
        vector.y=this->y/product;
        vector.z=this->z/product;
        return vector;
    }
    double CVector::Mold()                              //矢量的模
    {
        double product=sqrt(this->x * this->x+this->y * this->y+this->z * this->z);
        return product;
    }
    CVector operator + (CVector &v1,CVector &v2)         //矢量的和
    {
        CVector vector;
        vector.x=v1.x+v2.x;
        vector.y=v1.y+v2.y;
        vector.z=v1.z+v2.z;
        return vector;
    }

    CVector operator - (CVector &v1,CVector &v2)         //矢量的差
    {
        CVector vector;
        vector.x=v1.x-v2.x;
        vector.y=v1.y-v2.y;
        vector.z=v1.z-v2.z;
        return vector;
    }
    CVector operator * (CVector &v,double k)             //矢量和常量的积
    {
        CVector vector;
        vector.x=v.x * k;
        vector.y=v.y * k;
        vector.z=v.z * k;
        return vector;
    }
    CVector operator /(CVector &v,double k)              //矢量数除
    {
        if(fabs(k)<1e-6)
            k=1.0;
        CVector vector;
        vector.x=v.x/k;
        vector.y=v.y/k;
        vector.z=v.z/k;
        return vector;
    }
    CVector operator += (CVector &v1,CVector &v2)        //+=运算符重载
    {
        v1.x=v1.x+v2.x;
        v1.y=v1.y+v2.y;
```

```
            v1.z=v1.z+v2.z;
            return v1;
    }
    CVector operator -= (CVector &v1,CVector &v2)          //-=运算符重载
    {
            v1.x=v1.x-v2.x;
            v1.y=v1.y-v2.y;
            v1.z=v1.z-v2.z;
            return v1;
    }
    CVector operator *= (CVector &v1,CVector &v2)          //*=运算符重载
    {
            v1.x=v1.x*v2.x;
            v1.y=v1.y*v2.y;
            v1.z=v1.z*v2.z;
            return v1;
    }
    CVector operator /= (CVector &v1,double k)             ///=运算符重载
    {
          v1.x=v1.x/k;
          v1.y=v1.y/k;
          v1.z=v1.z/k;
          return v1;
    }
    double Dot(CVector &v1,CVector &v2)                    //矢量的点积
    {
            return(v1.x*v2.x+v1.y*v2.y+v1.z*v2.z);
    }
    CVector operator *  (CVector &v1,CVector &v2)          //矢量的叉积
    {
            CVector vector;
            vector.x=v1.y*v2.z-v1.z*v2.y;
            vector.y=v1.z*v2.x-v1.x*v2.z;
            vector.z=v1.x*v2.y-v1.y*v2.x;
            return vector;
    }
```

## 12.5.2　定义颜色点类

(1) 定义二维颜色点类 CP2。二维颜色点包含点的坐标$(x,y)$和颜色$c$,将其绑定统一处理。

```
class CP2
{
public:
    CP2();
    virtual ~CP2();
```

```
        CP2(double x,double y);
        double x;
        double y;
        CRGB    c;
    };
```

（2）定义二维颜色点类 CPi2。立方体的每个表面使用在有效边表填充时，$y$ 值代表扫描线，所以将 CP2 类修正为 CPi2 类，表示 $y$ 坐标取整型。

```
    class CPi2
    {
    public:
        CPi2();
        virtual ~CPi2();
        CPi2(double x,int y);
        double x;
        int     y;
        CRGB    c;
    };
```

（3）定义三维颜色点类。立方体的几何模型使用包含顶点颜色的三维坐标点，从 CP2 类公有继承得到 CP3 类。

```
    class CP3:public CP2
    {
    public:
        CP3();
        virtual ~CP3();
        CP3(double x,double y,double z);
    public:
        double z;
    };
    CP3::CP3()
    {
        z=0.0;
    }
    CP3::~CP3()
    {
    }
    CP3::CP3(double x,double y,double z):CP2(x,y)
    {
        this->z=z;
    }
```

## 12.5.3  定义点表

立方体的每个顶点包括三维坐标和顶点的颜色。

```
void CTestView::ReadPoint()                                          //点表
{
    int a=160;                                                       //立方体的边长
    //顶点的三维坐标(x,y,z)、颜色 c
    P[0].x=-a;P[0].y=-a;P[0].z=-a;P[0].c=CRGB(0.0,0.0,0.0);          //黑色
    P[1].x=+a;P[1].y=-a;P[1].z=-a;P[1].c=CRGB(0.0,1.0,0.0);          //绿色
    P[2].x=+a;P[2].y=+a;P[2].z=-a;P[2].c=CRGB(0.0,1.0,1.0);          //青色
    P[3].x=-a;P[3].y=+a;P[3].z=-a;P[3].c=CRGB(0.0,0.0,1.0);          //蓝色
    P[4].x=-a;P[4].y=-a;P[4].z=+a;P[4].c=CRGB(1.0,0.0,0.0);          //红色
    P[5].x=+a;P[5].y=-a;P[5].z=+a;P[5].c=CRGB(1.0,1.0,0.0);          //黄色
    P[6].x=+a;P[6].y=+a;P[6].z=+a;P[6].c=CRGB(1.0,1.0,1.0);          //白色
    P[7].x=-a;P[7].y=+a;P[7].z=+a;P[7].c=CRGB(1.0,0.0,1.0);          //品红
}
```

### 12.5.4  定义面表

立方体的表面包括每个面的边数及其顶点索引号。顶点排列顺序应保持面的外法矢量方向向外,以利于凸多面体消隐。

```
void CTestView::ReadFacet()                                          //面表
{
    //面的边数、面的顶点编号
    F[0].SetNum(4);F[0].pI[0]=4;F[0].pI[1]=5;F[0].pI[2]=6;F[0].pI[3]=7;   //前面
    F[1].SetNum(4);F[1].pI[0]=0;F[1].pI[1]=3;F[1].pI[2]=2;F[1].pI[3]=1;   //后面
    F[2].SetNum(4);F[2].pI[0]=0;F[2].pI[1]=4;F[2].pI[2]=7;F[2].pI[3]=3;   //左面
    F[3].SetNum(4);F[3].pI[0]=1;F[3].pI[1]=2;F[3].pI[2]=6;F[3].pI[3]=5;   //右面
    F[4].SetNum(4);F[4].pI[0]=2;F[4].pI[1]=3;F[4].pI[2]=7;F[4].pI[3]=6;   //顶面
    F[5].SetNum(4);F[5].pI[0]=0;F[5].pI[1]=1;F[5].pI[2]=5;F[5].pI[3]=4;   //底面
}
```

### 12.5.5  绘制物体

使用双缓冲绘制立方体时,依次访问立方体的 6 个表面,对每个背面进行剔除,可见表面经过透视变换后使用 CFill 类对象绘制。

```
void CTestView::DrawObject(CDC* pDC)                                 //绘制立方体
{
    for(int nFacet=0;nFacet<6;nFacet++)
    {
        CVector V01(P[F[nFacet].pI[0]],P[F[nFacet].pI[1]]);          //面的边矢量
        CVector V02(P[F[nFacet].pI[0]],P[F[nFacet].pI[2]]);          //面的边矢量
        CVector VN=V01*V02;                                         //面的法矢量
        CVector VS(P[F[nFacet].pI[0]],ViewPoint);                   //面的视矢量
        if(Dot(VS,VN)>=0)                                           //背面剔除
        {
            CP2 ScreenP;                                            //屏幕坐标系的二维坐标点
            CPi2 Point[4];                                          //透视投影后面的二维顶点数组
```

```
        for(int nPoint=0;nPoint<F[nFacet].pNum;nPoint++)      //顶点循环
        {
            ScreenP=PerProject(P[F[nFacet].pI[nPoint]]);      //透视投影
            Point[nPoint].x=ScreenP.x;
            Point[nPoint].y=ROUND(ScreenP.y);
            Point[nPoint].c=ScreenP.c;
        }
        CFill * fill=new CFill;                               //动态分配内存
        fill->SetPoint(Point,4);                              //初始化 Fill 对象
        fill->CreateBucket();                                 //建立桶表
        fill->CreateEdge();                                   //建立边表
        fill->Gouraud(pDC);                                   //颜色渐变填充面片
        delete fill;                                          //撤销内存
    }
  }
}
```

### 12.5.6 颜色渐变有效边表填充算法

与实验 3 的有效边表填充算法相比,本实验的颜色渐变有效边表填充算法在 CAET 类中增加了起点和终点,用于根据四边形表面的顶点颜色调用两次 Interpolation()函数,进行双线性插值得到表面内任一点的颜色,从而使得四边形表面内部颜色过渡平滑。

(1) 定义边结点类。

```
class CAET
{
public:
    CAET();
    virtual ~CAET();
public:
    double x;                                                //当前 x
    int     yMax;                                            //边的最大 y 值
    double k;                                                //斜率的倒数(x 的增量)
    CPi2    pb;                                              //起点
    CPi2    pe;                                              //终点
    CAET    * next;
};
```

(2) 定义桶结点类。

```
class CBucket
{
public:
    CBucket();
    virtual ~CBucket();
public:
    int     ScanLine;
```

```
        CAET    * pET;
        CBucket * next;
};
```

（3）定义填充多边形类。

① 填充类头文件 Fill.h：

```
class CFill
{
public:
    CFill();
    virtual ~CFill();
    void SetPoint(CPi2 * p,int);                              //类的初始化
    void CreateBucket();                                      //创建桶
    void CreateEdge();                                        //边表
    void AddEt(CAET * );                                      //合并 ET 表
    void EtOrder();                                           //ET 表排序
    void Gouraud(CDC * );                                     //填充多边形
CRGB Interpolation(double,double,double,CRGB,CRGB);           //线性插值
void ClearMemory();                                          //清理内存
    void DeleteAETChain(CAET * pAET);                         //删除边表
protected:
    int     PNum;                                             //顶点个数
    CPi2    * P;                                              //顶点坐标动态数组
    CAET    * pHeadE, * pCurrentE, * pEdge;                   //有效边表结点指针
    CBucket * pHeadB, * pCurrentB;                            //桶表结点指针
};
```

② 填充类源文件 Fill.cpp：

```
CFill::CFill()
{
    PNum=0;
    P=NULL;
    pEdge=NULL;
    pHeadB=NULL;
    pHeadE=NULL;
}
CFill::~CFill()
{
    if(P!=NULL)
    {
        delete[] P;
        P=NULL;
    }
    ClearMemory();
}
void CFill::SetPoint(CPi2 * p,int m)
```

```
    {
        P=new CPi2[m];                              //创建一维动态数组
        for(int i=0;i<m;i++)
        {
            P[i]=p[i];
        }
        PNum=m;
    }
    void CFill::CreateBucket()                      //创建桶表
    {
        int yMin,yMax;
        yMin=yMax=P[0].y;
        for(int i=0;i<PNum;i++)                     //查找多边形所覆盖的最小和最大扫描线
        {
            if(P[i].y<yMin)
            {
                yMin=P[i].y;                        //扫描线的最小值
            }
            if(P[i].y>yMax)
            {
                yMax=P[i].y;                        //扫描线的最大值
            }
        }
        for(int y=yMin;y<=yMax;y++)
        {
        if(yMin==y)                                 //如果是扫描线的最小值
        {
            pHeadB=new CBucket;                      //建立桶的头结点
            pCurrentB=pHeadB;                        //pCurrentB 为 CBucket 当前结点指针
            pCurrentB->ScanLine=yMin;
            pCurrentB->pET=NULL;                     //没有链接边表
            pCurrentB->next=NULL;
        }
        else                                         //其他扫描线
        {
            pCurrentB->next=new CBucket;             //建立桶的其他结点
            pCurrentB=pCurrentB->next;
            pCurrentB->ScanLine=y;
            pCurrentB->pET=NULL;
            pCurrentB->next=NULL;
        }
        }
    }
    void CFill::CreateEdge()                         //创建边表
    {
```

```
for(int i=0;i<PNum;i++)
{
    pCurrentB=pHeadB;
    int j=(i+1)%PNum;                                    //边的第2个顶点,P[i]和P[j]点对构成边
    if(P[i].y<P[j].y)                                    //边的终点比起点高
    {
        pEdge=new CAET;
        pEdge->x=P[i].x;                                 //计算ET表的值
        pEdge->yMax=P[j].y;
        pEdge->k=(P[j].x-P[i].x)/(P[j].y-P[i].y);        //代表1/k
        pEdge->pb=P[i];                                  //绑定顶点和颜色
        pEdge->pe=P[j];
        pEdge->next=NULL;
        while(pCurrentB->ScanLine!=P[i].y)               //在桶内寻找当前边的yMin
        {
            pCurrentB=pCurrentB->next;                   //移到yMin所在的桶结点
        }
    }
    if(P[j].y<P[i].y)                                    //边的终点比起点低
    {
        pEdge=new CAET;
        pEdge->x=P[j].x;
        pEdge->yMax=P[i].y;
        pEdge->k=(P[i].x-P[j].x)/(P[i].y-P[j].y);
        pEdge->pb=P[i];
        pEdge->pe=P[j];
        pEdge->next=NULL;
        while(pCurrentB->ScanLine!=P[j].y)
        {
            pCurrentB=pCurrentB->next;
        }
    }
    if(P[i].y!=P[j].y)
    {
        pCurrentE=pCurrentB->pET;
        if(pCurrentE==NULL)
        {
            pCurrentE=pEdge;
            pCurrentB->pET=pCurrentE;
        }
        else
        {
            while(pCurrentE->next!=NULL)
            {
                pCurrentE=pCurrentE->next;
```

```
                    }
                    pCurrentE->next=pEdge;
                }
            }
        }
}
void CFill::Gouraud(CDC * pDC)                    //填充多边形
{
    CAET * pT1=NULL, * pT2=NULL;
    pHeadE=NULL;
    for(pCurrentB=pHeadB;pCurrentB!=NULL;pCurrentB=pCurrentB->next)
    {
        for(pCurrentE=pCurrentB->pET;pCurrentE!=NULL;pCurrentE=pCurrentE->
        next)
        {
            pEdge=new CAET;
            pEdge->x=pCurrentE->x;
            pEdge->yMax=pCurrentE->yMax;
            pEdge->k=pCurrentE->k;
            pEdge->pb=pCurrentE->pb;
            pEdge->pe=pCurrentE->pe;
            pEdge->next=NULL;
            AddEt(pEdge);
        }
        EtOrder();
        pT1=pHeadE;
        if(pT1==NULL)
        {
            return;
        }
        while(pCurrentB->ScanLine>=pT1->yMax)      //下闭上开
        {
            CAET * pAETTEmp=pT1;
            pT1=pT1->next;
            delete pAETTEmp;
            pHeadE=pT1;
            if(pHeadE==NULL)
                return;
        }
        if(pT1->next!=NULL)
        {
            pT2=pT1;
            pT1=pT2->next;
        }
        while(pT1!=NULL)
        {
            if(pCurrentB->ScanLine>=pT1->yMax)          //下闭上开
```

```
        {
            CAET * pAETTemp =pT1;
            pT2->next=pT1->next;
            pT1=pT2->next;
            delete pAETTemp;
        }
        else
        {
            pT2=pT1;
            pT1=pT2->next;
        }
    }
    CRGB Ca,Cb,Cf;                  //Ca、Cb 代表边上任意点的颜色,Cf 代表面上任意点的颜色
    Ca=Interpolation(pCurrentB->ScanLine,pHeadE->pb.y,pHeadE->pe.y,
            pHeadE->pb.c,pHeadE->pe.c);
    Cb=Interpolation(pCurrentB->ScanLine,pHeadE->next->pb.y,
            pHeadE->next->pe.y,pHeadE->next->pb.c,pHeadE->next->pe.c);
    BOOL Flag=FALSE;
    double xb,xe;                   //扫描线和有效边相交区间的起点和终点坐标
    for(pT1=pHeadE;pT1!=NULL;pT1=pT1->next)
    {
        if(Flag==FALSE)
        {
            xb=pT1->x;
            Flag=TRUE;
        }
        else
        {
            xe=pT1->x;
            for(double x=xb;x<xe;x++)                //左闭右开
            {
                Cf=Interpolation(x,xb,xe,Ca,Cb);
                pDC->SetPixel(ROUND(x),pCurrentB->ScanLine,
                            RGB(Cf.red*255,Cf.green*255,Cf.blue*255));
            }
            Flag=FALSE;
        }
    }
    for(pT1=pHeadE;pT1!=NULL;pT1=pT1->next)          //边的连续性
    {
        pT1->x=pT1->x+pT1->k;
    }
    }
}
void CFill::AddEt(CAET * pNewEdge)                    //合并 ET 表
{
    CAET * pCE=pHeadE;
```

```
        if(pCE==NULL)
        {
            pHeadE=pNewEdge;
            pCE=pHeadE;
        }
        else
        {
            while(pCE->next!=NULL)
            {
                pCE=pCE->next;
            }
            pCE->next=pNewEdge;
        }
}
void CFill::EtOrder()                        //边表的冒泡排序算法
{
    CAET * pT1=NULL, * pT2=NULL;
    int Count=1;
    pT1=pHeadE;
    if(NULL==pT1)
    {
        return;
    }
    if(NULL==pT1->next)                       //如果该 ET 表没有再连 ET 表
    {
        return;                              //桶结点只有一条边,不需要排序
    }
    while(NULL!=pT1->next)                    //统计结点的个数
    {
        Count++;
        pT1=pT1->next;
    }
    for(int i=1;i<Count;i++)                  //冒泡排序
    {
        pT1=pHeadE;
        if(pT1->x>pT1->next->x)               //按 x 由小到大排序
        {
            pT2=pT1->next;
            pT1->next=pT1->next->next;
            pT2->next=pT1;
            pHeadE=pT2;
        }
        else
        {
            if(pT1->x==pT1->next->x)
            {
                if(pT1->k>pT1->next->k)        //按斜率由小到大排序
```

```
                {
                    pT2=pT1->next;
                    pT1->next=pT1->next->next;
                    pT2->next=pT1;
                    pHeadE=pT2;
                }
            }
        }
        pT1=pHeadE;
        while(pT1->next->next!=NULL)
        {
            pT2=pT1;
            pT1=pT1->next;
            if(pT1->x>pT1->next->x)                    //按 x 由小到大排序
            {
                pT2->next=pT1->next;
                pT1->next=pT1->next->next;
                pT2->next->next=pT1;
                pT1=pT2->next;
            }
            else
            {
                if(pT1->x==pT1->next->x)
                {
                    if(pT1->k>pT1->next->k)            //按斜率由小到大排序
                    {
                        pT2->next=pT1->next;
                        pT1->next=pT1->next->next;
                        pT2->next->next=pT1;
                        pT1=pT2->next;
                    }
                }
            }
        }
    }
}
CRGB CFill::Interpolation(double t,double t1,double t2,CRGB c1,CRGB c2)
                                                       //线性插值
{
    CRGB c;
    c=(t-t2)/(t1-t2) * c1+(t-t1)/(t2-t1) * c2;
    return c;
}
void CFill::ClearMemory()                              //安全删除所有桶和桶上面的边
{
    DeleteAETChain(pHeadE);
    CBucket * pBucket=pHeadB;
```

```
    while (pBucket !=NULL)                         // 针对每一个桶
    {
        CBucket * pBucketTemp=pBucket->next;
        DeleteAETChain(pBucket->pET);
        delete pBucket;
        pBucket=pBucketTemp;
    }
    pHeadB=NULL;
    pHeadE=NULL;
}
void CFill::DeleteAETChain(CAET * pAET)
{
    while (pAET!=NULL)
    {
        CAET * pAETTemp=pAET->next;
        delete pAET;
        pAET=pAETTemp;
    }
}
```

### 12.5.7　写出实验报告

结合实验步骤,写出实验报告,同时完整给出 CVector 类和 CTestView 类的头文件和源文件。

# 12.6　思考与练习

**1. 实验总结**

(1)本实验使用了凸多面体消隐算法对立方体表面消隐,实际上每次绘制的立方体可见表面只有 3 个。因此凸多面体消隐算法也被称为背面剔除算法。

(2)本实验使用的立方体几何模型和实验 6、实验 7 使用的立方体几何模型一致,只是新增了 8 个顶点的颜色。

(3)本实验新增了 CVector 类用于处理矢量。

(4)本实验使用 Interpolation()函数计算四边形表面内的任一点颜色,每个四边形面片可以划分为两个三角形面片。对于每个三角形面片,先插值出扫描线与三角形两条相邻边上的交点颜色,再据此插值出扫描线上任一点的颜色。更详细的说明,请参考实验 3 的拓展练习部分。

(5)由于播放立方体旋转动画,本实验给出的颜色渐变填充有效边表算法需要满足立方体动态旋转的要求。

(6)本实验建立了基本三维场景,能实现三维物体的透视、消隐和颜色渐变。基本三维场景采用的是透视投影,且物体不动,视点旋转。在此基础上,物体动画修改为视点不动、物体旋转,同时加入光照模型后就可以建立光照三维场景。光照三维场景的建立方法将在实验 14 中给出。

**2. 拓展练习**

（1）给定正八面体 6 个顶点的颜色分别为白色、红色、绿色、黄色、蓝色和青色，请在三维场景中绘制颜色渐变动态消隐正八面体，如图 12-3 所示。

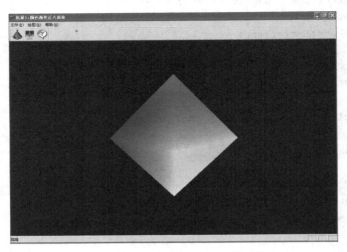

图 12-3　颜色渐变正八面体表面模型效果图

（2）给定立方体 6 个面的颜色分别为品红、红色、绿色、黄色、蓝色和青色，请在三维场景中按面填充方式绘制立方体刻面模型，如图 12-4 所示。

（3）在一个立方体的相对两个面上，取两条不共面的面对角线 $P_0P_7$ 和 $P_2P_5$，再将这两条对角线的 4 个端点两两相连，便得到一个正四面体 $P_0P_2P_7P_5$，称立方体为所得正四面体的伴随立方体，如图 12-5 所示。正四面体的外接球和其伴随立方体的外接球是同一个球；正四面体外接球的直径就是立方体的对角线（不是面的对角线，而是体的对角线）。

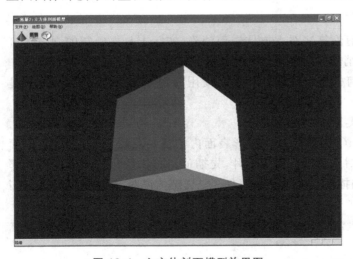

图 12-4　立方体刻面模型效果图

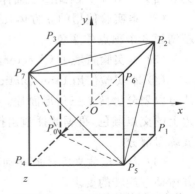

图 12-5　正四面体的伴随正方体

在正四面体中心处建立三维坐标系，可以计算出 4 个顶点坐标如下。

$$P_2\left(\frac{\sqrt{3}}{3}r,\frac{\sqrt{3}}{3}r,-\frac{\sqrt{3}}{3}r\right),P_5\left(\frac{\sqrt{3}}{3}r,-\frac{\sqrt{3}}{3}r,\frac{\sqrt{3}}{3}r\right),P_7\left(-\frac{\sqrt{3}}{3}r,\frac{\sqrt{3}}{3}r,\frac{\sqrt{3}}{3}r\right),P_0\left(-\frac{\sqrt{3}}{3}r,-\frac{\sqrt{3}}{3}r,-\frac{\sqrt{3}}{3}r\right).$$

表面 $F_0$ 的顶点索引号为 275，表面 $F_1$ 的顶点索引号为 057，表面 $F_2$ 的顶点索引号为 025，表面 $F_3$ 的顶点索引号为 072。

正四面体的体心位于屏幕中心，请在三维场景中绘制消隐线模型，如图 12-6 所示。

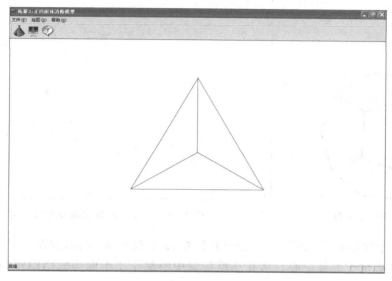

图 12-6　正四面体消隐模型效果图

（4）正四面体的体心位于屏幕中心，4 个顶点的颜色分别为红色、绿色、黄色和蓝色。请在三维场景中绘制颜色渐变模型，如图 12-7 所示。

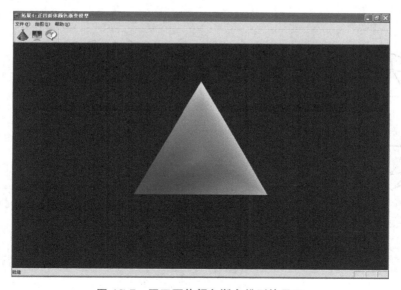

图 12-7　正四面体颜色渐变模型效果图

（5）正十二面体由 12 个正五边形构成，有 20 个顶点 12 个面，如图 12-8 所示。设正十二面体的体心位于屏幕中心。请在三维场景中绘制正十二面体的消隐模型，如图 12-9 所示。

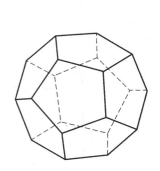

图 12-8　正十二面体

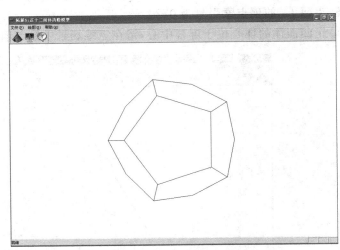

图 12-9　正十二面体消隐模型效果图

（6）正二十面体由 20 个等边三角形构成，有 12 个顶点 20 个面，如图 12-10 所示。设正二十面体的体心位于屏幕中心。请在三维场景中绘制正二十面体的消隐模型，如图 12-11 所示。

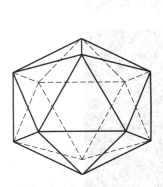

图 12-10　正二十面体

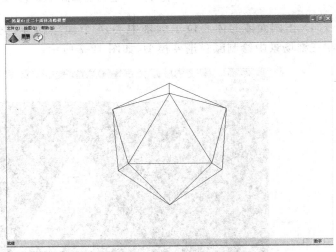

图 12-11　正二十面体消隐模型效果图

# 实验 13　地理划分线框球

## 13.1　实验目的

掌握球体地理划分法。

## 13.2　实验要求

(1) 建立三维坐标系$\{O;x,y,z\}$，原点位于屏幕客户区中心，$x$轴水平向右为正，$y$轴垂直向上为正，$z$轴垂直于屏幕指向观察者。

(2) 球体中心位于坐标系原点，使用地理划分法绘制球体线框模型。

(3) 使用点表和面表构造球体数据文件。

(4) 使用凸多面体消隐算法对球体线框模型进行消隐。

(5) 使用键盘方向键旋转球体。

(6) 使用动画按钮，播放或停止球体动画。

## 13.3　效果图

绘制的地理划分使用线框球效果如图 13-1 所示。

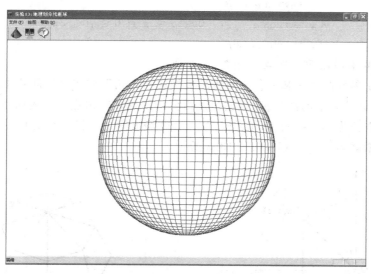

图 13-1　地理划分线框球效果图

## 13.4　实验准备

（1）在学习完主教材 9.3 节后，进行本实验。

（2）熟悉曲面体细分算法。

（3）熟悉凸多面体消隐算法。

（4）熟悉动画按钮弹起和按下的设置方式。

## 13.5　实验步骤

建立球体的线框模型，将球体北极和南极划分为三角形面片，其余部分划分为四边形面片，通过计算每个面片的法矢量和视矢量的夹角来判断其可见性。

### 13.5.1　球体几何模型

球体是一个三维二次曲面体，可以使用经纬线划分为若干小面片，这些小面片被称为经纬区域。北极和南极区域用三角形面片逼近，其他区域用四边形面片逼近。由于球体属于凸多面体，可以使用凸多面体消隐算法消隐，即利用面片的外法矢量和视矢量的数量积来进行面片可见性检测。

定义球体的建模坐标系如图 13-2 所示。与真实地理划分不同的是，余纬度角 $\alpha$ 是从北向南递增的，即在北极点纬度为 $0°$，在南极点纬度为 $180°$（地球的赤道上纬度为 $0°$，北极为北纬 $90°$，南极为南纬 $90°$，所以 $\alpha$ 被称为余纬度）。

球面坐标表示为

$$\begin{cases} x = r\sin\alpha\sin\beta \\ y = r\cos\alpha \\ z = r\sin\alpha\cos\beta \end{cases}, \quad 0 \leqslant \alpha \leqslant \pi \text{ 且 } 0 \leqslant \beta \leqslant 2\pi$$

式中，$r$ 为球体的半径，$\alpha$ 和 $\beta$ 的含义如图 13-2 所示。

球面可用 $\alpha$ 参数曲线簇和 $\beta$ 参数曲线簇所构成的三角形或四边形面片来逼近表示。面片消隐时，需要计算其上的法矢量，也就是说需要构造球体的顶点表和表面表。

假定将球划分为 $N_1 = 4$ 个纬度区域，$N_2 = 8$ 个经度区域。则纬度方向的角度增量和经度方向的角度增量为 $\alpha = \beta = 45°$，如图 13-3 所示。

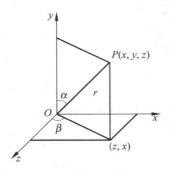

图 13-2　球体的建模坐标系

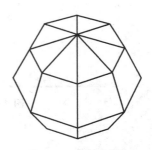

图 13-3　示例球体

## 1. 构造顶点表

此时球体共有$(N_1-1)\times N_2+2=26$个顶点(Vertex)。顶点索引号为0~25。北极点序号为0,然后从$z$轴正向开始,逆时针方向确定位于第一条纬线上与各条经线相交的点,如图13-4和图13-5所示,最后一个顶点为南极点。北极点坐标为$V_0(0,r,0)$,南极点坐标为$V_{25}(0,-r,0)$。

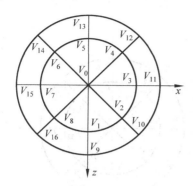

图 13-4 北半球顶点编号

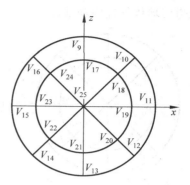

图 13-5 南半球顶点编号

代码如下:

```
void CTestView::ReadVertex()                              //读入点坐标
{
    int gafa=4,gbeta=4;                                   //面片夹角
    N1=180/gafa,N2=360/gbeta;                             //N1 为纬度区域,N2 为经度区域
    V=new CP3[(N1-1) * N2+2];                             //P 为球的顶点
    //纬度方向除南北极点外有"N1-1"个点,"2"代表南北极两个点
    double gafa1,gbeta1,r=300;                            //r 为球体半径
    //计算北极点坐标
    V[0].x=0,V[0].y=r,V[0].z=0;
    //按行循环计算球体上的点坐标
    for(int i=0;i<N1-1;i++)
    {
        gafa1=(i+1) * gafa * PI/180;
        for(int j=0;j<N2;j++)
        {
            gbeta1=j * gbeta * PI/180;
            V[i * N2+j+1].x=r * sin(gafa1) * sin(gbeta1);
            V[i * N2+j+1].y=r * cos(gafa1);
            V[i * N2+j+1].z=r * sin(gafa1) * cos(gbeta1);
        }
    }
    //计算南极点坐标
    V[(N1-1) * N2+1].x=0,V[(N1-1) * N2+1].y=-r,V[(N1-1) * N2+1].z=0;
}
```

## 2. 构造面片表

面片（Patch）用二维数组表示，第一维按纬度自北极向南极增加的方向定义，第二维在同一纬度带上从 $z$ 轴正向开始，按逆时针方向定义。首先定义北极圈内的三角形面片，$P_{00} \sim P_{07}$。其次定义两极以外球体上的四边形面片，$P_{10} \sim P_{17}$、$P_{20} \sim P_{27}$。最后定义南极圈内的三角形面片 $P_{30} \sim P_{37}$，如图 13-6 和图 13-7 所示。所有面片的顶点排列顺序应以小面的法线指向球体外部为基准。

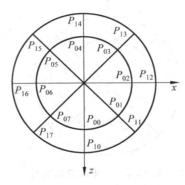

图 13-6　北半球面片编号

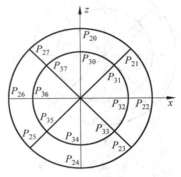

图 13-7　南半球面片编号

代码如下：

```
void CTestView::ReadPatch()                                    //读入面表
{
    //设置二维动态数组
    P=new CPatch * [N1];                                       //设置行,P 为球的小面
    for(int n=0;n<N1;n++)
        P[n]=new CPatch[N2];                                   //设置列
    for(int j=0;j<N2;j++)                                      //构造北极三角形小面
    {
        int tempj=j+1;
        if(tempj==N2) tempj=0;                                 //面片的首尾连接
        int NorthIndex[3];                                     //北极三角形小面索引号数组
        NorthIndex[0]=0;
        NorthIndex[1]=j+1;
        NorthIndex[2]=tempj+1;
        P[0][j].SetNum(3);
        for(int k=0;k<P[0][j].vNum;k++)
                P[0][j].vI[k]=NorthIndex[k];
        P[0][j].SetNormal(V[NorthIndex[0]],V[NorthIndex[1]],
                V[NorthIndex[2]]);                             //计算小面法矢量
    }
    for(int i=1;i<N1-1;i++)                                    //构造球体四边形小面
        for(int j=0;j<N2;j++)
        {
            int tempi=i+1;
```

```
                int tempj=j+1;
                if(tempj==N2) tempj=0;
                int BodyIndex[4];                       //球体四边形小面索引号数组
                BodyIndex[0]=(i-1)*N2+j+1;
                BodyIndex[1]=(tempi-1)*N2+j+1;
                BodyIndex[2]=(tempi-1)*N2+tempj+1;
                BodyIndex[3]=(i-1)*N2+tempj+1;
                P[i][j].SetNum(4);
                for(int k=0;k<P[i][j].vNum;k++)
                    P[i][j].vI[k]=BodyIndex[k];
                P[i][j].SetNormal(V[BodyIndex[0]],V[BodyIndex[1]],
                            V[BodyIndex[2]]);            //计算小面法矢量
            }
        for(j=0;j<N2;j++)                                //构造南极三角形小面
        {
            int tempj=j+1;
            if(tempj==N2) tempj=0;
            int SouthIndex[3];                           //南极三角形小面索引号数组
            SouthIndex[0]=(N1-2)*N2+j+1;
            SouthIndex[1]=(N1-1)*N2+1;
            SouthIndex[2]=(N1-2)*N2+tempj+1;
            P[N1-1][j].SetNum(3);
            for(int k=0;k<P[N1-1][j].vNum;k++)
                P[N1-1][j].vI[k]=SouthIndex[k];
            P[N1-1][j].SetNormal(V[SouthIndex[0]],V[SouthIndex[1]],
                        V[SouthIndex[2]]);               //计算小面法矢量
        }
    }
```

## 13.5.2 绘制球体

先根据视点的位置计算视矢量,再计算每个面的法矢量,当二者的数量积大于等于 0
时,绘制出该面片。根据每个面片的边数来判断是绘制三角形面片还是四边形面片,调用
CLine 类的成员函数绘制面片边线。

```
void CTestView::DrawObject(CDC * pDC)                   //绘制球体
{
    CLine * line=new CLine;
    CP2 ScreenP;                                        //屏幕坐标系的二维坐标点
    CP2 Point3[3],t3;                                   //南北极顶点数组
    CP2 Point4[4],t4;                                   //球体顶点数组
    for(int i=0;i<N1;i++)
    {
        for(int j=0;j<N2;j++)
```

```
    {
        CVector VS(V[P[i][j].vI[0]],ViewPoint);    //面的视矢量
        if(Dot(VS,P[i][j].patchNormal)>=0)          //背面剔除
        {
            if(P[i][j].vNum==3)                       //三角形面片
            {
                for(int m=0;m<P[i][j].vNum;m++)
                {
                    ScreenP=PerProject(V[P[i][j].vI[m]]);
                    Point3[m]=ScreenP;
                }
                for(int n=0;n<3;n++)
                {
                    if(0==n)
                    {
                        line->MoveTo(pDC,Point3[n]);
                        t3=Point3[n];
                    }
                    else
                        line->LineTo(pDC,Point3[n]);
                }
                line->LineTo(pDC,t3);                 //闭合多边形
            }
            else                                      //四边形面片
            {
                for(int m=0;m<P[i][j].vNum;m++)
                {
                    ScreenP=PerProject(V[P[i][j].vI[m]]);
                    Point4[m]=ScreenP;
                }

                for(int n=0;n<4;n++)
                {
                    if(0==n)
                    {
                        line->MoveTo(pDC,Point4[n]);
                        t4=Point4[n];
                    }
                    else
                        line->LineTo(pDC,Point4[n]);
                }
                line->LineTo(pDC,t4);                 //闭合多边形
            }
        }
    }
```

```
        }
    }
    delete line;
}
```

### 13.5.3 写出实验报告

结合实验步骤,写出实验报告,同时完整给出 CTestView 类的头文件和源文件。

# 13.6 思考与练习

### 1. 实验总结

（1）本实验使用余纬度描述了球体的参数方程,也可以使用纬度来描述,如图 13-8 所示。

球面坐标表示为

$$\begin{cases} x = r\cos \alpha\sin \beta \\ y = r\sin \alpha \\ z = r\cos \alpha\cos \beta \end{cases}, \quad -\frac{\pi}{2} \leqslant \alpha \leqslant \frac{\pi}{2} \text{ 且} -\pi \leqslant \beta \leqslant \pi$$

（2）本实验使用了地理划分法对球体进行了网格划分,使用平面片逼近曲面片。由于地理划分法预先定义了球体的南北极,使得靠近"南北极"的地方三角形面片变小,有聚集的趋势,而靠近"赤道"的地方三角形面片变大,有扩散的趋势。当球体旋转时,就会露出南北极,影响球体的美观,如图 13-9 所示。

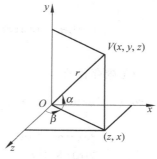

图 13-8 球体坐标系图

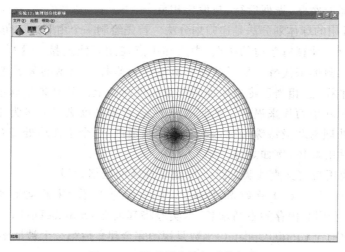

图 13-9 地理划分线框球的极点

（3）为防止内存泄漏,本实验对内存进行了清理。内存泄漏主要是由于使用动态数组造成的,使用 new 运算符在堆区动态分配内存后,要使用 delete 运算符释放。

对于球的顶点一维数组 $V$,动态内存分配:

```
V=new CP3[(N1-1) * N2+2];
```

动态内存释放:

```
delete[] V;
```

两式中的方括号是非常重要的,两者必须配对使用,如果 delete 语句中少了方括号,编译器认为该指针是指向数组第一个元素的指针,会产生回收不彻底的问题(只回收了第一个元素所占空间),加了方括号就转化为指向数组的指针,回收整个数组。delete［］的方括号中不需要填数组元素数,即使写了,编译器也会忽略。

对于球体表面二维动态数组 F,动态内存分配:

```
P=new CPatch * [N1];                          //设置行
    for(int n=0;n<N1;n++)
    {
        P[n]=new CPatch[N2];                  //设置列
    }
```

动态内存释放:

```
for(int n=0;n<N1;n++)
    {
        delete[] P[n];
        P[n]=NULL;
    }
    delete[] P;
```

请注意内存释放次序,先列后行,与设置相反。

(4)另一种常用的球体划分法是递归划分法。首先绘制一个由等边三角形构成的正二十面体,对每个三角形,计算每条边的中点,中点和中点使用直线连接。这样一个三角形小面就由 4 个更小的三角形来代替。最后把新生成的顶点坐标所表示的矢量进行单位化,并将此矢量乘以球的半径,这相当于将新增加的顶点拉到球面上。其结果是球不再是用 20 个面片来逼近,而是用 80 个面片来逼近。如此细分下去,直到精度满足要求为止。很显然,用递归划分法不需要处理南北极特殊情况。此时不存在两极,每个小面均处于对等状态,特别适宜于制作各向同性的球体,例如足球。

(5)本实验使用自定义直线类 CLine 绘制了球体的网格边线。

(6)因为 ReadVertex()函数和 ReadPatch()函数中使用了动态数组,如果放在 DoubleBuffer()中,会引起内存的不断增长,本实验将其放在 OnInitialUpdate 消息的响应函数 OnInitialUpdate()中。OnInitialUpdate()函数是视图完全建立后第一个被框架调用的函数。

**2. 拓展练习**

(1)使用反走样直线类 CALine 绘制反走样线框球,如图 13-10 所示。

(2)在正四面体的基础上,使用递归划分法,设置递归深度为 4,绘制如图 13-11 所示的球体线框模型。

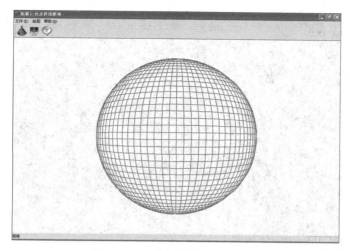

图 13-10　反走样线框球效果图

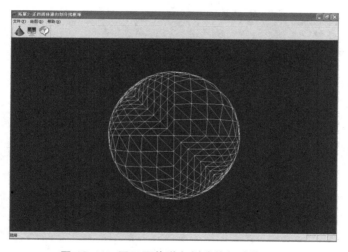

图 13-11　正四面体递归划分线框球效果图

（3）在正八面体的基础上，使用递归划分法，设置递归深度为 4，绘制如图 13-12 所示的球体线框模型。

（4）在正二十面体的基础上，使用递归划分法，递归深度为 3，绘制如图 13-13 所示的球体线框模型。

（5）椭球面可以看作球面的扩展，三条相互垂直的半径具有不同的值，如图 13-14 所示。直角方程为

$$\left(\frac{x}{r_x}\right)^2 + \left(\frac{y}{r_y}\right)^2 + \left(\frac{y}{r_z}\right)^2 = 1$$

使用余纬度角 $\alpha$ 和经度角 $\beta$ 表示的参数方程为

$$\begin{cases} x = r_x \sin \alpha \sin \beta \\ y = r_y \cos \alpha \\ z = r_z \sin \alpha \cos \beta \end{cases}, \quad 0 \leqslant \alpha \leqslant \pi, 0 \leqslant \beta \leqslant 2\pi$$

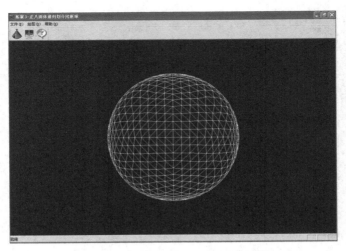

图 13-12　正八面体递归划分线框球效果图

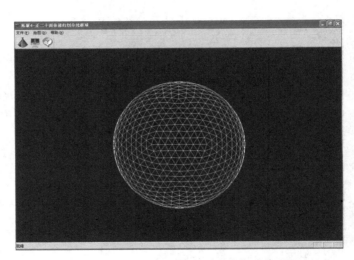

图 13-13　正二十面体递归划分线框球效果图

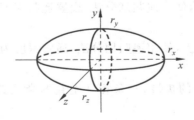

图 13-14　中心在原点半径为 $r_x$、
$r_y$、$r_z$ 的椭球体

编程绘制椭球体地理划分线框模型,如图 13-15 所示。

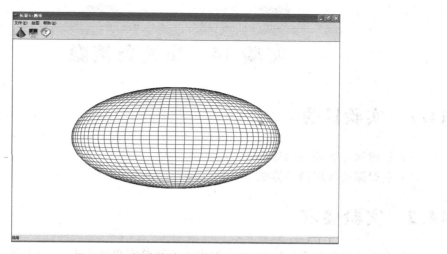

图 13-15　椭球体地理划分线框模型图

# 实验 14  交叉条消隐

## 14.1  实验目的

(1) 掌握深度缓冲消隐算法。
(2) 掌握深度排序消隐算法。

## 14.2  实验要求

(1) 建立三维坐标系 $\{O;x,y,z\}$，原点位于屏幕客户区中心，$x$ 轴水平向右为正，$y$ 轴垂直向上为正，$z$ 轴垂直于屏幕指向观察者。

(2) 在原点的上、下、左、右位置绘制 4 个矩形条，每个条各使用一种颜色表示，上条为红色、下条为黄色、左条为绿色、右条为蓝色。屏幕背景色为黑色。

(3) 如果 4 个条彼此交叉，即上条的左端深度高于右端深度，下条的左端深度低于右端深度，左条的上端深度低于下端深度，右条的上端深度高于下端深度时，使用深度缓冲算法消隐。

(4) 如果 4 个条两两平行，4 个条的深度值彼此不同，但每个条上 4 个顶点具有统一的深度值，使用深度排序算法消隐。

(5) 假设视点位于屏幕正前方。

(6) 在工具条上设置控制按钮，当按钮弹起时启用深度缓冲，按钮按下时禁用深度缓冲。

(7) 当启用深度缓冲消隐算法时，绘制 4 个交叉条。当禁用深度缓冲消隐算法时，按每个条深度排序结果从小到大，绘制 4 个叠加条。

## 14.3  效果图

绘制的启用深度缓冲交叉条消隐效果如图 14-1 所示，绘制的禁用深度缓冲交叉条消

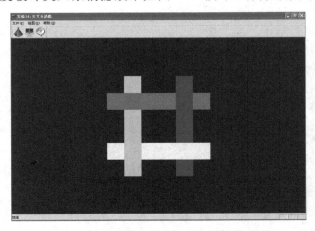

图 14-1  启用深度缓冲交叉条消隐效果图

隐效果如图 14-2 所示。

图 14-2　禁用深度缓冲交叉条消隐效果图

# 14.4　实验准备

（1）在学习完主教材 9.4 节后，进行本实验。
（2）熟悉有效边表填充算法。
（3）熟悉冒泡排序算法。
（4）熟悉控制按钮弹起和按下的设置方式。

# 14.5　实验步骤

本实验的消隐需要考虑每个条的深度值。当 4 个条彼此交叉时，使用深度缓冲算法消隐，绘制结果为交叉条；当 4 个条彼此平行时，使用深度排序算法消隐，绘制结果为叠加条。每个条的颜色填充使用有效边表算法实现。

## 14.5.1　交叉条数学模型

交叉条由上条、下条、左条和右条交叉构成，如图 14-3 所示。上条编号为 0，颜色为红色；下条编号为 1，颜色为黄色；左条编号为 2，颜色为绿色；右条编号为 3，颜色为蓝色。图中 $b=a,c=2a$。每个条左上角点编号为 0、左下角点编号为 1，右下角点编号为 2，右上角点编号为 3。则上条的 4 个顶点编号为 $P_{00}$、$P_{01}$、$P_{02}$、$P_{03}$；下条的 4 个顶点编号为 $P_{10}$、$P_{11}$、$P_{12}$、$P_{13}$；左条的 4 个顶点编号为 $P_{20}$、$P_{21}$、$P_{22}$、$P_{23}$；右条的 4 个顶点编号为 $P_{30}$、$P_{31}$、$P_{32}$、$P_{33}$。为了实现 4 个条交叉叠压，设上条的 $P_{00}$ 和 $P_{01}$ 点的深度为 $d(d>0)$，$P_{02}$ 和 $P_{03}$ 点的深度为 $-d$；下条的 $P_{10}$ 和 $P_{11}$ 点的深度为 $-d$，$P_{12}$ 和 $P_{13}$ 点的深度为 $d$；左条的 $P_{20}$ 和 $P_{23}$ 点的深度为 $-d$，$P_{21}$ 和 $P_{22}$ 点的深度为 $d$；右条的 $P_{30}$ 和 $P_{33}$ 点的深度为 $d$，$P_{31}$ 和 $P_{32}$ 点的深度为 $-d$。见表 14-1～表 14-4。

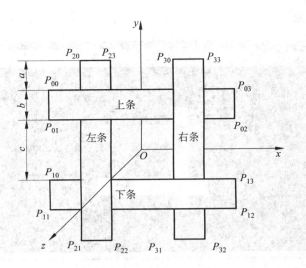

图 14-3  交叉条数学模型

表 14-1  上条顶点表

| 顶　　点 | $x$ 坐标 | $y$ 坐标 | $z$ 坐标 |
|---|---|---|---|
| $P_{00}$ | $x_0 = -3a$ | $y_0 = 2a$ | $z_0 = d$ |
| $P_{01}$ | $x_1 = -3a$ | $y_1 = a$ | $z_1 = d$ |
| $P_{02}$ | $x_2 = 3a$ | $y_2 = a$ | $z_2 = -d$ |
| $P_{03}$ | $x_3 = 3a$ | $y_3 = 2a$ | $z_3 = -d$ |

表 14-2  下条顶点表

| 顶　　点 | $x$ 坐标 | $y$ 坐标 | $z$ 坐标 |
|---|---|---|---|
| $P_{10}$ | $x_0 = -3a$ | $y_0 = -a$ | $z_0 = -d$ |
| $P_{11}$ | $x_1 = -3a$ | $y_1 = -2a$ | $z_1 = -d$ |
| $P_{12}$ | $x_2 = 3a$ | $y_2 = -2a$ | $z_2 = d$ |
| $P_{13}$ | $x_3 = 3a$ | $y_3 = -a$ | $z_3 = d$ |

表 14-3  左条顶点表

| 顶　　点 | $x$ 坐标 | $y$ 坐标 | $z$ 坐标 |
|---|---|---|---|
| $P_{20}$ | $x_0 = -2a$ | $y_0 = 3a$ | $z_0 = -d$ |
| $P_{21}$ | $x_1 = -2a$ | $y_1 = -3a$ | $z_1 = d$ |
| $P_{22}$ | $x_2 = -a$ | $y_2 = -3a$ | $z_2 = d$ |
| $P_{23}$ | $x_3 = -a$ | $y_3 = 3a$ | $z_3 = -d$ |

表 14-4　右条顶点表

| 顶　　点 | $x$ 坐　标 | $y$ 坐　标 | $z$ 坐　标 |
|---|---|---|---|
| $P_{30}$ | $x_0 = a$ | $y_0 = 3a$ | $z_0 = d$ |
| $P_{31}$ | $x_1 = a$ | $y_1 = -3a$ | $z_1 = -d$ |
| $P_{32}$ | $x_2 = 2a$ | $y_2 = -3a$ | $z_2 = -d$ |
| $P_{33}$ | $x_3 = 2a$ | $y_3 = 3a$ | $z_3 = d$ |

## 14.5.2　叠加条数学模型

右条的深度值最大,下条的深度值次之,上条的深度值再次,左条的深度值最小。深度值大的离视点近,深度值小的离视点远。见表14-5～表14-8。

表 14-5　上条顶点表

| 顶　　点 | $x$ 坐　标 | $y$ 坐　标 | $z$ 坐　标 |
|---|---|---|---|
| $P_{00}$ | $x_0 = -3a$ | $y_0 = 2a$ | $z_0 = -d$ |
| $P_{01}$ | $x_1 = -3a$ | $y_1 = a$ | $z_1 = -d$ |
| $P_{02}$ | $x_2 = 3a$ | $y_2 = a$ | $z_2 = -d$ |
| $P_{03}$ | $x_3 = 3a$ | $y_3 = 2a$ | $z_3 = -d$ |

表 14-6　下条顶点表

| 顶　　点 | $x$ 坐　标 | $y$ 坐　标 | $z$ 坐　标 |
|---|---|---|---|
| $P_{10}$ | $x_0 = -3a$ | $y_0 = -a$ | $z_0 = d$ |
| $P_{11}$ | $x_1 = -3a$ | $y_1 = -2a$ | $z_1 = d$ |
| $P_{12}$ | $x_2 = 3a$ | $y_2 = -2a$ | $z_2 = d$ |
| $P_{13}$ | $x_3 = 3a$ | $y_3 = -a$ | $z_3 = d$ |

表 14-7　左条顶点表

| 顶　　点 | $x$ 坐　标 | $y$ 坐　标 | $z$ 坐　标 |
|---|---|---|---|
| $P_{20}$ | $x_0 = -2a$ | $y_0 = 3a$ | $z_0 = -2d$ |
| $P_{21}$ | $x_1 = -2a$ | $y_1 = -3a$ | $z_1 = -2d$ |
| $P_{22}$ | $x_2 = -a$ | $y_2 = -3a$ | $z_2 = -2d$ |
| $P_{23}$ | $x_3 = -a$ | $y_3 = 3a$ | $z_3 = -2d$ |

表 14-8　右条顶点表

| 顶　　点 | $x$ 坐　标 | $y$ 坐　标 | $z$ 坐　标 |
|---|---|---|---|
| $P_{30}$ | $x_0 = a$ | $y_0 = 3a$ | $z_0 = 2d$ |
| $P_{31}$ | $x_1 = a$ | $y_1 = -3a$ | $z_1 = 2d$ |
| $P_{32}$ | $x_2 = 2a$ | $y_2 = -3a$ | $z_2 = 2d$ |
| $P_{33}$ | $x_3 = 2a$ | $y_3 = 3a$ | $z_3 = 2d$ |

### 14.5.3 消隐算法

在三维场景中,总会出现一个面片(三角形面片或四边形面片)遮住另一个面片的情况。这是因为近的面片总是会遮住远的面片。如果两个面片没有交叉,只是深度不同可以用深度排序算法消隐。深度排序算法的原理非常简单,也就是先绘制远的面片,再绘制近的面片。这样一来,近的面片自然就会盖住远的面片了,相当于消除了隐藏面。因为油画家通常会用这样的方法作画,所以这个方法被称为"画家算法"。实现时需要把各个条按其深度值进行排序,深度值小的在表头,深度值大的在表尾,构成深度优先级表。然后从表头到表尾,取出每个条绘制到屏幕上。深度排序消隐算法的特点是不能处理交叉条。

图14-4中假设上条的深度如果为－100,下条的深度为100,左条的深度为－200,右条的深度为200。先绘制左条,然后绘制上条、下条和右条。只要把三维场景中的面片,以深度值大小排序,从远的面片开始画,就可以绘制出正确的消隐图形了。

在三维场景中,一个面片可能有些地方远,有些地方近,因为四边形面片有4个顶点,而这4个顶点的深度,通常都是不同的。所以,要以哪个顶点来排序呢?或是以四边形面片的中心来排序?实际上,不管以什么为依据来排序,都会有问题。图14-5中是一个"画家算法"无法解决的情形。每个条的两端深度不同,假设上条左端深度为100,右端深度为－100;下条左端深度为－100,右端深度为100;左条上端深度为－100,下端深度为100;右条上端深度为100,下端深度为－100。4个条彼此交叉,不管用什么方法排序,都无法得到正确的结果。

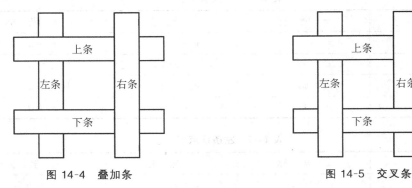

图 14-4 叠加条        图 14-5 交叉条

深度缓冲消隐算法是在像素级上以近物取代远物,而不是以四边形面片为单位来考虑这个问题,这种方法也称为 Z-Buffer 算法。

Z-Buffer 算法的原理非常简单。Z-Buffer 算法需要建立深度缓冲器,用于记录面片上每个像素的深度值,也就是 $z$ 值。在开始绘制场景前,先把深度缓冲器中所有的值设定成无限远。然后,在绘制四边形面片时,对面片的每个像素计算 $z$ 值,并和深度缓冲器中存放的 $z$ 值相比较。如果深度缓冲器中的 $z$ 值较大,就表示目前要画的像素比较近,所以应该画上去,同时更新深度缓冲器中的 $z$ 值。如果深度缓冲器中的 $z$ 值较小,那就表示目前要画的像素 是比较远的,不需要画,也不用更新 $z$ 值。用任意的顺序去画这些四边形面片,都可得到正确的绘制结果。实际使用上,深度缓冲器中存放的深度值一般设定为有限值。

### 14.5.4 定义深度缓冲点表

分别定义 4 个条的顶点的三维坐标和颜色。这里,每个条两端的深度不同。

```
void CTestView::ReadPointDeep()                          //深度缓冲点表
{
    a=60;d=100;
    int i;
    //上条顶点的三维坐标(x,y,z),颜色为红色
    P[0][0].x=-3*a;P[0][0].y=+2*a;P[0][0].z=+d;
    P[0][1].x=-3*a;P[0][1].y=  +a;P[0][1].z=+d;
    P[0][2].x=+3*a;P[0][2].y=  +a;P[0][2].z=-d;
    P[0][3].x=+3*a;P[0][3].y=+2*a;P[0][3].z=-d;
    for(i=0;i<4;i++)                                     //顶点颜色赋值
    {
        P[0][i].c=CRGB(1.0,0.0,0.0);                     //顶点颜色赋值
    }
    //下条顶点的三维坐标(x,y,z),颜色为黄色
    P[1][0].x=-3*a;P[1][0].y=  -a;P[1][0].z=-d;
    P[1][1].x=-3*a;P[1][1].y=-2*a;P[1][1].z=-d;
    P[1][2].x=+3*a;P[1][2].y=-2*a;P[1][2].z=+d;
    P[1][3].x=+3*a;P[1][3].y=  -a;P[1][3].z=+d;
    for(i=0;i<4;i++)
    {
        P[1][i].c=CRGB(1.0,1.0,0.0);                     //顶点颜色赋值
    }
    //左条顶点的三维坐标(x,y,z),颜色为绿色
    P[2][0].x=-2*a;P[2][0].y=+3*a;P[2][0].z=-d;
    P[2][1].x=-2*a;P[2][1].y=-3*a;P[2][1].z=+d;
    P[2][2].x=  -a;P[2][2].y=-3*a;P[2][2].z=+d;
    P[2][3].x=  -a;P[2][3].y=+3*a;P[2][3].z=-d;
    for(i=0;i<4;i++)
    {
        P[2][i].c=CRGB(0.0,1.0,0.0);                     //顶点颜色赋值
    }
    //右条顶点的三维坐标(x,y,z),颜色为蓝色
    P[3][0].x=  +a;P[3][0].y=+3*a;P[3][0].z=+d;
    P[3][1].x=  +a;P[3][1].y=-3*a;P[3][1].z=-d;
    P[3][2].x=+2*a;P[3][2].y=-3*a;P[3][2].z=-d;
    P[3][3].x=+2*a;P[3][3].y=+3*a;P[3][3].z=+d;
    for(i=0;i<4;i++)
    {
        P[3][i].c=CRGB(0.0,0.0,1.0);                     //顶点颜色赋值
    }
}
```

### 14.5.5　定义深度排序点表

4 个条的深度彼此不同,但是每个条的 4 个顶点的深度一致。右条的深度值最大,下条的深度值次之,上条的深度值再次,左条的深度值最小。

```
void CTestView::ReadPointSort()                          //深度排序点表
{
    a=60;d=100;
    int i;
    //上条顶点的三维坐标(x,y,z),颜色为红色
    P[0][0].x=-3*a;P[0][0].y=+2*a;P[0][0].z=-d;
    P[0][1].x=-3*a;P[0][1].y=  +a;P[0][1].z=-d;
    P[0][2].x=+3*a;P[0][2].y=  +a;P[0][2].z=-d;
    P[0][3].x=+3*a;P[0][3].y=+2*a;P[0][3].z=-d;
    for(i=0;i<4;i++)                                     //顶点颜色赋值
    {
        P[0][i].c=CRGB(1.0,0.0,0.0);                     //顶点颜色赋值
    }
    //下条顶点的三维坐标(x,y,z),颜色为黄色
    P[1][0].x=-3*a;P[1][0].y=  -a;P[1][0].z=+d;
    P[1][1].x=-3*a;P[1][1].y=-2*a;P[1][1].z=+d;
    P[1][2].x=+3*a;P[1][2].y=-2*a;P[1][2].z=+d;
    P[1][3].x=+3*a;P[1][3].y=  -a;P[1][3].z=+d;
    for(i=0;i<4;i++)
    {
        P[1][i].c=CRGB(1.0,1.0,0.0);                     //顶点颜色赋值
    }
    //左条顶点的三维坐标(x,y,z),颜色为绿色
    P[2][0].x=-2*a;P[2][0].y=+3*a;P[2][0].z=-2*d;
    P[2][1].x=-2*a;P[2][1].y=-3*a;P[2][1].z=-2*d;
    P[2][2].x=  -a;P[2][2].y=-3*a;P[2][2].z=-2*d;
    P[2][3].x=  -a;P[2][3].y=+3*a;P[2][3].z=-2*d;
    for(i=0;i<4;i++)
    {
        P[2][i].c=CRGB(0.0,1.0,0.0);                     //顶点颜色赋值
    }
    //右条顶点的三维坐标(x,y,z),颜色为蓝色
    P[3][0].x=  +a;P[3][0].y=+3*a;P[3][0].z=+2*d;
    P[3][1].x=  +a;P[3][1].y=-3*a;P[3][1].z=+2*d;
    P[3][2].x=+2*a;P[3][2].y=-3*a;P[3][2].z=+2*d;
    P[3][3].x=+2*a;P[3][3].y=+3*a;P[3][3].z=+2*d;
    for(i=0;i<4;i++)
    {
        P[3][i].c=CRGB(0.0,0.0,1.0);                     //顶点颜色赋值
    }
}
```

### 14.5.6 设置坐标系

本实验使用的是静态演示，所以不需要双缓冲，只是将三维坐标系进行了重新设定。根据逻辑变量 bPlay 的值决定是启用深度缓冲还是禁用深度缓冲。启用深度缓冲使用的是深度缓冲消隐算法，禁用深度深度缓冲使用的是深度排序算法。

```
void CTestView::DoubleBuffer()                             //设置坐标系
{
    CRect rect;
    GetClientRect(&rect);
    CDC * pDC=GetDC();
    pDC->SetMapMode(MM_ANISOTROPIC);                        //自定义坐标系
    pDC->SetWindowExt(rect.Width(),rect.Height());
    pDC->SetViewportExt(rect.Width(),-rect.Height());       //x轴水平向右,y轴垂直向上
    pDC->SetViewportOrg(rect.Width()/2,rect.Height()/2);    //屏幕中心为原点
    if(bPlay)
    {
        ReadPointSort();
        DrawObject1(pDC);                                  //禁用深度缓冲
    }
    else
    {
        ReadPointDeep();
        DrawObject2(pDC);                                  //启用深度缓冲
    }
}
```

### 14.5.7 禁用深度缓冲绘制交叉条

在禁用深度缓冲时，可使用 CFill 类动态指针 fill 绘图。在绘制之前需要先调用排序函数 SortDeep() 进行深度排序。

```
void CTestView::DrawObject1(CDC * pDC)                      //禁用深度缓冲绘制交叉条
{
    CPi2 Point[4];
    SortDeep();
    for(int nBar=0;nBar<4;nBar++)
    {
        for(int nPoint=0;nPoint<4;nPoint++)                //顶点循环
        {
            Point[nPoint].x=P[nBar][nPoint].x;
            Point[nPoint].y=ROUND(P[nBar][nPoint].y);
            Point[nPoint].c=P[nBar][nPoint].c;
        }
        CFill * fill=new CFill;                            //申请内存
```

```
        fill->SetPoint(Point,4);                    //设置顶点
        fill->CreateBucket();                        //建立桶表
        fill->CreateEdge();                          //建立边表
        fill->Gouraud(pDC);                          //填充四边形
        delete fill;                                 //释放内存
    }
}
```

### 14.5.8  启用深度缓冲绘制交叉条

启用深度缓冲时,使用 CZBuffer 类动态指针 zbuf 绘图。在绘制之前先调用成员函数
InitDeepBuffer()进行深度初始化。

```
void CTestView::DrawObject2(CDC * pDC)                //启用深度缓冲绘制交叉条
{
    CPi3 Point[4];
    CZBuffer * zbuf=new CZBuffer;                     //申请内存
    zbuf->InitDeepBuffer(800,800,-1000);              //深度初始化
    for(int nBar=0;nBar<4;nBar++)
    {
        for(int nPoint=0;nPoint<4;nPoint++)           //顶点循环
        {
            Point[nPoint].x=P[nBar][nPoint].x;
            Point[nPoint].y=ROUND(P[nBar][nPoint].y);
            Point[nPoint].z=P[nBar][nPoint].z;
            Point[nPoint].c=P[nBar][nPoint].c;
        }
        zbuf->SetPoint(Point,4);                      //设置顶点
        zbuf->CreateBucket();                         //建立桶表
        zbuf->CreateEdge();                           //建立边表
        zbuf->Gouraud(pDC);                           //填充四边形
        zbuf->ClearMemory();                          //内存清理
    }
    delete zbuf;                                      //释放内存
}
```

### 14.5.9  深度排序函数

使用冒泡算法对 4 个条进行深度排序。

```
void CTestView::SortDeep()                            //深度排序
{
    CP3 t;
    for(int j=1;j<4;j++)                              //冒泡算法
        for(int i=1;i<=4-j;i++)
        {
```

```
            for(int k=0;k<4;k++)
            {
                if(P[i-1][k].z>P[i][k].z)
                {
                    t=P[i-1][k];P[i-1][k]=P[i][k];P[i][k]=t;
                }
            }
        }
    }
}
```

## 14.5.10  设置背景色为黑色

由于没有使用内存设备上下文 memDC,所以在 WM_ERASEBKGND 消息的响应函数
OnEraseBkgnd()中,填充客户区背景色为黑色。

```
BOOL CTestView::OnEraseBkgnd(CDC * pDC)                //设置背景色为黑色
{
    // TODO: Add your message handler code here and/or call default
    CRect rect;
    pDC->GetClipBox(&rect);
    pDC->FillSolidRect(rect,RGB(0,0,0));
    return TRUE;
}
```

## 14.5.11  深度缓冲消隐算法

和实验 12 的颜色渐变有效边表填充算法相比,本实验的深度缓冲消隐算法声明了二维
动态数组 ZB 代表深度缓冲。在 InitDeepBuffer()中进行深度初始化,由于 $z$ 轴垂直纸面指
向读者,所以初始化深度缓冲器大小为 $800 \times 800$,深度为 $-1000$。根据表面的平面方程计
算当前点的深度值,逐点比较新采样点的深度和深度缓冲器中存储的深度,如果新采样点的
深度值大于深度缓冲器中存储的深度值,则更新深度缓冲器,并用新采样点的颜色绘图。

### 1. 定义边结点类

```
class CAET
{
public:
    CAET();
    virtual ~CAET();
public:
    double x;                                    //当前 x
    int    yMax;                                 //边的最大 y 值
    double k;                                    //斜率的倒数(x 的增量)
    CPi2   pb;                                    //起点
    CPi2   pe;                                    //终点
```

```
    CAET    * next;
};
```

## 2. 定义桶结点类

```
class CBucket
{
public:
    CBucket();
    virtual ~CBucket();
public:
    int      ScanLine;
    CAET     * pET;
    CBucket * next;
};
```

## 3. 定义填充多边形类

填充类头文件 ZBuffer.h：

```
class CZBuffer
{
public:
    CZBuffer();
    virtual ~CZBuffer();
    void CreateBucket();                                    //创建桶
    void CreateEdge();                                      //边表
    void AddEt(CAET * );                                    //合并 ET 表
    void EtOrder();                                         //ET 表排序
    void Gouraud(CDC * );                                   //填充
    void InitDeepBuffer(int,int,double);                    //初始化深度缓存
    CRGB Interpolation(double,double,double,CRGB,CRGB);     //线性插值
    void SetPoint(CPi3 * ,int);
    void ClearMemory();                                     //清理内存
    void DeleteAETChain(CAET * pAET);                       //删除边表
protected:
    int PNum;                                               //顶点个数
    CPi3 * P;                                               //顶点数组
    CAET * pHeadE, * pCurrentE, * pEdge;                    //有效边表结点指针
    CBucket * pCurrentB, * pHeadB;
    double * * ZB;
    int Width,Height;                                       //深度缓冲大小参数
};
```

填充类源文件 ZBuffer.cpp：

```
CZBuffer::CZBuffer()
{
```

```
            P=NULL;
        pHeadE=NULL;
        pCurrentB=NULL;
        pEdge=NULL;
        pCurrentE=NULL;
        pHeadB=NULL;
        ZB=NULL;
    }
CZBuffer::~CZBuffer()
    {
        if(P!=NULL)
        {
            delete []P;
            P=NULL;
        }
        for(int i=0;i<Width;i++)
        {
            delete[] ZB[i];
            ZB[i]=NULL;
        }
        if(ZB!=NULL)
        {
            delete ZB;
            ZB=NULL;
        }
        ClearMemory();
    }
void CZBuffer::SetPoint(CPi3 p[],int m)
    {
        if(P!=NULL)
        {
            delete []P;
            P=NULL;
        }
        P=new CPi3[m];
        for(int i=0;i<m;i++)
        {
            P[i]=p[i];
        }
        PNum=m;
    }
void CZBuffer::CreateBucket()                    //创建桶表
    {
        int yMin,yMax;
```

```
        yMin=yMax=P[0].y;
        for(int i=0;i<PNum;i++)                     //查找多边形所覆盖的最小和最大扫描线
        {
            if(P[i].y<yMin)
            {
                yMin=P[i].y;                        //扫描线的最小值
            }
            if(P[i].y>yMax)
            {
                yMax=P[i].y;                        //扫描线的最大值
            }
        }
        for(int y=yMin;y<=yMax;y++)
        {
            if(yMin==y)                             //建立桶头结点
            {
                pHeadB=new CBucket;                 //建立桶的头结点
                pCurrentB=pHeadB;                   //pCurrentB 为 CBucket 当前结点指针
                pCurrentB->ScanLine=yMin;
                pCurrentB->pET=NULL;                //没有链接边表
                pCurrentB->next=NULL;
            }
            else                                    //其他扫描线
            {
                pCurrentB->next=new CBucket;        //建立桶的其他结点
                pCurrentB=pCurrentB->next;
                pCurrentB->ScanLine=y;
                pCurrentB->pET=NULL;
                pCurrentB->next=NULL;
            }
        }
    }
void CZBuffer::CreateEdge()                          //创建边表
{
    for(int i=0;i<PNum;i++)
    {
        pCurrentB=pHeadB;
        int j=(i+1)%PNum;                           //边的第二个顶点,P[i]和 P[j]构成边
        if(P[i].y<P[j].y)                           //边的终点比起点高
        {
            pEdge=new CAET;
            pEdge->x=P[i].x;                        //计算 ET 表的值
            pEdge->yMax=P[j].y;
            pEdge->k=(P[j].x-P[i].x)/(P[j].y-P[i].y);          //代表 1/k
```

```
        pEdge->pb=P[i];                              //绑定顶点和颜色
        pEdge->pe=P[j];
        pEdge->next=NULL;
        while(pCurrentB->ScanLine!=P[i].y)  //在桶内寻找该边的 yMin
        {
            pCurrentB=pCurrentB->next;          //移到 yMin 所在的桶结点
        }
    }
    if(P[j].y<P[i].y)                                //边的终点比起点低
    {
        pEdge=new CAET;
        pEdge->x=P[j].x;
        pEdge->yMax=P[i].y;
        pEdge->k=(P[i].x-P[j].x)/(P[i].y-P[j].y);
        pEdge->pb=P[i];
        pEdge->pe=P[j];
        pEdge->next=NULL;
        while(pCurrentB->ScanLine!=P[j].y)
        {
            pCurrentB=pCurrentB->next;
        }
    }
    if(int(P[j].y)!=P[i].y)
    {
        pCurrentE=pCurrentB->pET;
        if(pCurrentE==NULL)
        {
            pCurrentE=pEdge;
            pCurrentB->pET=pCurrentE;
        }
        else
        {
            while(pCurrentE->next!=NULL)
            {
                pCurrentE=pCurrentE->next;
            }
            pCurrentE->next=pEdge;
        }
    }
    }
    }
}
void CZBuffer::Gouraud(CDC * pDC)                      //填充多边形
{
    double    CurDeep=0.0;                             //当前扫描线的深度
```

193 ·

```cpp
double      DeepStep=0.0;                          //当前扫描线随着 x 增长的深度步长
double      A,B,C,D;                               //平面方程 Ax+By+Cz+D=0 的系数
CVector V21(P[1],P[2]),V10(P[0],P[1]);
CVector VN=V21*V10;
A=VN.x;B=VN.y;C=VN.z;
D=-A*P[1].x-B*P[1].y-C*P[1].z;
DeepStep=-A/C;                                     //计算扫描线深度步长增量
CAET*pT1,*pT2;
pHeadE=NULL;
for(pCurrentB=pHeadB;pCurrentB!=NULL;pCurrentB=pCurrentB->next)
{
    for(pCurrentE=pCurrentB->pET;pCurrentE!=NULL;pCurrentE=pCurrentE->
    next)
    {
        pEdge=new CAET;
        pEdge->x=pCurrentE->x;
        pEdge->yMax=pCurrentE->yMax;
        pEdge->k=pCurrentE->k;
        pEdge->pb=pCurrentE->pb;
        pEdge->pe=pCurrentE->pe;
        pEdge->next=NULL;
        AddEt(pEdge);
    }
    EtOrder();
    pT1=pHeadE;
    if(pT1==NULL)
    {
        return;
    }
    while(pCurrentB->ScanLine>=pT1->yMax)  //下闭上开
    {
        CAET*pAETTEmp=pT1;
        pT1=pT1->next;
        delete pAETTEmp;
        pHeadE=pT1;
        if(pHeadE==NULL)
            return;
    }
    if(pT1->next!=NULL)
    {
        pT2=pT1;
        pT1=pT2->next;
    }
    while(pT1!=NULL)
```

```
        {
            if(pCurrentB->ScanLine>=pT1->yMax) //下闭上开
            {
                CAET * pAETTemp =pT1;
                pT2->next=pT1->next;
                pT1=pT2->next;
                delete pAETTemp;
            }
            else
            {
                pT2=pT1;
                pT1=pT2->next;
            }
        }
    }
    CRGB Ca,Cb,Cf;                    //Ca、Cb代边上任意点的颜色,Cf代表面上任意点的颜色
    Ca= Interpolation(pCurrentB->ScanLine,pHeadE->pb.y,pHeadE->pe.y,
                      pHeadE->pb.c,pHeadE->pe.c);
    Cb= Interpolation(pCurrentB->ScanLine,pHeadE->next->pb.y,pHeadE->
                      next->pe.y,pHeadE->next->pb.c,pHeadE->next->pe.c);
    BOOL Flag=FALSE;
    double xb,xe;                     //扫描线和有效边相交区间的起点和终点坐标
    for(pT1=pHeadE;pT1!=NULL;pT1=pT1->next)
    {
        if(Flag==FALSE)
        {
            xb=pT1->x;
            CurDeep=-(xb * A+pCurrentB->ScanLine * B+D)/C;   //z=-(Ax+By-D)/C
            Flag=TRUE;
        }
        else
        {
            xe=pT1->x;
            for(double x=xb;x<xe;x++)                          //左闭右开
            {
                Cf=Interpolation(x,xb,xe,Ca,Cb);
                if(CurDeep>=ZB[ROUND(x)+Width/2][pCurrentB->ScanLine+
                Height/2])
                {
                    ZB[ROUND(x)+Width/2][pCurrentB->ScanLine+Height/2]=
                    CurDeep;
                    pDC->SetPixel(ROUND(x),pCurrentB->ScanLine,
                            RGB(Cf.red * 255,Cf.green * 255,Cf.blue * 255));
                }
                CurDeep+=DeepStep;
```

```
                }
                Flag=FALSE;
            }
        }
        for(pT1=pHeadE;pT1!=NULL;pT1=pT1->next)    //边的连续性
        {
            pT1->x=pT1->x+pT1->k;
        }
    }
}
void CZBuffer::AddEt(CAET * pNewEdge)                   //合并 ET 表
{
    CAET * pCE;
    pCE=pHeadE;
    if(pCE==NULL)
    {
        pHeadE=pNewEdge;
        pCE=pHeadE;
    }
    else
    {
        while(pCE->next!=NULL)
        {
            pCE=pCE->next;
        }
        pCE->next=pNewEdge;
    }
}
void CZBuffer::EtOrder()                                //边表的冒泡排序算法
{
    CAET * pT1, * pT2;
    int Count=1;
    pT1=pHeadE;
    if(pT1==NULL)
    {
        return;
    }
    if(pT1->next==NULL)                                //如果该 ET 表没有再连 ET 表
    {
        return;                                       //桶结点只有一条边,不需要排序
    }
    while(pT1->next!=NULL)                             //统计边结点的个数
    {
        Count++;
```

```cpp
            pT1=pT1->next;
    }
    for(int i=1;i<Count;i++)                            //冒泡排序
    {
        pT1=pHeadE;
        if(pT1->x>pT1->next->x)                         //按 x 由小到大排序
        {
            pT2=pT1->next;
            pT1->next=pT1->next->next;
            pT2->next=pT1;
            pHeadE=pT2;
        }
        else
        {
            if(pT1->x==pT1->next->x)
            {
                if(pT1->k>pT1->next->k)                 //按斜率由小到大排序
                {
                    pT2=pT1->next;
                    pT1->next=pT1->next->next;
                    pT2->next=pT1;
                    pHeadE=pT2;
                }
            }
        }
        pT1=pHeadE;
        while(pT1->next->next!=NULL)
        {
            pT2=pT1;
            pT1=pT1->next;
            if(pT1->x>pT1->next->x)                      //按 x 由小到大排序
            {
                pT2->next=pT1->next;
                pT1->next=pT1->next->next;
                pT2->next->next=pT1;
                pT1=pT2->next;
            }
            else
            {
                if(pT1->x==pT1->next->x)
                {
                    if(pT1->k>pT1->next->k)              //按斜率由小到大排序
                    {
                        pT2->next=pT1->next;
```

```cpp
                        pT1->next=pT1->next->next;
                        pT2->next->next=pT1;
                        pT1=pT2->next;
                    }
                }
            }
        }
    }
}
CRGB CZBuffer::Interpolation(double t,double t1,double t2,CRGB c1,CRGB c2)
                                                        //线性插值
{
    CRGB c;
    c=(t-t2)/(t1-t2)*c1+(t-t1)/(t2-t1)*c2;
    return c;
}
void CZBuffer::InitDeepBuffer(int width,int height,double depth)   //初始化深度缓冲
{
    Width=width,Height=height;
    ZB=new double*[Width];
    for(int i=0;i<Width;i++)
        ZB[i]=new double[Height];
    for(i=0;i<Width;i++)                                 //初始化深度缓冲
        for(int j=0;j<Height;j++)
            ZB[i][j]=double(depth);
}
void CZBuffer::ClearMemory()
{
    DeleteAETChain(pHeadE);
    CBucket* pBucket=pHeadB;
    while(pBucket!=NULL)                                 //针对每一个桶
    {
        CBucket* pBucketTemp=pBucket->next;
        DeleteAETChain(pBucket->pET);
        delete pBucket;
        pBucket=pBucketTemp;
    }
    pHeadB=NULL;
    pHeadE=NULL;
}
void CZBuffer::DeleteAETChain(CAET* pAET)
{
    while(pAET!=NULL)
    {
        CAET* pAETTemp=pAET->next;
```

```
            delete pAET;
            pAET=pAETTemp;
        }
    }
```

### 14.5.12  写出实验报告

结合实验步骤,写出实验报告,同时完整给出 CFill 类、CZbuffer 类和 CTestView 类的头文件和源文件。

# 14.6  思考与练习

**1. 实验总结**

(1)本实验使用了深度缓冲消隐算法对交叉条进行消隐,由于交叉条的两端深度值不同,绘制结果为彼此叠压。

(2)深度缓冲消隐算法是逐个像素处理,一般定义客户区大小的深度缓冲器。本实验为了提高处理效率,根据图形所占的空间范围,定义了 $800\times800$ 的深度缓冲器。

本实验的控制按钮弹起时使用 CZBuffer 类绘制交叉条,根据 4 个条的深度进行渲染;当控制按钮按下时,使用 CFill 类绘制叠加条,对 4 个条按照深度排序,深度值小的在表头,深度值大的在表尾。然后从表头到表尾,依次取出每个条绘制到屏幕上。CFill 类在实验12 中已经给出源程序,请读者理解 CZBuffer 类时参照阅读。

**2. 拓展练习**

(1)本实验的 CZBuffer 类和 CFill 类都定义了颜色渐变双线性插值函数 Interpolation()。但每个条使用统一颜色,上条为红色、下条为黄色、左条为绿色、右条为蓝色。请读者将每个条的两端颜色设置为不同的颜色。假设上条和下条的颜色设置为左端红色,右端黄色;左条和右条的颜色设置为上端绿色,下端蓝色。启用深度缓冲,编程绘制颜色渐变交叉条,效果如图 14-6 所示。

图 14-6  颜色渐变交叉条效果图

（2）请在本实验的基础上绘制如图 14-7 所示的交叉三角形。

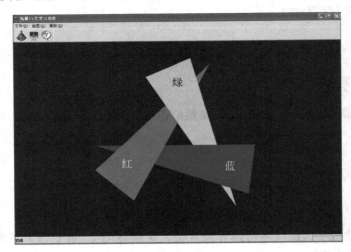

图 14-7　交叉三角形效果图

# 实验 15　立方体光照模型

## 15.1　实验目的

（1）掌握光源数量的设置方法。
（2）掌握光源位置的设置方法。
（3）掌握光源颜色的设置方法。
（4）掌握物体材质的设置方法。
（5）掌握光源的开启与关闭。
（6）建立简单光照三维场景。

## 15.2　实验要求

（1）建立三维坐标系 $\{O;x,y,z\}$，原点位于屏幕客户区中心，$x$ 轴水平向右为正，$y$ 轴垂直向上为正，$z$ 轴垂直于屏幕指向观察者。
（2）绘制立方体的表面透视消隐模型，立方体体心和三维坐标系中心重合。
（3）使用点光源对立方体进行照射，改变光源的颜色和物体的材质，演示二者的交互作用效果。
（4）按下鼠标左键缩小立方体，按下鼠标右键增大立方体。
（5）使用键盘方向键旋转立方体。
（6）使用动画按钮，播放或停止立方体动画。

## 15.3　效果图

立方体光照模型绘制效果如图 15-1 所示。

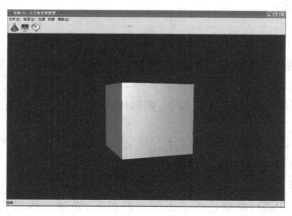

图 15-1　立方体光照模型效果图

## 15.4　实验准备

（1）在学习完主教材 10.2 节后，进行本实验。

（2）熟悉 RGB 颜色模型。

（3）熟悉环境光、漫反射光和镜面反射光的数学模型。

（4）熟悉材质的反射率设置。

（5）熟悉颜色渐变有效边表填充算法。

## 15.5　实验步骤

本实验使用透视投影绘制立方体表面模型，并将视点固定在世界坐标系的 $z$ 轴上。立方体的旋转使用三维几何变换实现。光源位置在世界坐标系内使用直角坐标给定，可以选择与视点在同一位置，也可以自由设置。立方体表面模型的消隐使用 Z-Buffer 类实现。

### 15.5.1　简单光照模型

从光源发出的光照射到物体表面时，可能被吸收、反射或透射。被吸收的光转化为热能，只有反射光和透射光能够刺激人眼产生光照效果。简单光照模型假定：光源是点光源，入射光仅由红、绿、蓝 3 种不同波长的光组成；物体是非透明物体，物体表面所呈现的颜色仅由反射光决定，反射光分为环境光、漫反射光和镜面反射光。

对物体进行透视投影后，在可见表面上增加光照效果，可以模拟场景的真实感显示。光照模型也称为明暗模型主要用于物体表面某点处的光强度计算。点光源是对场景中比物体小得多的光源最适合的逼近，如灯泡就是一个点光源。

光照模型分为环境光模型、漫反射光模型和镜面反射光模型，全部属于经验模型。

简单光照模型表示为

$$I = I_e + I_d + I_s \tag{15-1}$$

式中，$I$ 表示物体表面上一点反射到视点的光强；$I_e$ 表示环境光光强；$I_d$ 表示漫反射光强；$I_s$ 表示镜面反射光光强。

**1. 环境光模型**

环境光（ambient light）模型模拟环境中物体之间的反射光，是一个常数模型。环境光是在物体之间多次反射，最终到达平衡的一种光。环境光来自周围各个方向，又均匀地向各个方向反射，如图 15-2 所示。

如果用 $I_a$ 表示环境光入射强度的大小，则物体表面上一点对环境光的反射光光强 $I_e$ 可表示为

$$I_e = k_a I_a, \quad 0 \leqslant k_a \leqslant 1 \tag{15-2}$$

式中，$k_a$ 是由物体材质决定的环境光反射率。

**2. 漫反射光模型**

漫反射光（diffuse light）模型是在点光源的照射下，光被物体表面层吸收后，重新反射出来的光。漫反射光是从一点照射，向多个方向反射，均匀地散布在空间，与视点无关，如

图 15-3 所示。

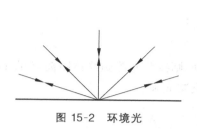

图 15-2　环境光

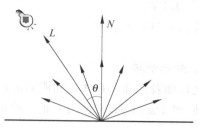

图 15-3　漫反射光

Lambert 余弦定律计算了点光源所发出的光照射在物体上的反射光强。根据 Lambert 余弦定律,物体漫反射出来的光强同入射光与物体表面法线之间夹角的余弦成正比。即

$$I_d = k_d I_p \cos \theta, \quad 0 \leqslant \theta \leqslant \pi/2, 0 \leqslant k_d \leqslant 1 \tag{15-3}$$

式中,$I_d$ 为漫反射光光强;$I_p$ 为点光源入射光光强;$k_d$ 为物体表面材质的漫反射光反射率,决定着物体的颜色;$\theta$ 为点光源位置矢量与物体表面上一点的法矢量之间的夹角(入射角)。当入射角为 $0°\sim90°$,即 $\cos\theta$ 为 $0.0\sim1.0$ 时,点光源才能照亮表面;$\cos\theta$ 为负值,点光源位于表面之后。

漫反射光的光强只与光源的位置矢量 $\boldsymbol{L}$ 和物体表面法矢量 $\boldsymbol{N}$ 有关,当二者同为单位矢量时,$\cos\theta = \boldsymbol{L} \cdot \boldsymbol{N}$。

漫反射光照模型表述为

$$I_d = k_d I_p (\boldsymbol{L} \cdot \boldsymbol{N}) \tag{15-4}$$

**3. 镜面反射光模型**

镜面反射光(specular light)模型遵守反射定律,沿着反射光方向反射,如图 15-3 所示。在光线的照射下,光滑物体表面会形成一片非常亮的区域,称为高光区域。对于一个理想的镜面反射,入射光仅在镜面反射方向有反射现象,视矢量 $\boldsymbol{V}$ 只有与反射光矢量 $\boldsymbol{R}$ 重合才能观察到镜面反射光,即 $\alpha = 0$。但实际上由于物体本身并不光滑,由许多具有不同朝向的微小平面组成,在 $\boldsymbol{V}$ 方向依然能观察到反射光,只是随着 $\alpha$ 角的增大,反射光光强逐渐减弱,图 15-4 中用凸起部分表示反射光光强的变化。Phong 提出一个计算镜面反射光的经验公式,称为 Phong 模型。

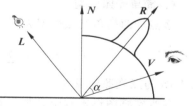

图 15-4　镜面反射光

$$I_s = k_s I_p \cos^n \alpha, \quad 0 \leqslant k_s \leqslant 1, 0° \leqslant \alpha \leqslant \pi/2 \tag{15-5}$$

式中,$I_s$ 为镜面反射光光强;$I_p$ 为点光源入射光光强;$k_s$ 为物体表面材质的镜面反射光反射率;镜面反射光光强与 $\cos^n \alpha$ 成正比。$n$ 为镜面反射光的高光指数,其值同被观察物体表面的光滑度有关,一般取试验值。光滑表面如金属表面,$n$ 值较大,而粗糙表面如纸张表面,$n$ 值则较小。

当 $\boldsymbol{R}$ 和 $\boldsymbol{V}$ 同为单位矢量时,式(15-5)可表示为

$$I_s = k_s I_p (\boldsymbol{R} \cdot \boldsymbol{V})^n \tag{15-6}$$

假设光源位于无穷远处,$\boldsymbol{L}$ 为常数,假设视点在无穷远处,$\boldsymbol{V}$ 为常数。$\boldsymbol{R} \cdot \boldsymbol{V} \approx \boldsymbol{H} \cdot \boldsymbol{N}$,其

中，$H = \dfrac{L+V}{|L+V|}$ 。

式(15-6)可表示为

$$I_s = k_s I_p (H \cdot N)^n \tag{15-7}$$

**4. 光强衰减**

光强随着光源和物体之间距离的增加而减弱，强度则按照光源到物体距离 $d$ 的 $1/d^2$ 进行衰减，对于点光源，常使用 $d$ 的二次函数的倒数来衰减光强。

$$f(d) = \min\left(1, \frac{1}{c_0 + c_1 d + c_2 d^2}\right) \tag{15-8}$$

式中，$d$ 为光源位置到物体顶点的距离，也即光源传播的距离。$c_0$ 为常数衰减因子，$c_1$ 为线性衰减因子，$c_2$ 为二次衰减因子。光强衰减主要对漫反射光和镜面反射光起作用。

考虑光强衰减的单光源简单光照模型为

$$I = I_e + I_d + I_s = k_a I_a + f(d)\left[k_d I_p(L \cdot N) + k_s I_p(H \cdot N)^n\right] \tag{15-9}$$

**5. 材质属性**

材质(material)模型是指物体表面对光的反射特性，使用光的反射率来表示。

同光源一样，材质也由环境光反射率 $k_a$、漫反射光反射率 $k_d$ 和镜面反射光反射率 $k_s$ 等分量组成，分别说明了物体对环境光、漫反射光和镜面反射光的反射程度。材质属性影响物体的颜色，在进行光照计算时，环境光反射率与光源的环境光相结合，漫反射光反射率与光源的漫反射光相结合，镜面反射光反射率与光源的镜面反射光相结合。环境光反射率与漫反射光反射率基本上决定了物体的颜色，因为环境光是常数，所以物体的颜色由漫反射光反射率来决定。镜面反射光产生的高光区域只反映光源的颜色，在红光的照射下，物体的高光区域就是红色。镜面反射光反射率与物体的颜色无关，镜面反射光反射率通常设置为白色或灰色。

**6. 简单光照模型**

多点光源简单光照模型为

$$I = k_a I_a + \sum_{i=1}^{n} f(d_i)\left[k_d I_{p,i}(L_i N) + k_s I_{p,i}(H_i N)^n\right] \tag{15-10}$$

式中，$n$ 为点光源数量。

在真实感图形绘制中光强是通过颜色来表示的，由于计算机中采用的是 RGB 颜色模型，所以要为红、绿、蓝 3 个分量分别建立光照模型。

环境光光强 $I_a$ 可以表示为

$$I_a = (I_{aR}, I_{aG}, I_{aB})$$

式中，$I_{aR}, I_{aG}, I_{aB}$，分别为其红、绿、蓝分量。

类似地，入射光的光强 $I_p$ 可以表示为

$$I_p = (I_{pR}, I_{pG}, I_{pB})$$

环境光反射率 $k_a$ 可以表示为

$$k_a = (k_{aR}, k_{aG}, k_{aB})$$

式中，$k_{aR}, k_{aG}, k_{aB}$，分别为其红、绿、蓝分量的反射率。

类似地，漫反射光反射率 $k_d$ 可以表示为

$$k_{\mathrm{d}} = (k_{\mathrm{dR}}, k_{\mathrm{dG}}, k_{\mathrm{dB}})$$

镜面反射光反射率 $k_{\mathrm{s}}$ 可以表示为

$$k_{\mathrm{s}} = (k_{\mathrm{sR}}, k_{\mathrm{sG}}, k_{\mathrm{sB}})$$

若要计算物体表面被照射顶点的光亮度的红、绿、蓝分量,计算公式分别如下:

$$\begin{cases} I_{\mathrm{R}} = k_{\mathrm{aR}} I_{\mathrm{aR}} + \sum_{i=1}^{n} f(d_i) \left[ k_{\mathrm{dR}} I_{\mathrm{pR},i} (L_i \boldsymbol{N}) + k_{\mathrm{sR}} I_{\mathrm{pR},i} (H_i \boldsymbol{N})^n \right] \\ I_{\mathrm{G}} = k_{\mathrm{aG}} I_{\mathrm{aG}} + \sum_{i=1}^{n} f(d_i) \left[ k_{\mathrm{dG}} I_{\mathrm{pG},i} (L_i \boldsymbol{N}) + k_{\mathrm{sG}} I_{\mathrm{pG},i} (H_i \boldsymbol{N})^n \right] \quad (15\text{-}11) \\ I_{\mathrm{B}} = k_{\mathrm{aB}} I_{\mathrm{aB}} + \sum_{i=1}^{n} f(d_i) \left[ k_{\mathrm{dR}} B I_{\mathrm{pB},i} (L_i \boldsymbol{N}) + k_{\mathrm{sB}} I_{\mathrm{pB},i} (H_i \boldsymbol{N})^n \right] \end{cases}$$

在程序里,光强不再用单一的 $I_{\mathrm{p}}$ 表达,而是采用 $I_{\mathrm{d}}^{\mathrm{p}}$ 和 $I_{\mathrm{s}}^{\mathrm{p}}$ 来表示,分别表示光源的环境光强、漫反射光强和镜面反射光强。这样式(15-11)可以修改为

$$\begin{cases} I_{\mathrm{R}} = k_{\mathrm{aR}} I_{\mathrm{aR}} + \sum_{i=1}^{n} f(d_i) \left[ k_{\mathrm{dR}} I_{\mathrm{dR},i}^{\mathrm{p}} (L_i \boldsymbol{N}) + k_{\mathrm{sR}} I_{\mathrm{sR},i}^{\mathrm{p}} (H_i \boldsymbol{N})^n \right] \\ I_{\mathrm{G}} = k_{\mathrm{aG}} I_{\mathrm{aG}} + \sum_{i=1}^{n} f(d_i) \left[ k_{\mathrm{dG}} I_{\mathrm{dG},i}^{\mathrm{p}} (L_i \boldsymbol{N}) + k_{\mathrm{sG}} I_{\mathrm{sG},i}^{\mathrm{p}} (H_i \boldsymbol{N})^n \right] \quad (15\text{-}12) \\ I_{\mathrm{B}} = k_{\mathrm{aB}} I_{\mathrm{aB}} + \sum_{i=1}^{n} f(d_i) \left[ k_{\mathrm{dB}} I_{\mathrm{dB},i}^{\mathrm{p}} (L_i \boldsymbol{N}) + k_{\mathrm{sB}} I_{\mathrm{sB},i}^{\mathrm{p}} (H_i \boldsymbol{N})^n \right] \end{cases}$$

在程序实现时,还应考虑材质自身的发散颜色,这样才能使得光源照射不到的地方不是完全黑色。材质自身发散色是在简单光照模型计算前作为初始值添加的。

由于光强的颜色分量为计算值,其值需要规范化到 $[0.0, 1.0]$ 区间,所以才能在 RGB 颜色模型中正确显示。式(15-12)可用于计算物体网格表面顶点的颜色。

### 15.5.2  设计光源类 CLightSource

光源类定义了光源的位置、光源的衰减系数、光源的开关、光源的漫反射光颜色和镜面反射光颜色。光源的颜色是由镜面反射光颜色确定的。

```
class CLightSource
{
public:
    CLightSource();
    virtual ~CLightSource();
    void SetDiffuse(CRGB dif);                        //设置光源的漫反射光
    void SetSpecular(CRGB spe);                       //设置光源的镜面反射光
    void SetPosition(double x,double y,double z);     //设置光源的直角坐标位置
    void SetGlobal(double r,double phi,double theta); //设置光源的球坐标位置
    void SetCoef(double c0,double c1,double c2);      //设置光强的衰减系数
    void SetOnOff(BOOL onoff);                        //设置光源开关状态
    void GlobalToXYZ();                               //球坐标转换为直角坐标
public:
    CRGB L_Diffuse;                                   //光的漫反射颜色
    CRGB L_Specular;                                  //光的镜面高光颜色
```

```cpp
    CP3    L_Position;                                                    //光源的位置
    double L_R,L_Phi,L_Theta;                                            //光源球坐标
    double L_C0;                                                         //常数衰减系数
    double L_C1;                                                         //线性衰减系数
    double L_C2;                                                         //二次衰减系数
    BOOL L_OnOff;                                                        //光源开关
};
CLightSource::CLightSource()
{
    L_Diffuse=CRGB(0.0,0.0,0.0);                                        //光源的漫反射颜色
    L_Specular=CRGB(1.0,1.0,1.0);                                       //光源镜面高光颜色
    L_Position.x=0.0,L_Position.y=0.0,L_Position.z=1000;               //光源位置直角坐标
    L_R=1000,L_Phi=0,L_Theta=0;                                         //光源位置球坐标
    L_C0=1.0;                                                           //常数衰减系数
    L_C1=0.0;                                                           //线性衰减系数
    L_C2=0.0;                                                           //二次衰减系数
    L_OnOff=TRUE;                                                       //光源开启
}
CLightSource::~CLightSource()
{

}
void CLightSource::SetDiffuse(CRGB dif)
{
    L_Diffuse=dif;
}
void CLightSource::SetSpecular(CRGB spe)
{
    L_Specular=spe;
}
void CLightSource::SetPosition(double x,double y,double z)
{
    L_Position.x=x;
    L_Position.y=y;
    L_Position.z=z;
}
void CLightSource::SetGlobal(double r,double phi,double theta)
{
    L_R=r;
    L_Phi=phi;
    L_Theta=theta;
}
void CLightSource::SetOnOff(BOOL onoff)
{
    L_OnOff=onoff;
```

```
    }
    void CLightSource::SetCoef(double c0,double c1,double c2)
    {
        L_C0=c0;
        L_C1=c1;
        L_C2=c2;
    }
    void CLightSource::GlobalToXYZ()
    {
        L_Position.x=L_R * sin(L_Phi * PI/180) * cos(L_Theta * PI/180);
        L_Position.y=L_R * sin(L_Phi * PI/180) * sin(L_Theta * PI/180);
        L_Position.z=L_R * cos(L_Phi * PI/180);
    }
```

### 15.5.3  设计材质类 CMaterial

材质类定义了材质属性对环境光的反射率、对漫反射光的反射率、对镜面反射光的反射率，以及材质的高光指数。物体的颜色是由材质的漫反射光反射率决定的。

```
class CMaterial
{
public:
    CMaterial();
    virtual ~CMaterial();
    void SetAmbient(CRGB);                    //设置材质对环境光的反射率
    void SetDiffuse(CRGB);                    //设置材质对漫反射光的反射率
    void SetSpecular(CRGB);                   //设置材质对镜面反射光的反射率
    void SetEmit(CRGB);                       //设置材质自身辐射的颜色
    void SetExp(double);                      //设置材质的高光指数
public:
    CRGB M_Ambient;                           //材质对环境光的反射率
    CRGB M_Diffuse;                           //材质对漫反射光的反射率
    CRGB M_Specular;                          //材质对镜面反射光的反射率
    CRGB M_Emit;                              //材质自身发散的颜色
    double M_Exp;                             //材质的高光指数
};
CMaterial::CMaterial()
{
    M_Ambient=CRGB(0.2,0.2,0.2);              //材质对环境光的反射率
    M_Diffuse=CRGB(0.8,0.8,0.8);              //材质对漫反射光的反射率
    M_Specular=CRGB(0.0,0.0,0.0);             //材质对镜面反射光的反射率
    M_Emit=CRGB(0.0,0.0,0.0);                 //材质自身发散的颜色
    M_Exp=1.0;                                //高光指数
}
CMaterial::~CMaterial()
{
```

```
}
void CMaterial::SetAmbient(CRGB c)
{
    M_Ambient=c;
}
void CMaterial::SetDiffuse(CRGB c)
{
    M_Diffuse=c;
}
void CMaterial::SetSpecular(CRGB c)
{
    M_Specular=c;
}
void CMaterial::SetEmit(CRGB emi)
{
    M_Emit=emi;
}
void CMaterial::SetExp(double Exp)
{
    M_Exp=Exp;
}
```

### 15.5.4　设计光照类 CLighting

光照类定义了光照函数 Lighting(),计算物体表面网格顶点所获得的光照颜色。该函数的参数有视点 ViewPoint、物体表面网格的顶点 Point、该顶点的法矢量 Normal 和材质指针 pMaterial。Lighting()函数严格按照式(15-12)来计算光照后物体表面网格顶点的光亮度,分 5 步完成。第 1 步累加漫反射光的颜色,第 2 步累加镜面反射光颜色,第 3 步进行光强衰减,第 4 步加入环境光,第 5 步返回所计算顶点的光强颜色。光照颜色的初始值为材质自身的发散色。关闭光源时,光照颜色为物体顶点颜色,默认为白色。

```
class CLighting
{
public:
    CLighting();
    CLighting(int);
    virtual ~CLighting();
    void SetLightNumber(int);                //设置光源数量
    CRGB Lighting(CP3,CP3,CVector,CMaterial *); //光照
public:
    int LightNum;                            //光源数量
    CLightSource * Light;                    //光源数组
    CRGB Ambient;                            //环境光
};
CLighting::CLighting()
```

```cpp
{
    LightNum=1;
    Light=new CLight[LightNum];
    Ambient=CRGB(0.3,0.3,0.3);                    //环境光恒定不变
}
CLighting::~CLighting()
{
    if(Light)
    {
        delete []Light;
        Light=NULL;
    }
}
void CLighting::SetLightNumber(int lnum)
{
    if(Light)
    {
        delete []Light;
    }
    LightNum=lnum;
    Light=new CLightSource[lnum];
}


CLighting::CLighting(int lnum)
{
    LightNum=lnum;
    Light=new CLightSource[lnum];
    Ambient=CRGB(0.3,0.3,0.3);
}


CRGB CLighting:: Lighting (CP3 ViewPoint, CP3 Point, CVector Normal, CMaterial  *
pMaterial)
{
    CRGB LastC=pMaterial->M_Emit;                 //材质自身发散色为初始值
    for(int i=0;i<LightNum;i++)                   //来自光源
    {
        if(Light[i].L_OnOff)
        {
            CRGB InitC;
            InitC.red=0,InitC.green=0,InitC.blue=0;
            CVector VL(Point,Light[i].L_Position);   //指向光源的矢量
            double d=VL.Mold();                      //光传播的距离,等于矢量 VL 的模
            VL=VL.Unit();                            //光矢量单位化
            CVector VN=Normal;
```

```
            VN=VN.Unit();                               //法矢量单位化
            double CosTheta=Dot(VL,VN);
            if(CosTheta>=0.0)                           //光线可以照射到物体
            {
                  //第1步,加入漫反射光
                  InitC.red+=Light[i].L_Diffuse.red * pMaterial->M_Diffuse.red *
                  CosTheta;
                  InitC.green+ = Light[i].L_Diffuse.green * pMaterial->M_Diffuse.
                  green * CosTheta;
                  InitC.blue+=Light[i].L_Diffuse.blue * pMaterial->M_Diffuse.blue
                  * CosTheta;
                  //第2步,加入镜面反射光
                  CVector VS(Point,ViewPoint);          //VS 视矢量
                  VS=VS.Unit();
                  CVector VH= (VL+VS)/(VL+VS).Mold();    //平分矢量
                  double nRV=pow(Dot(VH,VN),pMaterial->M_Exp);
                  InitC.red+=Light[i].L_Specular.red * pMaterial->M_Specular.red
                  * nRV;
                  InitC.green+=Light[i].L_Specular.green * pMaterial->M_Specular.
                  green * nRV;
                  InitC.blue+ = Light[i].L_Specular.blue * pMaterial->M_Specular.
                  blue * nRV;
            }
            //第3步,光强衰减
            double c0=Light[i].L_C0;
            double c1=Light[i].L_C1;
            double c2=Light[i].L_C2;
            double f= (1.0/(c0+c1 * d+c2 * d * d));      //二次衰减函数
            f=MIN(1.0,f);
            LastC+=InitC * f;
      }
      else
      {
            LastC=Point.c;
      }
}
//第4步,加入环境光
LastC+=Ambient * pMaterial->M_Ambient;
//第5步,颜色归一到[0,1]区间
LastC.Normalize();
//第6步,返回所计算顶点的光强颜色
return LastC;
}
```

### 15.5.5 设计默认光源颜色和材质颜色

使用 CTestView 类的构造函数设置默认的光源颜色和材质颜色。一般场景中至少包含一个光源，通常是视点处的点光源。由于视点位于 $z$ 轴正向，而光源位于视点上，所以对于观察者而言，光源位于正前方。

```
CTestView::CTestView()
{
    //TODO: add construction code here
    bPlay=FALSE;                                        //动画按钮状态
    R=800.0,d=1000,Phi=90.0,Theta=0.0;                  //视点位置球坐标正前方
    LightNum=1;                                         //光源数量
    pLight=new CLighting(LightNum);                     //光源动态数组
    pLight->Light[0].SetPosition(0,0,1000);             //光源位置坐标
    //设置光源参数
    for(int i=0;i<LightNum;i++)
    {
        pLight->Light[i].L_Diffuse=CRGB(0.8,0.8,0.8);           //光源的漫反射颜色
        pLight->Light[i].L_Specular=CRGB(0.508,0.508,0.508);    //光源镜面高光颜色
        pLight->Light[i].L_C0=1.0;                      //常数衰减系数
        pLight->Light[i].L_C1=0.0000001;                //线性衰减系数
        pLight->Light[i].L_C2=0.00000001;               //二次衰减系数
        pLight->Light[i].L_OnOff=TRUE;                  //光源开启
    }
    //设置材质参数
    pMaterial=new CMaterial;                            //材质指针
    pMaterial->M_Ambient=CRGB(0.192,0.192,0.192);       //材质对环境光的反射率
    pMaterial->M_Diffuse=CRGB(0.508,0.508,0.508);       //材质对漫反射光的反射率
    pMaterial->M_Specular=CRGB(1.0,1.0,1.0);            //材质对镜面反射光的反射率
    pMaterial->M_Emit=CRGB(0.2,0.2,0.2);                //材质自身发散的颜色
    pMaterial->M_Exp=20.0;                              //高光指数
}
```

### 15.5.6 设计红色、绿色和蓝色光源菜单项

为 CTestView 类添加红色、绿色和蓝色子菜单项，代表光源的颜色。光源的颜色使用镜面反射光控制。

```
void CTestView::OnMlred()                               //设置红色光源
{
    // TODO: Add your command handler code here
    pLight->Light[0].SetSpecular(CRGB(1.0,0.0,0.0));
    AfxGetMainWnd()->GetMenu()->CheckMenuItem(ID_MLRED,MF_CHECKED);
    AfxGetMainWnd()->GetMenu()->CheckMenuItem(ID_MLGREEN,MF_UNCHECKED);
    AfxGetMainWnd()->GetMenu()->CheckMenuItem(ID_MLBLUE,MF_UNCHECKED);
    Invalidate(FALSE);
}
```

```
void CTestView::OnMlgreen()                                          //设置绿色光源
{
    // TODO: Add your command handler code here
    pLight->Light[0].SetSpecular(CRGB(0.0,1.0,0.0));
    AfxGetMainWnd()->GetMenu()->CheckMenuItem(ID_MLRED,MF_UNCHECKED);
    AfxGetMainWnd()->GetMenu()->CheckMenuItem(ID_MLGREEN,MF_CHECKED);
    AfxGetMainWnd()->GetMenu()->CheckMenuItem(ID_MLBLUE,MF_UNCHECKED);
    Invalidate(FALSE);
}
void CTestView::OnMlblue()                                           //设置蓝色光源
{
    // TODO: Add your command handler code here
    pLight->Light[0].SetSpecular(CRGB(0.0,0.0,1.0));
    AfxGetMainWnd()->GetMenu()->CheckMenuItem(ID_MLRED,MF_UNCHECKED);
    AfxGetMainWnd()->GetMenu()->CheckMenuItem(ID_MLGREEN,MF_UNCHECKED);
    AfxGetMainWnd()->GetMenu()->CheckMenuItem(ID_MLBLUE,MF_CHECKED);
    Invalidate(FALSE);
}
```

### 15.5.7  设计红宝石、绿宝石和蓝宝石材质菜单项

为 CTestView 类添加红宝石、绿宝石和蓝宝石子菜单项，代表材质的颜色。材质的颜色使用漫反射光反射率控制。

```
void CTestView::OnMmruby()                                           //设置红宝石材质
{
    // TODO: Add your command handler code here
    pMaterial->SetDiffuse(CRGB(1.0,0.0,0.0));
    AfxGetMainWnd()->GetMenu()->CheckMenuItem(ID_MMSAPPHIRE,MF_UNCHECKED);
    AfxGetMainWnd()->GetMenu()->CheckMenuItem(ID_MMEMERALD,MF_UNCHECKED);
    AfxGetMainWnd()->GetMenu()->CheckMenuItem(ID_MMRUBY,MF_CHECKED);
    Invalidate(FALSE);
}
void CTestView::OnMmemerald()                                        //设置绿宝石材质
{
    // TODO: Add your command handler code here
    pMaterial->SetDiffuse(CRGB(0.0,1.0,0.0));
    AfxGetMainWnd()->GetMenu()->CheckMenuItem(ID_MMSAPPHIRE,MF_UNCHECKED);
    AfxGetMainWnd()->GetMenu()->CheckMenuItem(ID_MMEMERALD,MF_CHECKED);
    AfxGetMainWnd()->GetMenu()->CheckMenuItem(ID_MMRUBY,MF_UNCHECKED);
    Invalidate(FALSE);
}
void CTestView::OnMmsapphire()                                       //设置蓝宝石材质
{
    // TODO: Add your command handler code here
    pMaterial->SetDiffuse(CRGB(0.0,0.0,1.0));
    AfxGetMainWnd()->GetMenu()->CheckMenuItem(ID_MMSAPPHIRE,MF_CHECKED);
```

```
    AfxGetMainWnd()->GetMenu()->CheckMenuItem(ID_MMEMERALD,MF_UNCHECKED);
    AfxGetMainWnd()->GetMenu()->CheckMenuItem(ID_MMRUBY,MF_UNCHECKED);
    Invalidate(FALSE);
}
```

### 15.5.8 设计变换类

本实验中视点位置固定不变,立方体的旋转使用三维几何变换实现,为此定义了变换类 CTransForm3 来实现三维物体的平移、比例、旋转、反射、错切变换以及矩阵乘法运算。

```
class CTransform3
{
public:
    CTransform3();
    virtual ~CTransform3();
    void SetMat(CP3 *,int);
    void Identity();
    void Translate(double tx,double ty,double tz);        //平移变换矩阵
    void Scale(double sx,double sy,double sz);            //比例变换矩阵
    void Scale(double sx,double sy,double sz,CP3 p);      //相对于任意点的比例变换矩阵
    void RotateX(double beta);                            //绕 x 轴旋转变换矩阵
    void RotateX(double beta,CP3 p);                      //相对于任意点的 x 旋转变换矩阵
    void RotateY(double beta);                            //绕 y 轴旋转变换矩阵
    void RotateY(double,CP3 p);                           //相对于任意点的 y 旋转变换矩阵
    void RotateZ(double beta);                            //绕 z 轴旋转变换矩阵
    void RotateZ(double,CP3 p);                           //相对于任意点的 z 旋转变换矩阵
    void ReflectX();                                      //x 轴反射变换矩阵
    void ReflectY();                                      //y 轴反射变换矩阵
    void ReflectZ();                                      //z 轴反射变换矩阵
    void ReflectXOY();                                    //xOy 面反射变换矩阵
    void ReflectYOZ();                                    //yOz 面反射变换矩阵
    void ReflectZOX();                                    //zOx 面反射变换矩阵
    void ShearX(double d,double g);                       //x 方向错切变换矩阵
    void ShearY(double b,double h);                       //y 方向错切变换矩阵
    void ShearZ(double c,double f);                       //z 方向错切变换矩阵
    void MultiMatrix();                                   //矩阵相乘
public:
    double T[4][4];
    CP3 * POld;
    int num;
};
CTransform3::CTransform3()
{

}

CTransform3::~CTransform3()
```

```
    {
    }
void CTransform3::SetMat(CP3 * p,int n)
    {
        POld=p;
        num=n;
    }
void CTransform3::Identity()                                          //单位矩阵
    {
        T[0][0]=1.0;T[0][1]=0.0;T[0][2]=0.0;T[0][3]=0.0;
        T[1][0]=0.0;T[1][1]=1.0;T[1][2]=0.0;T[1][3]=0.0;
        T[2][0]=0.0;T[2][1]=0.0;T[2][2]=1.0;T[2][3]=0.0;
        T[3][0]=0.0;T[3][1]=0.0;T[3][2]=0.0;T[3][3]=1.0;
    }
void CTransform3::Translate(double tx,double ty,double tz)   //平移变换矩阵
    {
        Identity();
        T[3][0]=tx;
        T[3][1]=ty;
        T[3][2]=tz;
        MultiMatrix();
    }
void CTransform3::Scale(double sx,double sy,double sz)        //比例变换矩阵
    {
        Identity();
        T[0][0]=sx;
        T[1][1]=sy;
        T[2][2]=sz;
        MultiMatrix();
    }
void CTransform3::Scale(double sx,double sy,double sz,CP3 p)
                                              //相对于任意点的比例变换矩阵
    {
        Translate(-p.x,-p.y,-p.z);
        Scale(sx,sy,sz);
        Translate(p.x,p.y,p.z);
    }
void CTransform3::RotateX(double beta)                     //绕 x 轴旋转变换矩阵
    {
        Identity();
        double rad=beta * PI/180;
        T[1][1]=cos(rad); T[1][2]=sin(rad);
        T[2][1]=-sin(rad);T[2][2]=cos(rad);
        MultiMatrix();
    }
void CTransform3::RotateX(double beta,CP3 p)        //相对于任意点的绕 x 轴旋转变换矩阵
    {
```

```cpp
    Translate(-p.x,-p.y,-p.z);
    RotateX(beta);
    Translate(p.x,p.y,p.z);
}
void CTransform3::RotateY(double beta)            //绕 y 轴旋转变换矩阵
{
    Identity();
    double rad=beta * PI/180;
    T[0][0]=cos(rad);T[0][2]=-sin(rad);
    T[2][0]=sin(rad);T[2][2]=cos(rad);
    MultiMatrix();
}
void CTransform3::RotateY(double beta,CP3 p)      //相对于任意点的绕 y 轴旋转变换矩阵
{
    Translate(-p.x,-p.y,-p.z);
    RotateY(beta);
    Translate(p.x,p.y,p.z);
}
void CTransform3::RotateZ(double beta)            //绕 z 轴旋转变换矩阵
{
    Identity();
    double rad=beta * PI/180;
    T[0][0]=cos(rad); T[0][1]=sin(rad);
    T[1][0]=-sin(rad);T[1][1]=cos(rad);
    MultiMatrix();
}
void CTransform3::RotateZ(double beta,CP3 p)      //相对于任意点的绕 z 轴旋转变换矩阵
{
    Translate(-p.x,-p.y,-p.z);
    RotateZ(beta);
    Translate(p.x,p.y,p.z);
}
void CTransform3::ReflectX()                      //x 轴反射变换矩阵
{
    Identity();
    T[1][1]=-1;
    T[2][2]=-1;
    MultiMatrix();
}
void CTransform3::ReflectY()                      //y 轴反射变换矩阵
{
    Identity();
    T[0][0]=-1;
    T[2][2]=-1;
    MultiMatrix();
}
void CTransform3::ReflectZ()                      //z 轴反射变换矩阵
```

```
    {
        Identity();
        T[0][0]=-1;
        T[1][1]=-1;
        MultiMatrix();
    }
    void CTransform3::ReflectXOY()                    //xOy面反射变换矩阵
    {
        Identity();
        T[2][2]=-1;
        MultiMatrix();
    }

    void CTransform3::ReflectYOZ()                    //yOz面反射变换矩阵
    {
        Identity();
        T[0][0]=-1;
        MultiMatrix();
    }
    void CTransform3::ReflectZOX()                    //zOx面反射变换矩阵
    {
        Identity();
        T[1][1]=-1;
        MultiMatrix();
    }
    void CTransform3::ShearX(double d,double g)        //x方向错切变换矩阵
    {
        Identity();
        T[1][0]=d;
        T[2][0]=g;
        MultiMatrix();
    }
    void CTransform3::ShearY(double b,double h)        //y方向错切变换矩阵
    {
        Identity();
        T[0][1]=b;
        T[2][1]=h;
        MultiMatrix();
    }
    void CTransform3::ShearZ(double c,double f)        //z方向错切变换矩阵
    {
        Identity();
        T[0][2]=c;
        T[1][2]=f;
        MultiMatrix();
    }
    void CTransform3::MultiMatrix()                    //矩阵相乘
```

```
{
    CP3 * PNew=new CP3[num];
    for(int i=0;i<num;i++)
        PNew[i]=POld[i];
    for(int j=0;j<num;j++)
    {
        POld[j].x=PNew[j].x * T[0][0]+PNew[j].y * T[1][0]+PNew[j].z * T[2][0]+PNew
        [j].w * T[3][0];
        POld[j].y=PNew[j].x * T[0][1]+PNew[j].y * T[1][1]+PNew[j].z * T[2][1]+PNew
        [j].w * T[3][1];
        POld[j].z=PNew[j].x * T[0][2]+PNew[j].y * T[1][2]+PNew[j].z * T[2][2]+PNew
        [j].w * T[3][2];
        POld[j].w=PNew[j].x * T[0][3]+PNew[j].y * T[1][3]+PNew[j].z * T[2][3]+PNew
        [j].w * T[3][3];
    }
    delete []PNew;
}
```

### 15.5.9　写出实验报告

结合实验步骤,写出实验报告,同时完整给出 CTestView 类的头文件和源文件。

# 15.6　思考与练习

**1. 实验总结**

(1) 本实验定义了光源类、材质类和光照类。添加了红色、绿色和蓝色光源菜单项。添加了红宝石、绿宝石和蓝宝石材质菜单项。选择一种光源、选择一种材质,可以演示二者的交互作用效果。如果材质是"绿宝石",也即是绿色材质,光源颜色是"红色",则立方体的颜色显示为黄色。

(2) 在光照类里定义了 CLighting() 函数,用于计算物体表面网格顶点的光亮度。根据每个网格的顶点颜色,使用双线性插值面绘制技术来计算面片上内点的光亮度。

(3) 在简单光照模型中,可以通过设置物体的漫反射光反射率来控制物体的颜色,镜面反射光的颜色来控制光源的颜色。

(4) 使用深度缓冲消隐算法消隐需要计算每个点的深度值,所以透视变换后的 ScreenP 坐标点为三维坐标。

(5) 立方体是根据每个面的外法矢量来决定该面获得光亮度的多少。由于立方体的表面只有 6 个,所以绘制效果不是很好。可以采用正八面体、正十二面体和正二十面体作模型来提高光照效果。

(6) 本实验建立了简单光照三维场景。立方体位于用户坐标系中,使用透视投影生成立方体的透视图,视点位于 $z$ 轴的正向;使用旋转变换矩阵旋转立方体,立方体旋转后的新顶点坐标是由旋转前的旧的顶点齐次矩阵乘以旋转变换矩阵得到的;光源的位置在用户坐标系内用直角坐标设定;立方体的消隐使用深度缓冲算法实现,深度缓冲区初始化宽度和高度都定义为1000,深度为-1000。在此场景中,只要给定点表和面表就可以对不同的物体(包括凸多面体和凹多面体)的表面模型实施透视投影,动态消隐和光照。

(7) 本实验建立了简单光照三维场景。消隐使用的是 Z-Buffer 算法,符合 OpenGL 规范。实际上本实验中定义的立方体是凸多面体,仅使用背面剔除算法也可正确消隐。对于凹多面体表面模型则需要先使用背面剔除算法,然后使用 Z-Buffer 算法消隐。对于图 15-5 所示的圆环线框模型,当旋转到环面水平时,如图 15-5(b)所示,尽管使用了背面剔除,内环的前面和外环的前面依旧同时显示,不能正确消隐。而对于圆环表面模型,在背面剔除的基础上使用 Z-Buffer 算法消隐则可以绘制出正确的结果,如图 15-6 所示。

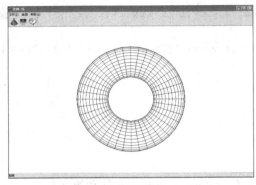
(a) 环面垂直

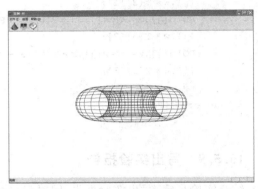
(b) 环面水平

图 15-5　圆环线框模型效果图

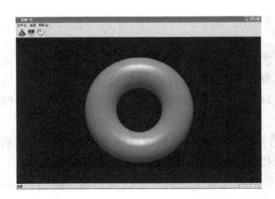

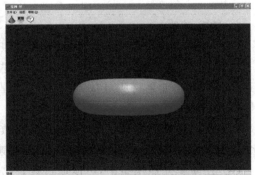

图 15-6　圆环表面模型效果图

**2. 拓展练习**

正多面体有且仅有 5 种,即正四面体、正六面体、正八面体、正十二面体和正二十面体,统称为柏拉图多面体。

(1) 编程实现如图 15-7 所示正四面体光照模型。

(2) 编程实现如图 15-8 所示正八面体光照模型。

(3) 编程实现如图 15-9 所示正十二面体光照模型。

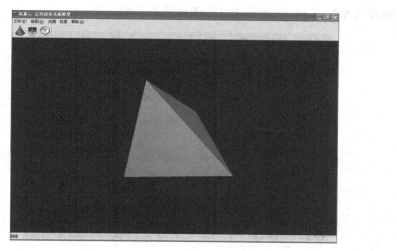

图 15-7　正四面体光照模型效果图

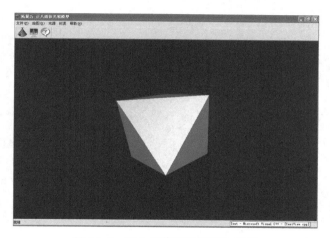

图 15-8　正八面体光照模型效果图

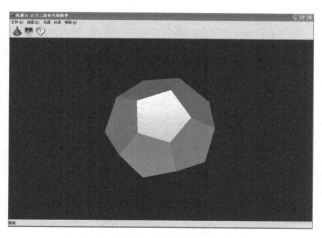

图 15-9　正十二面体光照模型效果图

（4）编程实现如图 15-10 所示正二十面体光照模型。

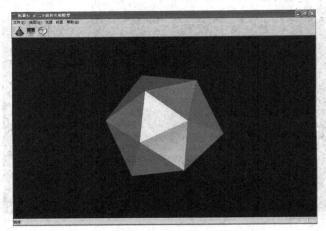

图 15-10　正二十面体光照模型效果图

# 实验 16　球体 Gouraud 光照模型

## 16.1　实验目的

掌握双线性光强插值算法。

## 16.2　实验要求

（1）建立三维坐标系 $\{O;x,y,z\}$，原点位于屏幕客户区中心，$x$ 轴水平向右为正，$y$ 轴垂直向上为正，$z$ 轴垂直于屏幕指向观察者。

（2）地理划分法细分球面的方法。

（3）绘制体心和坐标系中心重合的球体表面，使用 Z-Buffer 消隐算法进行消隐。

（4）使用单点光源对球体进行照射生成 Gouraud 光照模型，光源位置位于球体右上方。

（5）背景色设置为 RGB(128,0,0)。

（6）使用键盘方向键旋转球体。

（7）使用动画按钮，播放或停止球体动画。

## 16.3　效果图

球体单点光源 Gouraud 光照模型的绘制效果如图 16-1 所示。

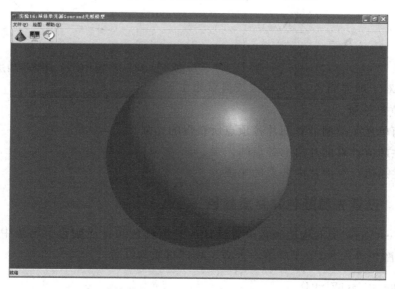

图 16-1　球体单点光源 Gouraud 光照模型的绘制效果图

## 16.4　实验准备

(1) 学习完主教材 10.2 节后,进行本实验。
(2) 熟悉球面细分算法。
(3) 熟悉光照模型。
(4) 熟悉双线性颜色插值算法。
(5) 熟悉有效边表填充算法。

## 16.5　实验步骤

　　建立球体的网格模型,使用地理划分法将球体北极和南极划分为三角形面片,其余部分划分为四边形面片,先对球体网格模型进行背面剔除,然后使用深度缓冲算法进行消隐。面片各顶点根据对光源的朝向计算所获得的光强,然后采用双线性光强插值计算面片内各点的光强。面片使用有效边表算法填充。

### 16.5.1　双线性光强插值模型算法

　　双线性光强插值由 Gouraud 于 1971 年提出,故又称为 Gouraud 明暗处理。先计算物体表面面片各顶点的光强,然后采用双线性插值,求出面片内部区域中各点的光强。分以下步骤实现。

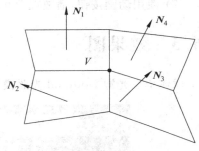

图 16-2　计算平均法矢量

　　(1) 计算面片各顶点处的平均法矢量。

　　图 16-2 所示的顶点 $V$ 由 4 个四边形面片共享。$V$ 点的法矢量 $N$ 取 4 个四边形面片法矢量的平均值。

$$N = \frac{\sum_{i=0}^{3} N_i}{\left| \sum_{i=0}^{3} N_i \right|}$$

　　特殊地,对于球体而言,其平均法矢量就是由球心指向该点的位置矢量。

　　(2) 用简单光照模型计算面片各顶点所获得的光强。

　　(3) 线性插值计算面片边上各点的光强。

　　(4) 线性插值计算面片内各点的光强。

### 16.5.2　设置光源颜色和材质颜色

　　使用 CTestView 类的构造函数设置默认的光源颜色和材质颜色。场景中使用了一个点光源,光源颜色为白色,位于屏幕右上方。物体材质为红色。

```
CTestView::CTestView()
{
    //TODO: add construction code here
```

```
    V=NULL;P=NULL;                                      //V(Vertex)为顶点数组,P(Patch)为小面数组
    Play=FALSE;
    R=1000,d=800,Phi=90.0,Theta=0;                      //透视参数
    LightNum=1;                                         //光源个数
    pLight=new CLighting(LightNum);                     //一维光源动态数组
    pLight->Light[0].SetPosition(800,800,800);          //设置光源位置坐标
    for(int i=0;i<LightNum;i++)
    {
        pLight->Light[i].L_Diffuse=CRGB(1.0,1.0,1.0);   //光源的漫反射颜色
        pLight->Light[i].L_Specular=CRGB(1.0,1.0,1.0);  //光源镜面高光颜色
        pLight->Light[i].L_C0=1.0;                      //常数衰减系数
        pLight->Light[i].L_C1=0.0000001;                //线性衰减系数
        pLight->Light[i].L_C2=0.00000001;               //二次衰减系数
        pLight->Light[i].L_OnOff=TRUE;                  //光源开启
    }
    pMaterial=new CMaterial;                            //一维材质动态数组
    pMaterial->M_Ambient=CRGB(0.547,0.08,0.0);          //材质对环境光的反射率
    pMaterial->M_Diffuse=CRGB(0.85,0.08,0.0);           //材质对漫反射光的反射率
    pMaterial->M_Specular=CRGB(0.828,0.8,0.8);          //材质对镜面反射光的反射率
    pMaterial->M_Emit=CRGB(0.2,0.0,0.0);                //材质自身发散的颜色
    pMaterial->M_Exp=20.0;                              //高光指数
}
```

### 16.5.3  读入网格小面表

对于可以使用数学方程表达的三维球面,需要将其网格化。网格(mesh)由小面构成,小面有三角形或四边形的。球体共有 $N_1 N_2$ 个小面片,北极和南极各有 $N_2$ 个三角形小面片,其余部分有 $(N_1-2)N_2$ 个四边形小面片。小面是二维坐标数组名为 $P$,代表 Patch。

```
void CTestView::ReadPatch()                     //读入小面表
{
    //设置二维动态数组
    P=new CPatch * [N1];                         //设置行
    for(int n=0;n<N1;n++)
    {
        P[n]=new CPatch[N2];                     //设置列
    }
    for(int j=0;j<N2;j++)                        //构造北极三角形面片
    {
        int tempj=j+1;
        if(tempj==N2) tempj=0;                   //面片的首尾连接
        int NorthIndex[3];                       //北极三角形面片索引号数组
        NorthIndex[0]=0;
        NorthIndex[1]=j+1;
        NorthIndex[2]=tempj+1;
```

```
            P[0][j].SetNum(3);
            for(int k=0;k<P[0][j].vNum;k++)
            {
                P[0][j].vI[k]=NorthIndex[k];
            }
        }
        for(int i=1;i<N1-1;i++)                    //构造球体四边形面片
        {
            for(int j=0;j<N2;j++)
            {
                int tempi=i+1;
                int tempj=j+1;
                if(tempj==N2) tempj=0;
                int BodyIndex[4];                  //球体四边形面片索引号数组
                BodyIndex[0]=(i-1)*N2+j+1;
                BodyIndex[1]=(tempi-1)*N2+j+1;
                BodyIndex[2]=(tempi-1)*N2+tempj+1;
                BodyIndex[3]=(i-1)*N2+tempj+1;
                P[i][j].SetNum(4);
                for(int k=0;k<P[i][j].vNum;k++)
                {
                    P[i][j].vI[k]=BodyIndex[k];
                }
            }
        }
        for(j=0;j<N2;j++)                          //构造南极三角形面片
        {
            int tempj=j+1;
            if(tempj==N2) tempj=0;
            int SouthIndex[3];                     //南极三角形面片索引号数组
            SouthIndex[0]=(N1-2)*N2+j+1;
            SouthIndex[1]=(N1-1)*N2+1;
            SouthIndex[2]=(N1-2)*N2+tempj+1;
            P[N1-1][j].SetNum(3);
            for(int k=0;k<P[N1-1][j].vNum;k++)
            {
                P[N1-1][j].vI[k]=SouthIndex[k];
            }
        }
    }
```

### 16.5.4　读入网格顶点表

球体共有$(N_1-1)N_2+2$个网格顶点，经纬网格的夹角为 $4°$。顶点是一维坐标数组名为 $V$，代表 Vertex。

```
void CTestView::ReadVertex()                          //读入点坐标
{
    int gafa=4,gbeta=4;                               //面片夹角
    N1=180/gafa,N2=360/gbeta;                         //N1 为纬度区域,N2 为经度区域
    V=new CP3[(N1-1) * N2+2];                         //P 为球的顶点
    //纬度方向除南北极点外有"N1-1"个点,"2"代表南北极两个点
    double afa1,beta1,r=300;                          //r 为球体半径
    //计算北极点坐标
    V[0].x=0;
    V[0].y=r;
    V[0].z=0;
    //按行循环计算球体上的点坐标
    for(int i=0;i<N1-1;i++)
    {
        afa1=(i+1) * gafa * PI/180;
        for(int j=0;j<N2;j++)
        {
            beta1=j * gbeta * PI/180;
            V[i * N2+j+1].x=r * sin(afa1) * sin(beta1);
            V[i * N2+j+1].y=r * cos(afa1);
            V[i * N2+j+1].z=r * sin(afa1) * cos(beta1);
        }
    }
    //计算南极点坐标
    V[(N1-1) * N2+1].x=0;
    V[(N1-1) * N2+1].y=-r;
    V[(N1-1) * N2+1].z=0;
}
```

## 16.5.5　计算面片顶点的颜色

球面上每个面片顶点的颜色需要根据视点坐标、该点坐标、该点法矢量和材质共同决定。

```
void CTestView::VertexColor()                         //计算面片顶点颜色
{
    for(int i=0;i<(N1-1) * N2+2;i++)                  //遍历所有点
    {
        CVector PNormal(V[i]);            //点的位置矢量代表共享该点的所有面的平均法矢量
        V[i].c=pLight->Lighting(ViewPoint,V[i],PNormal,pMaterial);
                                                      //调用光照函数
    }
}
```

## 16.5.6　绘制球面

使用 Z-Buffer 算法对球面进行深度消隐,然后使用有效边表算法进行填充。为了减少

渲染的面片数,先使用凸多面体消隐算法对球体不可见面片进行剔除。然后使用 Z-Buffer 算法对可见面片进行消隐,最后使用有效边表算法进行填充。使用 CZBuffer 类对象 zbuf 进行处理时,区分了三角形面片和四边形面片两种情况。

```cpp
void CTestView::DrawObject(CDC * pDC)                    //绘制球面
{
    VertexColor();
    CZBuffer * zbuf=new CZBuffer;                        //申请内存
    zbuf->InitDeepBuffer(800,800,-1000);                 //深度初始化
    CPi3 Point3[3];                                      //南北极顶点数组
    CPi3 Point4[4];                                      //球体顶点数组
    for(int i=0;i<N1;i++)
    {
        for(int j=0;j<N2;j++)
        {
            CVector VS(V[P[i][j].vI[1]],ViewPoint);  //面的视矢量
            P[i][j].SetNormal(V[P[i][j].vI[0]],V[P[i][j].vI[1]],V[P[i][j].vI[2]]);
            if(Dot(VS,P[i][j].patchNormal)>=0)           //背面剔除
            {
                if(P[i][j].vNum==3)                      //三角形面片
                {
                    for(int m=0;m<P[i][j].vNum;m++)
                    {
                        PerProject(V[P[i][j].vI[m]]);
                        Point3[m]=ScreenP;
                    }
                    zbuf->SetPoint(Point3,3);            //设置顶点
                    zbuf->CreateBucket();                //建立桶表
                    zbuf->CreateEdge();                  //建立边表
                    zbuf->Gouraud(pDC);                  //填充三角形
                    zbuf->ClearMemory();                 //内存清理
                }
                else                                     //四边形面片
                {
                    for(int m=0;m<P[i][j].vNum;m++)
                    {
                        PerProject(V[P[i][j].vI[m]]);
                        Point4[m]=ScreenP;
                    }
                    zbuf->SetPoint(Point4,4);            //设置顶点
                    zbuf->CreateBucket();                //建立桶表
                    zbuf->CreateEdge();                  //建立边表
                    zbuf->Gouraud(pDC);                  //填充四边形
                    zbuf->ClearMemory();                 //内存清理
                }
            }
        }
    }
}
```

```
    }
    delete zbuf;                                            //释放内存
}
```

### 16.5.7 写出实验报告

结合实验步骤,写出实验报告,同时完整给出 CTestView 类的头文件和源文件。

# 16.6 思考与练习

**1. 实验总结**

(1)本实验使用地理划分法构造了球体线框模型,分别定义了点表和面表。

(2)球体网格模型北极圈内和南极圈内都使用三角形面片逼近,其他部分使用四边形面片逼近。

(3)对于球心位于用户坐标系原点的球体,可以用球体上一点的位置矢量代表该点的平均法矢量,即可直接使用位置矢量计算该点的光强。

(4)在使用 Gouraud 双线性光强插值模型实现相邻多边形之间的颜色渐变时,由于采用光强插值,高光区域的多边形边界明显,存在马赫带效应。请仔细观察图 16-1 的高光处,还可以看出四边形轮廓。

(5)本实验中光源的位置在用户坐标系中使用直角坐标确定,视点位于 $z$ 轴正向,使用透视变换生成球体的透视图。球体使用旋转变换矩阵旋转,球体的消隐使用深度缓冲算法实现。为了提高动画效率,在使用深度缓冲消隐前先对球体进行了背面剔除。

**2. 拓展练习**

(1)在本实验的基础上修改 CTestView 类的构造函数,设置双点光源照射球体,光源分别位于球体的左上方和右上方,光照效果如图 16-3 所示。

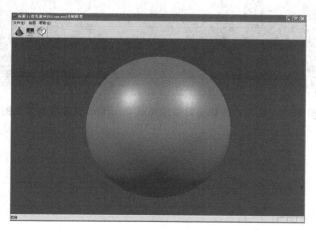

图 16-3　双点光源球体 Gouraud 光照模型效果图

(2)本实验对球体的划分采用的是地理划分法。请在正八面体的基础上使用递归划分法生成双光源 Gouraud 模型光照球体,光源分别位于球体的左上方和右上方,取递归深度为 4,效果如图 16-4 所示。

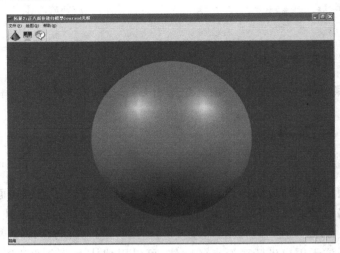

图 16-4　正八面体递归双点光源 Gouraud 光照模型效果图

　　（3）在正二十体的基础上使用球体的递归划分法,单点光源分别位于球体的正前方,递归深度取为 4,请绘制单光源 Gouraud 模型光照球体,效果如图 16-5 所示。

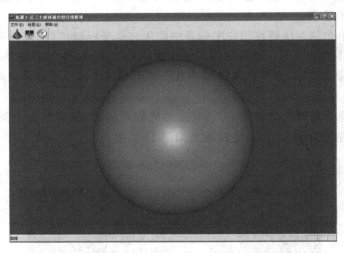

图 16-5　正二十面体递归单点光源 Gouraud 光照模型效果图

# 实验 17   球体 Phong 光照模型

## 17.1   实验目的

掌握双线性法矢插值模型。

## 17.2   实验要求

(1) 建立三维坐标系 $\{O;x,y,z\}$，原点位于屏幕客户区中心，$x$ 轴水平向右为正，$y$ 轴垂直向上为正，$z$ 轴垂直于屏幕指向观察者。

(2) 地理划分法细分球面的方法。

(3) 绘制体心和坐标系中心重合的球体表面，使用 Z-Buffer 消隐算法进行消隐。

(4) 使用单点光源对球体进行照射生成 Phong 光照模型，光源位置位于球体右上方。

(5) 背景色设置为 RGB(128,0,0)。

(6) 使用键盘方向键旋转球体。

(7) 使用动画按钮，播放或停止球体动画。

## 17.3   效果图

球体单光源 Phong 光照模型的绘制效果如图 17-1 所示。

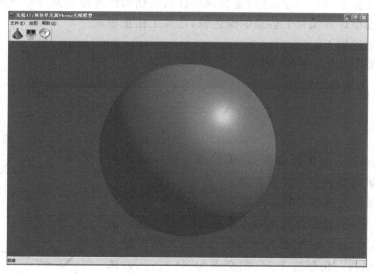

图 17-1   球体单光源 Phong 光照模型的绘制效果图

## 17.4　实验准备

（1）在学习完主教材 10.2 节后,进行本实验。

（2）熟悉球面细分算法。

（3）熟悉光照模型。

（4）熟悉双线性法矢量插值算法。

（5）熟悉有效边表填充算法。

## 17.5　实验步骤

建立球体的网格模型,使用地理划分法将球体北极和南极划分为三角形面片,其余部分划分为四边形面片,先对球体网格模型进行背面剔除,然后使用深度缓冲算法进行消隐。计算面片各顶点的平均法矢量,然后采用双线性法矢插值计算面片内各点的法矢量。最终根据每点的法矢量对光源的朝向,通过简单光照模型计算所获得的光强。面片使用有效边表算法填充。

### 17.5.1　Phong 双线性法矢插值模型

实验 16 中使用 Gouraud 双线性光强插值模型绘制球体。Gouraud 双线性光强插值模型解决了相邻多边形之间的颜色突变问题,产生的真实感图形颜色过渡均匀,图形显得非常光滑,这是它的优点,但是,由于采用光强插值,其镜面反射光效果不太理想,而且相邻多边形边界处的马赫带效应并不能完全消除。1975 年 Phong 提出的双线性法矢插值模型可以有效解决上述问题,产生正确的高光区域。Phong 模型在进行光强插值的时候,需要先对面片的每个顶点计算平均法矢量,然后通过双线性法矢插值计算面片内每个点的法矢量,最后根据简单光照模型计算面片上各点的颜色值,计算工作量很大。

基本算法描述如下。

（1）计算面片顶点的平均法矢量。

$$N = \frac{\sum\limits_{i=0}^{n-1} N_i}{\left| \sum\limits_{i=0}^{n-1} N_i \right|}$$

由于球心位于三维坐标系原点,所以球上任一面片的顶点平均法矢量就是该点的位置矢量。

（2）计算面片内部各点的法矢量。

在图 17-2 中,三角形面片的顶点坐标为 $V_0(x_0, y_0)$,法矢量为 $N_0$;$V_1(x_1, y_1)$,法矢量为 $N_1$;$V_2(x_2, y_2)$,法矢量为 $N_2$。任一扫描线与三角形边 $V_0V_1$ 的交点为 $A(x_A, y_A)$,法矢量为 $N_A$;与边 $V_0V_2$ 的交点为 $B(x_B, y_B)$,法矢量为 $N_B$;$F(x_F, y_F)$ 为 $AB$ 内的任意一点,法矢量为 $N_F$。Phong 双线

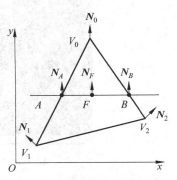

图 17-2　法矢量双线性插值

性法矢插值模型是依据三角形面片顶点 $V_0$、$V_1$、$V_2$ 的法矢量进行双线性值插值计算三角形内点 $F$ 的法矢量。

边 $V_0V_1$ 边上任意一点 $A$ 点的法矢量 $N_A$ 可由 $V_0$ 点的法矢量 $N_0$ 和 $V_1$ 点的法矢量 $N_1$ 通过拉格朗日线性插值法得到：

$$N_A = \frac{y_A - y_1}{y_0 - y_1}N_0 + \frac{y_A - y_0}{y_1 - y_0}N_1$$

边 $V_0V_2$ 边上 $B$ 点的法矢量 $N_B$ 可由 $V_0$ 点的法矢量 $N_0$ 和 $V_2$ 点的法矢量 $N_2$ 通过拉格朗日线性插值法得到

$$N_B = \frac{y_B - y_2}{y_0 - y_2}N_0 + \frac{y_B - y_0}{y_2 - y_0}N_2$$

扫描线 $AB$ 上 $F$ 点的法矢量 $N_F$ 可由 $A$ 点的法矢量 $N_A$ 和 $B$ 点的法矢量 $N_B$ 通过拉格朗日线性插值得到

$$N_F = \frac{x_F - x_B}{x_A - x_B}N_A + \frac{x_F - x_A}{x_B - x_A}N_B$$

（3）对面片内的每一点根据简单光照模型计算光强，获得该点颜色。

### 17.5.2 修改 CAET 类

在 CAET 类内不仅包含边的起点坐标和终点坐标，同时增加起点和终点的法矢量。

```
class CAET
{
public:
    CAET();
    virtual ~CAET();
public:
    double x;                        //当前 x
    int    yMax;                     //边的最大 y 值
    double k;                        //斜率的倒数(x 的增量)
    CPi3   pb;                       //起点坐标
    CPi3   pe;                       //终点坐标
    CVector vb;                      //起点矢量
    CVector ve;                      //终点法矢量
    CAET   * next;
};
```

### 17.5.3 修改 CZBuffer 类

在 CZBuffer 类内先对面片每个顶点的法矢量进行双线性插值获得面片内每一点的法矢量，然后调用简单光照模型计算面片内每点的光强。

**1. ZBuffer. h 头文件**

```
class CZBuffer
{
public:
```

```
        CZBuffer();
        virtual ~CZBuffer();
        void CreateBucket();                            //创建桶
        void CreateEdge();                              //边表
        void AddEt(CAET*);                              //合并 ET 表
        void EtOrder();                                 //ET 表排序
        void Phong(CDC*,CP3,CLighting*,CMaterial*);     //Phong 填充函数
        void InitDeepBuffer(int,int,double);            //初始化深度缓存
        CVector Interpolation(double,double,double,CVector,CVector);
                                                        //法矢线性插值
        void SetPoint(CPi3*,CVector*,int);
        void ClearMemory();                             //清理内存
        void DeleteAETChain(CAET* pAET);                //删除边表
    protected:
        int PNum;                                       //顶点个数
        CPi3* P;                                        //顶点数组
        CVector* VN;                                    //顶点的法矢量动态数组
        CAET* pHeadE,* pCurrentE,* pEdge;               //有效边表结点指针
        CBucket* pCurrentB,* pHeadB;
        double** ZB;
        int Width,Height;                               //深度缓冲大小参数
    };
```

## 2. ZBuffer.cpp 源文件

```
CZBuffer::CZBuffer()
{
    P=NULL;
    pHeadE=NULL;
    pCurrentB=NULL;
    pEdge=NULL;
    pCurrentE=NULL;
    pHeadB=NULL;
    ZB=NULL;
}
CZBuffer::~CZBuffer()
{
    //当前小面的点表和向量表应在绘制完当前面之后及时删除
    for(int i=0;i<Width;i++)
    {
        delete[] ZB[i];
        ZB[i]=NULL;
    }
    if(ZB!=NULL)
    {
        delete ZB;
```

```
            ZB=NULL;
        }
        ClearMemory();
    }
    void CZBuffer::SetPoint(CPi3 * p,CVector * vn,int m)
    {
        P=new CPi3[m];
        VN=new CVector[m];
        for(int i=0;i<m;i++)
        {
            P[i]=p[i];
            VN[i]=vn[i];
        }
        PNum=m;
    }
    void CZBuffer::CreateBucket()                        //创建桶表
    {
        int yMin,yMax;
        yMin=yMax=P[0].y;
        for(int i=0;i<PNum;i++)                          //查找多边形所覆盖的最小和最大扫描线
        {
            if(P[i].y<yMin)
            {
                yMin=P[i].y;                             //扫描线的最小值
            }
            if(P[i].y>yMax)
            {
                yMax=P[i].y;                             //扫描线的最大值
            }
        }
        for(int y=yMin;y<=yMax;y++)
        {
            if(yMin==y)                                  //建立桶头结点
            {
                pHeadB=new CBucket;                      //建立桶头结点
                pCurrentB=pHeadB;                        //pCurrentB 为 CBucket 当前结点指针
                pCurrentB->ScanLine=yMin;
                pCurrentB->pET=NULL;                     //没有链接边表
                pCurrentB->next=NULL;
            }
            else                                         //其他扫描线
            {
                pCurrentB->next=new CBucket;             //建立桶的其他结点
                pCurrentB=pCurrentB->next;
                pCurrentB->ScanLine=y;
```

```cpp
                pCurrentB->pET=NULL;
                pCurrentB->next=NULL;
            }
        }
    }
void CZBuffer::CreateEdge()                    //创建边表
{
    for(int i=0;i<PNum;i++)
    {
        pCurrentB=pHeadB;
        int j=(i+1)%PNum;                      //边的第二个顶点,P[i]和P[j]构成边
        if(P[i].y<P[j].y)                      //边的终点比起点高
        {
            pEdge=new CAET;
            pEdge->x=P[i].x;                   //计算 ET 表的值
            pEdge->yMax=P[j].y;
            pEdge->k=(P[j].x-P[i].x)/(P[j].y-P[i].y);   //代表 1/k
            pEdge->pb=P[i];                    //绑定顶点和颜色
            pEdge->pe=P[j];
            pEdge->vb=VN[i];
            pEdge->ve=VN[j];
            pEdge->next=NULL;
            while(pCurrentB->ScanLine!=P[i].y)  //在桶内寻找该边的 yMin
            {
                pCurrentB=pCurrentB->next;      //移到 yMin 所在的桶结点
            }
        }
        if(P[j].y<P[i].y)                      //边的终点比起点低
        {
            pEdge=new CAET;
            pEdge->x=P[j].x;
            pEdge->yMax=P[i].y;
            pEdge->k=(P[i].x-P[j].x)/(P[i].y-P[j].y);
            pEdge->pb=P[i];
            pEdge->pe=P[j];
            pEdge->vb=VN[i];
            pEdge->ve=VN[j];
            pEdge->next=NULL;
            while(pCurrentB->ScanLine!=P[j].y)
            {
                pCurrentB=pCurrentB->next;
            }
        }
        if(int(P[j].y)!=P[i].y)
        {
```

```
                pCurrentE=pCurrentB->pET;
                if(pCurrentE==NULL)
                {
                    pCurrentE=pEdge;
                    pCurrentB->pET=pCurrentE;
                }
                else
                {
                    while(pCurrentE->next!=NULL)
                    {
                        pCurrentE=pCurrentE->next;
                    }
                    pCurrentE->next=pEdge;
                }
            }
        }
}
void CZBuffer:: Phong (CDC * pDC, CP3 ViewPoint, CLighting * pLight, CMaterial
* pMaterial)                                   //填充多边形
{
    double      z=0.0;                          //当前扫描线的 z
    double      zStep=0.0;                      //当前扫描线随着 x 增长的 z 步长
    double      A,B,C,D;                        //平面方程 Ax+By+Cz+D=0 的系数
    CVector V01(P[0],P[1]),V12(P[1],P[2]);
    CVector VN=V01 * V12;
    A=VN.X();B=VN.Y();C=VN.Z();
    D=-A * P[1].x-B * P[1].y-C * P[1].z;
    //计算 curDeep;从 x=xMin 开始计算,此时针对 yi
    zStep=-A/C;                                 //计算 z 增量
    CAET * pT1, * pT2;
    pHeadE=NULL;
    for(pCurrentB=pHeadB;pCurrentB!=NULL;pCurrentB=pCurrentB->next)
    {
        for(pCurrentE=pCurrentB->pET;pCurrentE!=NULL;pCurrentE=pCurrentE->
        next)
        {
            pEdge=new CAET;
            pEdge->x=pCurrentE->x;
            pEdge->yMax=pCurrentE->yMax;
            pEdge->k=pCurrentE->k;
            pEdge->pb=pCurrentE->pb;
            pEdge->pe=pCurrentE->pe;
            pEdge->vb=pCurrentE->vb;
            pEdge->ve=pCurrentE->ve;
            pEdge->next=NULL;
```

```
        AddEt(pEdge);
    }
    EtOrder();
    pT1=pHeadE;
    if(pT1==NULL)
    {
        return;
    }
    while(pCurrentB->ScanLine>=pT1->yMax)        //下闭上开
    {
        CAET * pAETTEmp=pT1;
        pT1=pT1->next;
        delete pAETTEmp;
        pHeadE=pT1;
        if(pHeadE==NULL)
            return;
    }
    if(pT1->next!=NULL)
    {
        pT2=pT1;
        pT1=pT2->next;
    }
    while(pT1!=NULL)
    {
        if(pCurrentB->ScanLine>=pT1->yMax)        //下闭上开
        {
            CAET * pAETTemp =pT1;
            pT2->next=pT1->next;
            pT1=pT2->next;
            delete pAETTemp;
        }
        else
        {
            pT2=pT1;
            pT1=pT2->next;
        }
    }
    CVector na,nb,nf;        //na、nb代表边上任意点的法矢量,nf代表面上任意点的法矢量
    na=Interpolation(pCurrentB->ScanLine,pHeadE->pb.y,pHeadE->pe.y,
                pHeadE->vb,pHeadE->ve);        //法矢量插值
    nb=Interpolation(pCurrentB->ScanLine,pHeadE->next->pb.y,pHeadE->
                next->pe.y,pHeadE->next->vb,pHeadE->next->ve);
                        //法矢量插值
    BOOL Flag=FALSE;
    double xb,xe;        //扫描线和有效边相交区间的起点和终点坐标
```

```cpp
        for(pT1=pHeadE;pT1!=NULL;pT1=pT1->next)
    {
        if(Flag==FALSE)
        {
            xb=pT1->x;
            z=-(xb*A+pCurrentB->ScanLine*B+D)/C;       //z=-(Ax+By-D)/C
            Flag=TRUE;
        }
        else
        {
            xe=pT1->x;
            for(double x=xb;x<xe;x++)                   //左闭右开
            {
                nf=Interpolation(x,xb,xe,na,nb);
                CRGB c=pLight->Lighting(ViewPoint,CP3(ROUND(x),
                    pCurrentB->ScanLine,z),nf,pMaterial); //根据法矢量计算光强
                //如果新采样点的深度大于原采样点的深度
                if(z>=ZB[ROUND(x)+Width/2][pCurrentB->ScanLine+Height/2])
                {
                    //xy坐标与数组下标保持一致
                    ZB[ROUND(x)+Width/2][pCurrentB->ScanLine+Height/2]=z;
                    pDC->SetPixel(ROUND(x),pCurrentB->ScanLine,
                            RGB(c.red*255,c.green*255,c.blue*255));
                }
                    z+=zStep;
            }
            Flag=FALSE;
        }
    }
    for(pT1=pHeadE;pT1!=NULL;pT1=pT1->next)             //边的连续性
    {
        pT1->x=pT1->x+pT1->k;
    }
    }
}
void CZBuffer::AddEt(CAET * pNewEdge)                   //合并 ET 表
{
    CAET * pCE;
    pCE=pHeadE;
    if(pCE==NULL)
    {
        pHeadE=pNewEdge;
        pCE=pHeadE;
    }
    else
```

```
            {
                while(pCE->next!=NULL)
                {
                    pCE=pCE->next;
                }
                pCE->next=pNewEdge;
            }
        }
        void CZBuffer::EtOrder()                        //边表的冒泡排序算法
        {
            CAET * pT1, * pT2;
            int Count=1;
            pT1=pHeadE;
            if(pT1==NULL)
            {
                return;
            }
            if(pT1->next==NULL)                         //如果该 ET 表没有再连 ET 表
            {
                return;                                 //桶结点只有一条边,不需要排序
            }
            while(pT1->next!=NULL)                      //统计边结点的个数
            {
                Count++;
                pT1=pT1->next;
            }
            for(int i=1;i<Count;i++)                    //冒泡排序
            {
                pT1=pHeadE;
                if(pT1->x>pT1->next->x)                 //按 x 由小到大排序
                {
                    pT2=pT1->next;
                    pT1->next=pT1->next->next;
                    pT2->next=pT1;
                    pHeadE=pT2;
                }
                else
                {
                    if(pT1->x==pT1->next->x)
                    {
                        if(pT1->k>pT1->next->k)         //按斜率由小到大排序
                        {
                            pT2=pT1->next;
                            pT1->next=pT1->next->next;
                            pT2->next=pT1;
```

```
                    pHeadE=pT2;
                }
            }
        }
        pT1=pHeadE;
        while(pT1->next->next!=NULL)
        {
            pT2=pT1;
            pT1=pT1->next;
            if(pT1->x>pT1->next->x)                    //按 x 由小到大排序
            {
                pT2->next=pT1->next;
                pT1->next=pT1->next->next;
                pT2->next->next=pT1;
                pT1=pT2->next;
            }
            else
            {
                if(pT1->x==pT1->next->x)
                {
                    if(pT1->k>pT1->next->k)             //按斜率由小到大排序
                    {
                        pT2->next=pT1->next;
                        pT1->next=pT1->next->next;
                        pT2->next->next=pT1;
                        pT1=pT2->next;
                    }
                }
            }
        }
    }
}
CVector CZBuffer::Interpolation(double t,double t1,double t2,CVector v1,CVector
v2)                                                  //矢量插值
{
    CVector v;
    v=v1 * (t-t2)/(t1-t2)+v2 * (t-t1)/(t2-t1);
    return v;
}
void CZBuffer::InitDeepBuffer(int width,int height,double depth)   //初始化深度缓冲
{
    Width=width,Height=height;
    ZB=new double * [Width];
    for(int i=0;i<Width;i++)
        ZB[i]=new double[Height];
```

```
        for(i=0;i<Width;i++)                         //初始化深度缓冲
            for(int j=0;j<Height;j++)
                ZB[i][j]=double(depth);
    }
void CZBuffer::ClearMemory()
{
    DeleteAETChain(pHeadE);
    CBucket * pBucket=pHeadB;
    while (pBucket !=NULL)                            //针对每一个桶
    {
        CBucket * pBucketTemp =pBucket->next;
        DeleteAETChain(pBucket->pET);
        delete pBucket;
        pBucket=pBucketTemp;
    }
    pHeadB=NULL;
    pHeadE=NULL;
    if(P!=NULL)
    {
        delete []P;
        P=NULL;
    }
    if (VN!=NULL)
    {
        delete []VN;
        VN=NULL;
    }
}
void CZBuffer::DeleteAETChain(CAET * pAET)
{
    while (pAET!=NULL)
    {
        CAET * pAETTemp=pAET->next;
        delete pAET;
        pAET=pAETTemp;
    }
}
```

### 17.5.4  光照环境初始化

在 CTestView 类的构造函数内设置光源个数为 1,位于右上方,材质颜色为红色。

```
CTestView::CTestView()
{
    //TODO: add construction code here
    V=NULL;P=NULL;
```

```
    bPlay=FALSE;
    R=1000,d=800,Phi=90.0,Theta=0;
    LightNum=1;                                        //光源个数
    pLight=new CLighting(LightNum);                    //一维光源动态数组
    pLight->Light[0].SetPosition(800,800,800);         //设置光源位置坐标
    for(int i=0;i<LightNum;i++)
    {
        pLight->Light[i].L_Diffuse=CRGB(1.0,1.0,1.0);    //光源的漫反射颜色
        pLight->Light[i].L_Specular=CRGB(1.0,1.0,1.0);   //光源镜面高光颜色
        pLight->Light[i].L_C0=1.0;                       //常数衰减系数
        pLight->Light[i].L_C1=0.0000001;                 //线性衰减系数
        pLight->Light[i].L_C2=0.00000001;                //二次衰减系数
        pLight->Light[i].L_OnOff=TRUE;                   //光源开启
    }
    pMaterial=new CMaterial;                           //一维材质动态数组
    pMaterial->M_Ambient=CRGB(0.547,0.08,0.0);         //材质对环境光的反射率
    pMaterial->M_Diffuse=CRGB(0.85,0.08,0.0);          //材质对漫反射光的反射率
    pMaterial->M_Specular=CRGB(0.828,0.8,0.8);         //材质对镜面反射光的反射率
    pMaterial->M_Emit=CRGB(0.2,0.0,0.0);               //材质自身发散的颜色
    pMaterial->M_Exp=20.0;                             //高光指数
}
```

### 17.5.5 绘制球面函数

使用 Phong 双线性法矢量插值模型时,需要计算每个面片上的法矢量。定义 Normal3
数组存储三角形面片的顶点法矢量,定义 Normal4 数组存储四边形面片的顶点法矢量。

```
void CTestView::DrawObject(CDC * pDC)                  //绘制球面
{
    CZBuffer * zbuf=new CZBuffer;                      //申请内存
    zbuf->InitDeepBuffer(800,800,-1000);               //深度初始化
    CPi3 Point3[3];                                    //南北极顶点数组
    CVector Normal3[3];
    CPi3 Point4[4];                                    //球体顶点数组
    CVector Normal4[4];
    for(int i=0;i<N1;i++)
    {
        for(int j=0;j<N2;j++)
        {
            CVector VS(V[P[i][j].vI[1]],ViewPoint);   //面的视矢量
            P[i][j].SetNormal(V[P[i][j].vI[0]],V[P[i][j].vI[1]],V[P[i][j].vI
            [2]]);
            if(Dot(VS,P[i][j].patchNormal)>=0)         //背面剔除
            {
                if(P[i][j].vNum==3)                    //三角形面片
                {
```

```
                for(int m=0;m< P[i][j].vNum;m++)
                {
                    PerProject(V[P[i][j].vI[m]]);
                    Point3[m]=ScreenP;
                    Normal3[m]=CVector(V[P[i][j].vI[m]]);
                }
                zbuf->SetPoint(Point3,Normal3,3);          //初始化
                zbuf->CreateBucket();                       //建立桶表
                zbuf->CreateEdge();                         //建立边表
                zbuf->Phong(pDC,ViewPoint,pLight,pMaterial);
                                                            //颜色渐变填充三角形
                zbuf->ClearMemory();                        //内存清理

            }
            else                                            //四边形面片
            {
                for(int m=0;m< P[i][j].vNum;m++)
                {
                    PerProject(V[P[i][j].vI[m]]);
                    Point4[m]=ScreenP;
                    Normal4[m]=CVector(V[P[i][j].vI[m]]);
                }
                zbuf->SetPoint(Point4,Normal4,4);          //初始化
                zbuf->CreateBucket();                       //建立桶表
                zbuf->CreateEdge();                         //建立边表
                zbuf->Phong(pDC,ViewPoint,pLight,pMaterial);
                                                            //颜色渐变填充四边形
                zbuf->ClearMemory();                        //内存清理
            }
        }
    }
}
delete zbuf;                                                 //释放内存
}
```

### 17.5.6　写出实验报告

结合实验步骤,写出实验报告,同时完整给出 CZBuffer 类和 CTestView 类的头文件和源文件。

# 17.6　思考与练习

**1. 实验总结**

(1)本实验使用地理划分法来将球体的两极划分为三角形面片,球体划分为四边形面

片。使用 Phong 双线性法矢插值模型时，不仅要计算每个面片的顶点坐标，而且要计算每个面片的顶点法矢量。

（2）在 CZBuffer 类内定义了双线性法矢量插值函数 Interpolation()计算面片内的每个点的法矢量。

（3）根据面片内每一点的法矢量调用 CLighting 类的成员函数 Lighting()计算该点的光强。

**2. 拓展练习**

（1）在本实验的基础上修改 CTestView 类的构造函数，设置位于左上方和右上方的双点光源照射球体。编程实现如图 17-3 所示的双点光源球体 Phong 光照模型。

（2）本实验对球体的划分采用的是地理划分法。在正八面体的基础上使用递归划分法生成双光源 Phong 光照模型球体，光源分别位于球体的左上方和右上方，取递归深度为 4，效果如图 17-4 所示。

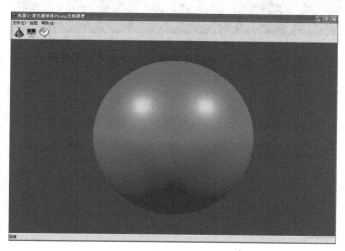

图 17-3　双点光源球体 Phong 光照模型效果图

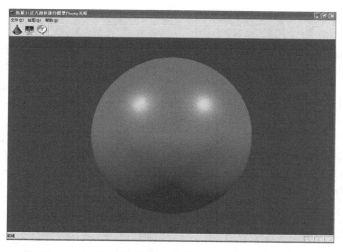

图 17-4　正八面体递归双点光源 Phong 光照模型效果图

（3）在正二十面体的基础上使用球体的递归划分法，单点光源分别位于球体的正前方，递归深度取为 4，绘制单光源 Phong 光照模型球体，效果如图 17-5 所示。

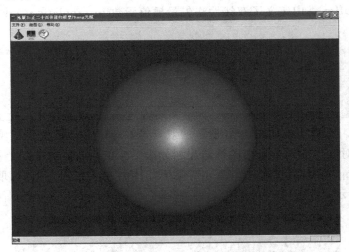

图 17-5　正二十面体递归模型 Phong 光照效果图

# 实验 18　立方体纹理映射

## 18.1　实验目的

（1）掌握位图纹理读入方法。
（2）掌握立方体纹理映射算法。

## 18.2　实验要求

（1）建立三维坐标系 $\{O;x,y,z\}$，原点位于屏幕客户区中心，$x$ 轴水平向右为正，$y$ 轴垂直向上为正，$z$ 轴垂直于屏幕指向观察者。
（2）设置屏幕背景色为黑色。
（3）读入 6 张构成天空盒的位图作为纹理映射到立方体的可见表面上。
（4）按下鼠标左键缩小立方体，按下鼠标右键增大立方体。
（5）使用键盘方向键旋转纹理立方体。
（6）使用动画按钮，播放或停止立方体动画。

## 18.3　效果图

将图 18-1 所示的 6 张位图依次映射到立方体的各个表面上构成天空盒，效果如图 18-2 所示。

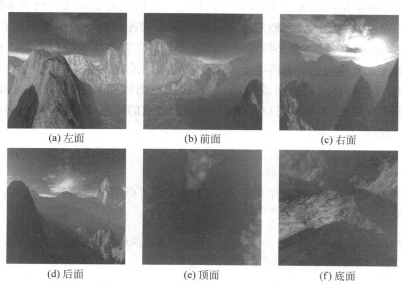

(a) 左面　　　　(b) 前面　　　　(c) 右面

(d) 后面　　　　(e) 顶面　　　　(f) 底面

图 18-1　天空盒纹理位图

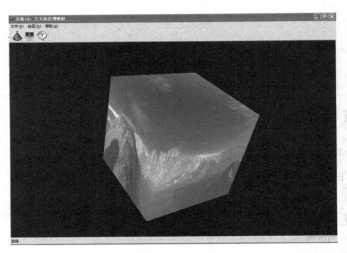

图 18-2　天空盒效果图

# 18.4　实验准备

（1）在学习完主教材 10.3 节后，进行本实验。

（2）熟悉位图的读入方法。

（3）熟悉纹理映射方法。

（4）熟悉多边形有效边表填充算法。

# 18.5　实验步骤

物体表面存在丰富的纹理细节，难以直接构造。人们正是依据纹理细节来区分各种具有相同形状的物体。为物体表面添加纹理的技术称为纹理映射。实际纹理通常非常复杂，难以解析描述，常采用二维图像来描述表面纹理细节。立方体纹理映射是将 6 张代表天空盒的位图映射到立方体的相应表面上形成天空盒模型。天空盒是游戏开发中构造天空的主要技术。首先，建立物体空间坐标系 $(x,y,z)$ 和纹理空间坐标系 $(u,v)$ 之间的对应关系，相当于对物体表面参数化，然后就可以根据 $(u,v)$ 得到该点的纹理值，代入 CZBuffer 类中绘制立方体的各个表面。

## 18.5.1　定义 CFacet 类

修改 CFacet 类的定义，将面片顶点索引号和纹理顶点索引号绑定在一起。Normal 为面片的法矢量。

```
class CFacet                          //考虑纹理的面定义
{
public:
    CFacet();
```

```
        virtual ~CFacet();
        void SetNum(int pNum);
        void SetNormal(CP3 pt1,CP3 pt2,CP3 pt3);
public:
        int pNum;                              //面的顶点数 pointNumber
        int * pI;                              //面的顶点索引 pointIndex
        CP2 * t;                               //面的纹理索引号动态数组
        CVector facetNormal;                   //面的法矢量
};
CFacet::CFacet()
{
        pI=NULL;
        t=NULL;
}
CFacet::~CFacet()
{
        if(pI!=NULL)
        {
                delete []pI;
                pI=NULL;
        }
        if(t!=NULL)
        {
                delete []t;
                t=NULL;
        }
}
void CFacet::SetNum(int pNum)
{
        this->pNum=pNum;
        pI=new int[pNum];
        t =new CP2[pNum];
}
void CFacet::SetNormal(CP3 pt1,CP3 pt2,CP3 pt3)
{
        CVector vec12(pt1,pt2);
        CVector vec23(pt2,pt3);
        FacetNormal =vec12 * vec23;
}
```

### 18.5.2　读入位图纹理

将图 18-1 所示的 6 张位图导入资源。定义 Texture 一维数组存储位图的 ID 号。"前面"位图的 ID 号为 IDB_FRONT，"后面"位图的 ID 号为 IDB_BACK，"左面"位图的 ID 号为 IDB_LEFT，"右面"位图的 ID 号为 IDB_RIGHT，"顶面"位图的 ID 号为 IDB_TOP，"底面"位图的 ID 号为 IDB_BOTTOM。由于位图可以表示为矩阵形式,通常用二维数组存放,所以本实验定义了 COLORREF 类型的 Image 二维数组,Image 数组的行对应位图的高度,Image 数组的列对应位图的宽度。一般来说,位图文件的数据是从图像的左下角开始逐行扫描图像的,即从下到上、从左到右,将图像的像素值一一存储到 Image 数组,因此位图坐标零点在图像左下角。

```
void CTestView::ReadImage(int nFacet)                      //读入 BMP 图片
{
    BYTE Texture[]={IDB_FRONT,IDB_BACK,IDB_LEFT,IDB_RIGHT,IDB_TOP,IDB_BOTTOM};
    CBitmap NewBitmap;
    NewBitmap.LoadBitmap(Texture[nFacet]);                 //调入位图资源
    NewBitmap.GetBitmap(&bmp);                             //获得 CBitmap 的信息到 Bitmap 结构体中
    int nbytesize=(bmp.bmWidth * bmp.bmHeight * bmp.bmBitsPixel+7)/8;
                                                           //获得位图的总字节数
    im=new BYTE[nbytesize];                                //开辟装载位图的缓冲区
    NewBitmap.GetBitmapBits(nbytesize,(LPVOID)im);         //将位图复制到缓冲区
    Image=new COLORREF * [bmp.bmHeight];                   //建立二维颜色数组
    for(int n1=0;n1<bmp.bmHeight;n1++)
    {
        Image[n1]=new COLORREF[bmp.bmWidth];
    }
    for(n1=bmp.bmHeight-1;n1>=0;n1--)                      //位图高度
    {
        for(int n2=0;n2<=bmp.bmWidth-1;n2++)              //位图宽度
        {
            int pos=n1 * bmp.bmWidthBytes+4 * n2;          //位置
            Image[n1][n2]=RGB(im[pos+2],im[pos+1],im[pos]);

        }
    }
    delete []im;
}
```

### 18.5.3　定义面表

在 CTestView 的 ReadFacet() 函数中将四边形面片三维顶点的索引号和位图二维顶点的索引号对应起来。位图大小为 $512 \times 512$,立方体边长为 250。立方体的顶点编号如图 18-3 所示。$F_0$ 为前面,顶点序列为 $P_4 P_5 P_6 P_7$,即顶点索引号为 4567;$F_1$ 为后面,顶点索引号为 0321;$F_2$ 为左面,顶点索引号为 0473;$F_3$ 为右面,顶点索引号为 1265;$F_4$ 为顶面,顶点索引号为 2376;$F_5$ 为底面,顶点索引号为 0154。

例如对于前面,在物体空间中顶点序列为 $P_4 P_5 P_6 P_7$,在纹理空间中为 $T_0 T_1 T_2 T_3$,如图 18-4 和图 18-5 所示。其余表面

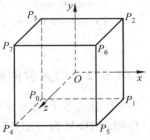

图 18-3　立方体顶点索引

的映射可以类推。在绑定位图纹理和四边形面片时，注意二者坐标索引号的对应关系，才能正确构成天空盒。

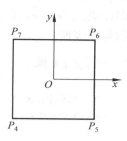

图 18-4　物体空间

图 18-5　纹理空间

```
void CTestView::ReadFacet()                            //面表
{
    //"前面"的边数、顶点编号
    F[0].SetNum(4);F[0].pI[0]=4;F[0].pI[1]=5;F[0].pI[2]=6;F[0].pI[3]=7;
    //"前面"的纹理坐标
    F[0].t[0]=CP2(0,511);F[0].t[1]=CP2(511,511);F[0].t[2]=CP2(511,0);F[0].t[3]=
    CP2(0,0);
    //"后面"的边数、顶点编号
    F[1].SetNum(4);F[1].pI[0]=0;F[1].pI[1]=3;F[1].pI[2]=2;F[1].pI[3]=1;
    //"后面"的纹理坐标
    F[1].t[0]=CP2(511,511);F[1].t[1]=CP2(511,0);F[1].t[2]=CP2(0,0);F[1].t[3]=CP2
    (0,511);
    //"左面"的边数、顶点编号
    F[2].SetNum(4);F[2].pI[0]=0;F[2].pI[1]=4;F[2].pI[2]=7;F[2].pI[3]=3;
    //"左面"的纹理坐标
    F[2].t[0]=CP2(0,511);F[2].t[1]=CP2(511,511);F[2].t[2]=CP2(511,0);F[2].t[3]=
    CP2(0,0);
    //"右面"的边数、顶点编号
    F[3].SetNum(4);F[3].pI[0]=1;F[3].pI[1]=2;F[3].pI[2]=6;F[3].pI[3]=5;
    //"右面"的纹理坐标
    F[3].t[0]=CP2(511,511);F[3].t[1]=CP2(511,0);F[3].t[2]=CP2(0,0);F[3].t[3]=CP2
    (0,511);
    //"顶面"的边数、顶点编号
    F[4].SetNum(4);F[4].pI[0]=2;F[4].pI[1]=3;F[4].pI[2]=7;F[4].pI[3]=6;
    //"顶面"的纹理坐标
    F[4].t[0]=CP2(511,0);F[4].t[1]=CP2(0,0);F[4].t[2]=CP2(0,511);F[4].t[3]=CP2
    (511,511);
    //"底面"的边数、顶点编号
    F[5].SetNum(4);F[5].pI[0]=0;F[5].pI[1]=1;F[5].pI[2]=5;F[5].pI[3]=4;
    //"底面"的纹理坐标
    F[5].t[0]=CP2(0,511);F[5].t[1]=CP2(511,511);F[5].t[2]=CP2(511,0);F[5].t[3]=
    CP2(0,0);
}
```

## 18.5.4 绘制立方体

为了提高绘制斜率,先对立方体进行背面剔除,立方体的可见表面只有 3 个。对每个可见表面先调用 ReadImage()函数读入位图,然后调用 CZBuffer 类的 SetPoint()函数绑定纹理,最后使用 TextureMap()函数根据位图颜色绘制立方体的可见表面。

```
void CTestView::DrawObject(CDC * pDC)                        //绘制立方体
{
    CPi3 Point[4];                                          //面的顶点坐标
    CP2  Texture[4];                                        //面的纹理坐标
    CZBuffer * zbuf=new CZBuffer;
    zbuf->InitDeepBuffer(800,800,-1000);
    for(int nFacet=0;nFacet<6;nFacet++)
    {
        CVector VS(P[F[nFacet].pI[1]],ViewPoint);           //面的视矢量
        F[nFacet].SetNormal(P[F[nFacet].pI[0]],P[F[nFacet].pI[1]],P[F[nFacet].pI
        [2]]);
        if(Dot(VS,F[nFacet].FacetNormal)>=0)                //背面剔除
        {
            for(int nPoint=0;nPoint<F[nFacet].pNum;nPoint++)    //顶点循环
            {
                PerProject(P[F[nFacet].pI[nPoint]]);
                Point[nPoint]=ScreenP;
                Texture[nPoint]=F[nFacet].t[nPoint];
            }
            ReadImage(nFacet);
            zbuf->SetPoint(Point,Texture,4);
                                        //初始化(绑定顶点和各个顶点的纹理坐标点)
            zbuf->CreateBucket();                           //创建桶表
            zbuf->CreateEdge();                             //创建边表
            zbuf->TextureMap(pDC,Image);                    //纹理映射
            zbuf->ClearMemory();
            ClearImaMem();
        }
    }
    delete zbuf;
}
```

## 18.5.5 填充立方体表面

在 CZBuffer 类中添加纹理映射函数 TextureMap()。填充立方体每个可见表面内部时,使用 COLORREF 类型的 clr 变量读出 Image 纹理数组的对应点的颜色值进行绘制。

```
void CZBuffer::TextureMap(CDC * pDC,COLORREF**Image)        //纹理映射
{
```

```
double      z=0.0;                                      //当前扫描线的 z
double      zStep=0.0;                                  //当前扫描线随着 x 增长的 z 步长
double      A,B,C,D;                                    //平面方程 Ax+By+Cz+D=0 的系数
CVector V01(P[0],P[1]),V12(P[1],P[2]);
CVector VN=V01 * V12;
A=VN.x;B=VN.y;C=VN.z;
D=-A * P[1].x-B * P[1].y-C * P[1].z;
//计算 curDeep;从 x=xMin 开始计算,此时针对 yi
zStep=-A/C;                                             //计算 z 增量
CAET * pT1, * pT2;
pHeadE=NULL;
for(pCurrentB=pHeadB;pCurrentB!=NULL;pCurrentB=pCurrentB->next)
{
    for(pCurrentE=pCurrentB->pET;pCurrentE!=NULL;pCurrentE=pCurrentE->next)
    {
        pEdge=new CAET;
        pEdge->x=pCurrentE->x;
        pEdge->yMax=pCurrentE->yMax;
        pEdge->k=pCurrentE->k;
        pEdge->pb=pCurrentE->pb;
        pEdge->pe=pCurrentE->pe;
        pEdge->tb=pCurrentE->tb;
        pEdge->te=pCurrentE->te;
        pEdge->next=NULL;
        AddEt(pEdge);
    }
    EtOrder();
    pT1=pHeadE;
    if(pT1==NULL)
    {
        return;
    }
    while(pCurrentB->ScanLine>=pT1->yMax)              //下闭上开
    {
        CAET * pAETTEmp=pT1;
        pT1=pT1->next;
        delete pAETTEmp;
        pHeadE=pT1;
        if(pHeadE==NULL)
            return;
    }
    if(pT1->next!=NULL)
    {
        pT2=pT1;
        pT1=pT2->next;
```

```
        }
    while(pT1!=NULL)
    {
        if(pCurrentB->ScanLine>=pT1->yMax)    //下闭上开
        {
            CAET * pAETTemp =pT1;
            pT2->next=pT1->next;
            pT1=pT2->next;
            delete pAETTemp;
        }
        else
        {
            pT2=pT1;
            pT1=pT2->next;
        }
    }
    CP2 ta,tb,tf;                //ta 和 tb 代表边上任一点的纹理,tf 代表面上任一点的纹理
    ta=Interpolation(pCurrentB->ScanLine,pHeadE->pb.y,pHeadE->pe.y,
                pHeadE->tb,pHeadE->te);
    tb=Interpolation(pCurrentB->ScanLine,pHeadE->next->pb.y,
                pHeadE->next->pe.y,pHeadE->next->tb,pHeadE->next->te);
    BOOL Flag=FALSE;
    double xb,xe;                //扫描线和有效边相交区间的起点和终点坐标
    for(pT1=pHeadE;pT1!=NULL;pT1=pT1->next)
    {
        if(Flag==FALSE)
        {
            xb=pT1->x;
            z=-(xb * A+pCurrentB->ScanLine * B+D)/C;    //z=-(Ax+By-D)/C
            Flag=TRUE;
        }
        else
        {
            xe=pT1->x;
            for(double x=xb;x<xe;x++)    //左闭右开
            {
                tf=Interpolation(x,xb,xe,ta,tb);
                COLORREF clr=Image[ROUND(tf.y)][ROUND(tf.x)];
                if(z>=ZB[ROUND(x)+Width/2][pCurrentB->ScanLine+Height/2])
                                //如果新采样点的深度大于原采样点的深度
                {
                    ZB[ROUND(x)+Width/2][pCurrentB->ScanLine+Height/2]=z;
                                //xy 坐标与数组下标保持一致
                    pDC->SetPixel(ROUND(x),pCurrentB->ScanLine,clr);
                }
```

```
                        z+=zStep;
                    }
                Flag=FALSE;
            }
        }
        for(pT1=pHeadE;pT1!=NULL;pT1=pT1->next)        //边的连续性
        {
            pT1->x=pT1->x+pT1->k;
        }
    }
}
```

### 18.5.6 写出实验报告

结合实验步骤,写出实验报告,同时完整给出 CTestView 类的头文件和源文件。

# 18.6 思考与练习

**1. 实验总结**

(1) 本实验将 6 张位图映射到立方体的表面上,形成了天空盒。天空盒在游戏开发中常用于绘制场景的天空。构成天空盒的位图必须遵循:顶图的 4 条边与前后左右图的上边相连;前后左右的 4 幅位图形必须首尾相连,如图 18-6 所示。使用天空盒开发游戏时,天空盒往往只有 5 张位图,没有底图,底图使用如图 18-7 所示的地形代替,包含地形的天空盒如图 18-8 所示。

图 18-6 天空盒的图片的连接

图 18-7 地形

(2) 纹理映射的速度取决于纹理二维图像的读入速度。本实验先将资源中导入的每张位图格式化到一维数组 im,然后再导入二维数组 Image 中。

(3) 本实验只是将二维图像映射到立方体的表面上,并未进行光照明计算。

**2. 拓展练习**

（1）将图 18-9 所示的"关于"位图纹理映射到立方体的各个表面上，如图 18-10 所示。

图 18-8　包含地形的天空盒效果图

图 18-9　"关于"位图

（2）将 4 张照片的位图纹理映射到正四面体的各个表面上，构成三角形相册，如图 18-11 所示。

图 18-10　立方体纹理映射效果图

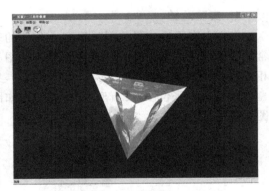

图 18-11　正四面体纹理映射效果图

（3）将 4 张照片的位图纹理映射到正八面体的各个表面上，每张照片占两个表面，如图 18-12 所示。

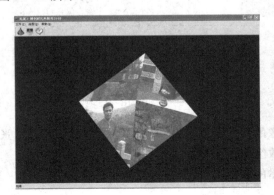

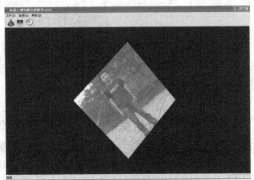

图 18-12　正八面体纹理映射效果图

（4）给自己使用的计算机主机箱拍摄 6 张位图，如图 18-13 所示。将其映射到长方体的相应表面上，绘制旋转的主机箱，如图 18-14 所示。

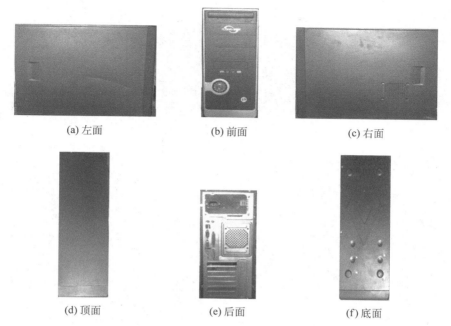

(a) 左面　　　　　　　　(b) 前面　　　　　　　　(c) 右面

(d) 顶面　　　　　　　　(e) 后面　　　　　　　　(f) 底面

图 18-13　机箱位图示例

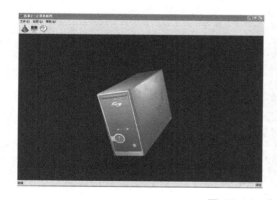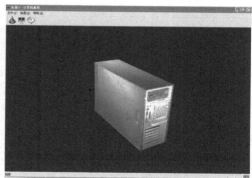

图 18-14　主机箱效果图

# 第二部分　课 程 设 计

# 课程设计任务书

**1. 课程设计目的**

（1）培养对图形建模、变换、投影、消隐、光照原理的理解和应用。

（2）培养图形类的编程能力。

（3）培养计算机图形学应用软件开发的能力。

**2. 课程设计要求**

深入研究计算机图形学的生成原理，设计算法实现具体的类。

（1）构建基础类。实现 CP2 类绘制二维点、实现 CP3 类绘制三维点、实现 CRGB 类处理 RGB 颜色和实现 CVector 类处理矢量。

（2）构建直线类。实现 CLine 类绘制任意斜率的直线、实现 CALine 类绘制任意斜率的反走样直线、实现 CCLine 类绘制任意斜率的颜色渐变直线、实现 CACLine 类绘制任意斜率的反走样颜色渐变直线。

（3）构建变换类。实现 CTransform 类完成二维和三维图形变换。

（4）构建填充类。实现 CFillSource 类使用有效边表算法填充多边形、实现 CZBuffer 类进行深度缓冲消隐，并使用 Gouraud 和 Phong 明暗处理填充图形面片。

（5）构建光照类。实现 CLightSource 类设置点光源、实现 CMaterial 类设置物体材质、实现 CLighting 类对物体实施光照。

通过课程设计项目的设计、开发、测试、总结和验收各阶段，深入理解计算机图形学渲染图形的理论和算法，学习计算机图形学相关类的编程技巧，掌握游戏开发的初步技能。

**3. 开发环境**

Viusal C++ 6.0 的 MFC 框架。

**4. 课程设计时间**

1 周。

**5. 课程设计方式**

任选一个题目完成课程设计。可选题目为，基本图元光栅扫描演示系统、递归动态球体演示系统、圆环动态纹理演示系统、动态光源演示系统和 3DS 接口演示系统。

考虑到完整的开发过程一般需要花费很多的时间，所以可选择如下完成方式。

（1）独立方式（1 人），要求完成"基本图元光栅扫描演示系统"和"动态光源演示系统"的全部基本内容。

（2）小组方式（3 人），要求完成"递归动态球体演示系统""圆环动态纹理演示系统"和"3DS 接口演示系统"的全部基本内容，并对每人完成的内容作具体分工，合作完成。

**6. 报告格式**

课程设计报告由封面、需求分析、总体设计、详细设计、源程序、程序运行效果图、参考文献等部分组成。封面包括课程设计题目、学号、姓名、指导教师姓名和完成时间；需求分析包括项目的功能要求；总体设计给出类的定义；详细设计给出算法流程图或伪代码；源程序给出主要模块的头文件和源文件;运行效果图给出程序的动态截屏图;参考文献给出课程设计中引用的书目和文献,并在报告中使用角标给出引文出处。

**7．评分标准**

课程设计成绩根据提交的课程设计报告以及软件系统的运行效果进行综合评定,分为优,良,中,及格,不及格 5 个等级,如下表所示。要求在完成具体课程设计项目所要求功能的同时注重课程设计的创新性。

评分标准表

| 软 件 | 文 档 | 成 绩 |
|---|---|---|
| 实现了基本功能 | 文档给出基本描述 | 及格 |
| 完善了全部功能 | 文档给出完整描述 | 中等 |
| 优化了部分功能 | 文档给出准确描述 | 良好 |
| 添加了新的功能 | 文档给出规范描述 | 优秀 |

完成课程设计项目所要求的功能:及格;

设计新类且类结构清晰:中或良好;

在课程设计项目的基础上,创新性地添加新的内容:优秀。

# 课程设计I  基本图元光栅扫描演示系统

## I.1  设计目标

图形的绘制实质上是像素的操作,像素有 3 个参数,位置坐标 $x$、$y$ 以及颜色 $c$。本设计使用正方形模拟放大了的像素,正方形的中心代表像素的位置坐标。将基本图元(直线、圆和椭圆)在像素级别上绘制出来。由于圆是椭圆的特例,即长轴和短轴长度相等的椭圆,所以可使用键盘的约束来解决。本设计要求在像素级别演示直线的走样、反走样和颜色渐变;演示椭圆(含圆)的走样和反走样。详细功能要求如下:

(1) 使用静态切分视图,将窗口切分为左右窗格。左窗格是控制窗格,右窗格为显示窗格。

(2) 保持右窗格的二维设备坐标系不变,原点位于窗口客户区左上角,$x$ 轴水平向右为正,$y$ 轴铅直向下为正。

(3) 在右窗格内绘制 $nm$ 个正方形,代表虚拟像素网格。正方形的边长 size 为固定值,像素的数量与计算机显示器窗口客户区的信息有关。假定客户区的宽度为 width,高度为 height,则 $m=$ width/size ,$n=$ height/size。使用橡皮筋技术动态演示基本图元的绘制过程。

(4) 在左窗格内借助快捷颜色按钮选择直线的起点和终点颜色,或双击"起点"或"终点"颜色按钮弹出系统颜色对话框,从中选择直线的起点和终点颜色。在右窗格使用鼠标选择直线段的起点像素和终点像素位置,分别绘制走样直线、反走样直线、颜色渐变直线。要求:在移动鼠标的过程中,按住 Shift 键可绘制水平或垂直直线。

(5) 在左窗格选择椭圆(含圆)的线条颜色,在右窗格内使用鼠标选择两个像素作为椭圆(包含圆)的外接矩形的左上角点和右下角点,分别绘制走样椭圆(含圆)、反走样椭圆(包含圆)。要求:在移动鼠标的过程中,按住 Shift 键可以绘制圆。

(6) 在状态栏动态显示鼠标在右窗格内的虚拟像素坐标。虚拟像素的坐标需要进行设备坐标系向虚拟像素坐标系转换,即右窗格网格左上角点的虚拟像素坐标为(0,0),网格右下角点的虚拟像素坐标为($m$,$n$)。

## I.2  设计效果

(1) 单击左窗格的"直线"按钮后,在右窗格内使用鼠标绘制的走样直线,如图I-1所示。

(2) 单击左窗格的"直线"按钮,同时选中"反走样"复选框后,在右窗格内使用鼠标绘制的反走样直线,如图I-2所示。

(3) 单击左窗格的"直线"按钮,同时为直线选择起点和终点颜色,在右窗格内使用鼠标绘制的颜色渐变直线,如图I-3所示。

(4) 单击左窗格的"直线"按钮,为直线选择起点和终点颜色,同时选中"反走样"复选框,在右窗格内使用鼠标绘制的颜色渐变反走样直线,如图I-4所示。

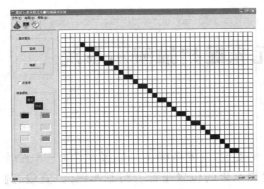

图I-1　走样直线

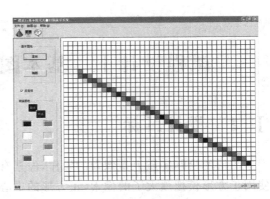

图I-2　反走样直线

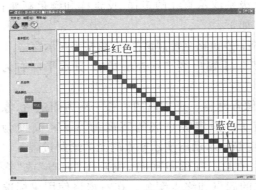

图I-3　颜色渐变直线

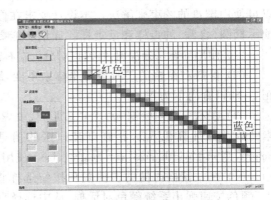

图I-4　颜色渐变反走样直线

（5）单击左窗格的"椭圆"按钮，在右窗格内使用鼠标绘制的走样椭圆如图I-5所示。

（6）单击左窗格的"椭圆"按钮，同时选中"反走样"复选框，在右窗格内绘制的反走样椭圆如图I-6所示。

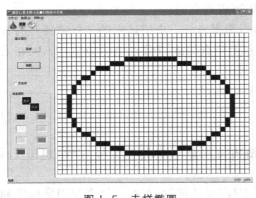

图I-5　走样椭圆

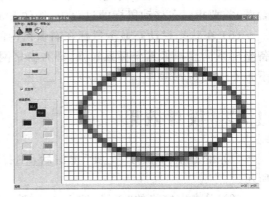

图I-6　反走样椭圆

（7）单击左窗格的"椭圆"按钮，在右窗格内拖动鼠标的同时按 Shift 键，绘制的走样圆如图I-7所示。

（8）单击左窗格的"椭圆"按钮，同时选中"反走样"复选框，在右窗格内拖动鼠标的同时按 Shift 键，绘制的反走样圆如图I-8所示。

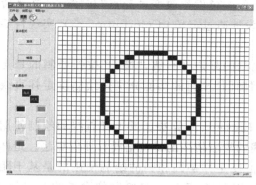

图 I-7 走样圆

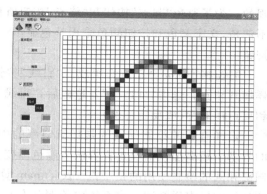

图 I-8 反走样圆

# I.3 总体设计

　　本设计将窗口静态切分为左右两个窗格,左窗格是控制窗格,右窗格为显示窗格,如图 I-9 和图 I-10 所示。左窗格主要由"基本图元"组框、"线条颜色"组框和 1 个反走样复选框组成。"基本图元"组框提供"直线"按钮、"椭圆"按钮。"线条颜色"组框提供"起点"按钮、"终点"按钮和黑色、红色、黄色、绿色、青色、品红、蓝色和白色 8 种快捷颜色按钮。选中"起点"按钮或"终点"按钮后,再单击 8 种颜色按钮设置直线段的起点或终点的颜色,也可双击"起点"按钮或"终点"按钮调用系统的"颜色"对话框设置直线段的起点或终点的颜色。"起点"按钮、"终点"按钮和 8 种颜色按钮的背景色均显示为所代表的颜色,这是通过自绘按钮实

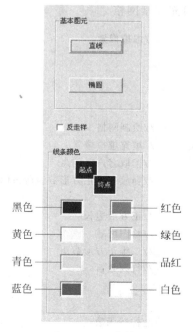

图 I-9 左窗格

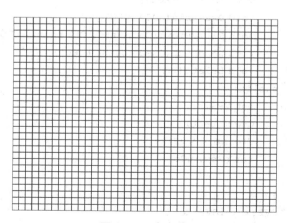

图 I-10 右窗格

现的。为了避免"起点"按钮和"终点"按钮所代表的颜色发生改变,"起点"和"终点"文字看不清楚,文字颜色和按钮颜色采用补色显示。本设计通过定义 CColorButton 类来实现自绘按钮。

右窗格由 $nm$ 个正方形组成。"直线"按钮绘制的是走样直线,"椭圆"按钮绘制的是走样椭圆和圆。选中"反走样"复选框后,"直线"和"椭圆"按钮的功能分别是绘制反走样直线和反走样椭圆(或反走样圆)。

走样直线的绘制使用的是任意斜率的中点 Bresenham 算法。反走样直线的绘制使用的是基于距离加权的反走样算法。颜色渐变直线的绘制使用的是拉格朗日插值算法。走样椭圆和圆的绘制使用的是中点 Bresenham 算法。反走样椭圆和圆的绘制使用的是基于距离加权的反走样算法。本系统中绘制的是放大的正方形,算法上将绘制像素点的 SetPixel() 函数改为填充正方形的 FillVPixel() 函数。

# Ⅰ.4  类的设计

本设计定义 CVPixel 类绘制虚拟像素,定义 CColorButton 类自绘按钮,定义 CLine 类绘制任意斜率的颜色渐变走样直线,定义 CALine 类绘制任意斜率的基于背景色的反走样颜色渐变直线,定义 CEllipse 类绘制走样椭圆和圆,定义 CAEllipse 类绘制反走样椭圆和圆。

### 1. 设计 CVPixel 类

定义虚拟像素边长为 20 个像素的正方形,正方形的中心点坐标为虚拟像素的坐标。在窗口客户区绘制的虚拟像素个数为 $nm$,模拟屏幕的纵横比为 $4 : 3$。成员函数 DrawGrid() 绘制虚拟像素网格,成员函数 FillVPiexl() 以指定的颜色填充像素网格。

```
class CVPixel                                    //虚拟像素
{
public:
    CVPixel();
    virtual ~CVPixel();
    void DrawGrid(CDC * pDC);                     //绘制网格
    void FillVPiexl(CDC * pDC, CP2 point, CRGB color);  //填充虚拟像素
    void ReadRect(CRect const &rect);             //读取客户区信息
    void Delete();                                //释放二维正方形数组所占内存
public:
    int VPSize;                                   //正方形边长
    CRect rect;                                   //绘图区域
    CPoint * * VPixel;                            //二维正方形数组
    int nRow, nCol;                               //行列数目

};
CVPixel::CVPixel()                               //构造函数
{
    VPSize=20;
```

```cpp
        VPixel=NULL;
    }
CVPixel::~CVPixel()
{
}
void CVPixel::ReadRect(CRect const &rect)
{
    this->rect=rect;
}
void CVPixel::DrawGrid(CDC * pDC)                        //绘制网格,并初始化 VPixel 数组
{
    nRow=rect.Height()/VPSize;
    nCol=rect.Width()/VPSize;
    VPixel=new CPoint * [nCol];
    for(int i=0 ; i<nCol ;i++)
        VPixel[i]=new CPoint[nRow];
    VPixel[0][0].x=rect.left+VPSize/2;                   //正方形像素的中心坐标
    VPixel[0][0].y=rect.top+VPSize/2;
    for(i=0;i<nCol; i++)                                 //行虚拟像素
        for(int j=0;j<nRow;j++)                          //列虚拟像素
        {
            VPixel[i][j].x=VPixel[0][0].x+VPSize * i;
            VPixel[i][j].y=VPixel[0][0].y+VPSize * j;
            CPoint tlPoint(VPixel[i][j].x-VPSize / 2, VPixel[i][j].y-VPSize / 2);
            CPoint drPoint(VPixel[i][j].x+VPSize / 2, VPixel[i][j].y+VPSize / 2);
            pDC->Rectangle(CRect(tlPoint,drPoint));
        }
}
void CVPixel::FillVPiexl(CDC * pDC,CP2 point,CRGB color)    //填充虚拟像素
{
    int xGridStart=0, yGridStart=0;                      //网格左上角坐标
    int xGridEnd=nCol, yGridEnd=nRow;                    //网格右下角坐标
    if((xGridStart <=point.x)&&(xGridEnd>point.x)&&
        (yGridStart <=point.y)&&(point.y<yGridEnd))      //越界判断
    {
        int i=ROUND(point.x), j=ROUND(point.y);
        CBrush NewBrush, * pOldBrush;
        COLORREF rgb=RGB(color.red * 255, color.green * 255,color.blue * 255);
        NewBrush.CreateSolidBrush(rgb);
        pOldBrush=pDC->SelectObject(&NewBrush);
        CPoint tlPoint(VPixel[i][j].x-VPSize / 2, VPixel[i][j].y-VPSize / 2);
        CPoint drPoint(VPixel[i][j].x+VPSize / 2, VPixel[i][j].y+VPSize / 2);
        pDC->Rectangle(CRect(tlPoint,drPoint));
        pDC->SelectObject(pOldBrush);
        NewBrush.DeleteObject();
```

```
        }
    }
void CVPixel::Delete()
{
    if(VPixel !=NULL)
    {
        for(int i=0 ;i<nCol;i++)
            delete []VPixel[i];
    }
    delete []VPixel;
}
```

**2. 设计 CColorButton 类**

使用 MFC 提供的 CButton 类无法改变按钮的背景色。要想改变按钮的背景色,必须使用自绘按钮控件,为此定义 CColorButton 类,基类为 CButton。自绘按钮就是画图,首先在创建控件时选择 STYLE 属性 Owner draw 选项,告诉控件不处理外观,而让主程序根据设计要求来进行外观处理。接着实例化 DrawItem 虚函数,利用 LPDRAWITEMSTRUCT 结构来取得一些必要的信息,例如按钮的 DC、尺寸等,之后才能对这个 DC 的内容进行画图。

```
class CColorButton : public CButton
{
//Construction
public:
    CColorButton();
//Attributes
public:
//Operations
public:
    void SetBkColor(CRGB color);                    //设置按钮背景颜色
    void SetText(CString str);                      //设置按钮文本
//Overrides
    //ClassWizard generated virtual function overrides
    //{{AFX_VIRTUAL(CColorButton)
    public:
    virtual void DrawItem(LPDRAWITEMSTRUCT lpDrawItemStruct);
    protected:
    virtual void PreSubclassWindow();
    //}}AFX_VIRTUAL
//Implementation
public:
    virtual ~CColorButton();
    //Generated message map functions
protected:
    CString     ButtonText;                         //按钮文字
    CRect       ButtonRect;                         //按钮尺寸
```

```cpp
    CRGB          BackColor;                                        //按钮背景色
    //{{AFX_MSG(CColorButton)
    //NOTE - the ClassWizard will add and remove member functions here.
    //}}AFX_MSG
    DECLARE_MESSAGE_MAP()
};
CColorButton::CColorButton()
{
}
CColorButton::~CColorButton()
{
}
BEGIN_MESSAGE_MAP(CColorButton, CButton)
    //{{AFX_MSG_MAP(CColorButton)
        //NOTE - the ClassWizard will add and remove mapping macros here.
    //}}AFX_MSG_MAP
END_MESSAGE_MAP()
///////////////////////////////////////////////////////////////////////////
//CColorButton message handlers
void CColorButton::PreSubclassWindow()
{
    //TODO: Add your specialized code here and/or call the base class
    ModifyStyle(0,BS_OWNERDRAW);                        //设置按钮属性为 owner-draw
    CButton::PreSubclassWindow();
}
void CColorButton::DrawItem(LPDRAWITEMSTRUCT lpDrawItemStruct)
{
    //TODO: Add your code to draw the specified item
    CDC * pDC=CDC::FromHandle(lpDrawItemStruct->hDC);
                                        //获得 DRAWITEMSTRUCT 结构体的设备上下文
    GetWindowText(ButtonText);                          //获取按钮文本
    ButtonRect=lpDrawItemStruct->rcItem;               //获取按钮尺寸
    int nSavedDC=pDC->SaveDC();                         //保存设备上下文
    CPen NewPen, * pOldPen;
    NewPen.CreatePen(PS_SOLID,3,RGB(255,255,255));
    pOldPen=pDC->SelectObject(&NewPen);
    CBrush NewBrush, * pOldBrush;
    NewBrush.CreateSolidBrush(RGB(BackColor.red * 255,
                        BackColor.green * 255,BackColor.blue * 255));
                                                        //背景色画刷
    pOldBrush=pDC->SelectObject(&NewBrush);
    pDC->RoundRect(&ButtonRect,CPoint(5,5));           //画圆角矩形
    pDC->SetTextColor(RGB(255-BackColor.red * 255,
                    255-BackColor.green * 255,255-BackColor.blue * 255));
                                                        //按钮文本反色显示
```

```
    pDC->SetBkMode(TRANSPARENT);                        //设置背景透明模式
    pDC->DrawText(ButtonText,&ButtonRect,
                 DT_SINGLELINE|DT_CENTER|DT_VCENTER|DT_END_ELLIPSIS);
                                                         //绘制按钮文本
    pDC->SelectObject(pOldBrush);
    NewBrush.DeleteObject();
    pDC->SelectObject(pOldPen);
    NewPen.DeleteObject();
    if(GetFocus()==this)                                 //绘制矩形的焦点
    {
        CRect Rect;
        Rect.SetRect(ButtonRect.left+3,ButtonRect.top+2,
                     ButtonRect.right-3,ButtonRect.bottom-2);
                                                         //矩形尺寸
        pDC->DrawFocusRect(&Rect);                       //绘制焦点
    }
    pDC->RestoreDC(nSavedDC);                            //恢复设备上下文
}
void CColorButton::SetBkColor(CRGB color)                //设置背景颜色
{
    BackColor=color;
    Invalidate();
}
void CColorButton::SetText(CString str)                  //设置按钮文本
{
    ButtonText=_T("");
    SetWindowText(str);
}
```

### 3. 设计 CLine 类

在设计直线类时,使用中点 Bresenham 算法绘制直线上的像素。本设计使用正方形代表虚拟像素,所以 CLine 类公有继承于 CVPixel 类,接着就可以使用 FillVPiexl() 函数来绘制虚拟像素。CLine 类可以绘制任意斜率的颜色渐变直线,为了和 Windows 绘制直线的风格一致,即绘制直线时不包含终点,程序通过减少一次循环来实现。直线上任意点的颜色插值是根据起点和终点颜色,以及直线的主位移方向使用拉格朗日线性插值公式实现的。假如给定直线起点坐标 $P_0(x_0,y_0)$ 和颜色值 $c_0$,给定直线终点坐标 $P_1(x_1,y_1)$ 和颜色值 $c_1$,直线上当前点 $P(x,y)$ 的颜色值 $c$ 计算方法如下:

当 $0 \leqslant k \leqslant 1$ 或 $-1 \leqslant k < 0$ 时,$x$ 方向为主位移方向,如图 I-11 所示,有

$$c = \frac{x-x_1}{x_0-x_1}c_0 + \frac{x-x_0}{x_1-x_0}c_1$$

当 $k > 1$ 或 $k < -1$ 时,$y$ 方向为主位移方向,如图 I-12 所示,有

$$c = \frac{y-y_1}{y_0-y_1}c_0 + \frac{y-y_0}{y_1-y_0}c_1$$

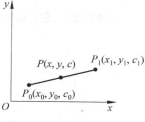

图 I-11 *x* 为主位移方向

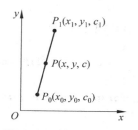

图 I-12 *y* 为主位移方向

```
#include "VPixel.h"

class CLine :public CVPixel
{
public:
    CLine();
    virtual ~CLine();
    void MoveTo(CDC * pDC,CP2 p0);                                      //移动到指定位置
    void MoveTo(CDC * pDC,double x,double y,CRGB c);
    void LineTo(CDC * pDC,CP2 p1);                                      //绘制直线,不画终点
    void LineTo(CDC * pDC,double x,double y,CRGB c);
    CRGB Interpolation(double t,double t0,double t1,CRGB c0,CRGB c1);
                                                                        //线性插值
public:
    CP2 P0;                                                             //直线起点坐标
    CP2 P1;                                                             //直线终点坐标
};
CLine::CLine()
{
}
CLine::~CLine()
{
}
void CLine::MoveTo(CDC * pDC,CP2 p0)                                    //起点
{
    P0=p0;
}
void CLine::MoveTo(CDC * pDC,double x,double y,CRGB c)                  //重载函数
{
    MoveTo(pDC,CP2(x,y,c));
}
void CLine::LineTo(CDC * pDC,CP2 p1)                                    //终点
{                                                                      //Bresenham算法绘制任意斜率直线
    P1=p1;
    CP2 p,t;
    if(fabs(P0.x-P1.x)<1e-6)                                           //绘制垂线
```

```
{
    if(P0.y>P1.y)                                           //交换顶点,使得起始点低于终点
    {
        t=P0;P0=P1;P1=t;
    }
    for(p=P0;p.y<P1.y;p.y++)
    {
        p.c=Interpolation(p.y,P0.y,P1.y,P0.c,P1.c);
        FillVPiexl(pDC,CP2(p.x,p.y),p.c);
    }
}
else
{
    double k,d;
    k=(P1.y-P0.y)/(P1.x-P0.x);
    if(k>1)                                                 //绘制 k>1
    {
        if(P0.y>P1.y)
        {
            t=P0;P0=P1;P1=t;
        }
        d=1-0.5*k;
        for(p=P0;p.y<P1.y;p.y++)
        {
            p.c=Interpolation(p.y,P0.y,P1.y,P0.c,P1.c);
            FillVPiexl(pDC,CP2(p.x,p.y),p.c);
            if(d>=0)
            {
                p.x++;
                d+=1-k;
            }
            else
                d+=1;
        }
    }
    if(0<=k && k<=1)                                        //绘制 0≤k≤1
    {
        if(P0.x>P1.x)
        {
            t=P0;P0=P1;P1=t;
        }
        d=0.5-k;
        for(p=P0;p.x<P1.x;p.x++)
        {
            p.c=Interpolation(p.x,P0.x,P1.x,P0.c,P1.c);
```

```
            FillVPiexl(pDC,CP2(p.x,p.y),p.c);
            if(d<0)
            {
                p.y++;
                d+=1-k;
            }
            else
                d-=k;
        }
    }
    if(k>=-1 && k<0)                                    //绘制-1≤k<0
    {
        if(P0.x>P1.x)
        {
            t=P0;P0=P1;P1=t;
        }
        d=-0.5-k;
        for(p=P0;p.x<P1.x;p.x++)
        {
            p.c=Interpolation(p.x,P0.x,P1.x,P0.c,P1.c);
            FillVPiexl(pDC,CP2(p.x,p.y),p.c);
            if(d>0)
            {
                p.y--;
                d-=1+k;
            }
            else
                d-=k;
        }
    }
    if(k<-1)                                            //绘制 k<-1
    {
        if(P0.y<P1.y)
        {
            t=P0;P0=P1;P1=t;
        }
        d=-1-0.5*k;
        for(p=P0;p.y>P1.y;p.y--)
        {
            p.c=Interpolation(p.y,P0.y,P1.y,P0.c,P1.c);
            FillVPiexl(pDC,CP2(p.x,p.y),p.c);
            if(d<0)
            {
                p.x++;
                d-=1+k;
```

```
                }
                else
                    d-=1;
            }
        }
    }
    P0=P1;
}
void CLine::LineTo(CDC * pDC,double x,double y,CRGB c)        //重载函数
{
    LineTo(pDC,CP2(x,y,c));
}
CRGB CLine::Interpolation(double t,double t0,double t1,CRGB c0,CRGB c1)
                                                             //线性插值
{
    return (t-t1)/(t0-t1) * c0+(t-t0)/(t1-t0) * c1;
}
```

### 4. 设计 CALine 类

为了绘制颜色渐变反走样直线,定义了 CALine 类,使用 Wu 算法绘制直线上的两个相邻像素。本设计使用正方形代表虚拟像素,所以 CALine 类公有继承于 CVPixel 类。CALine 类依据直线的主位移方向,用上下或左右两个像素同时显示来产生模糊的边界,可以减弱直线的锯齿效应。图 I-13 中,理想直线段 $AB$ 的斜率满足 $0<k\leqslant1$,$x$ 方向为主位移方向。理想直线段 $AB$ 与像素的中心连线 $P_1P_4$、$P_2P_5$ 和 $P_3P_6$ 分别相交于 $C$、$D$ 和 $E$ 点。$P_1$、$P_2$ 和 $P_3$ 分别为理想直线上方的像素点,$P_4$、$P_5$、$P_6$ 分别为理想直线下方的像素点。$x$ 方向为主位移方向的直线的反走样原理是使用垂直方向的两个相邻像素共同表示理想直线段上的点。即将 $C$ 点由 $P_1$ 和 $P_4$ 共同

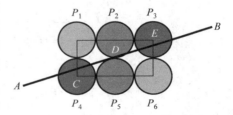

图 I-13　距离加权反走样原理

表示,$D$ 点由 $P_2$ 和 $P_5$ 共同表示,$E$ 点由 $P_3$ 和 $P_6$ 共同表示。可以将上下两个像素到交点的距离作为加权参数,对像素的灰度值进行调节。使所绘制的直线达到视觉上消除阶梯的反走样效果。同样,也可使用拉格朗日线性插值来绘制颜色渐变反走样直线。CALine 类绘制反走样直线时,考虑了背景色对反走样效果的影响。

```
class CALine :public CVPixel
{
public:
    CALine();
    CALine(CRGB bkcolor);
    virtual ~CALine();
    void MoveTo(CDC * pDC,CP2 p0);                           //移动到指定位置
    void MoveTo(CDC * pDC,double x,double y,CRGB c);
    void LineTo(CDC * pDC,CP2 p1);                           //绘制直线,不含终点
```

```cpp
    void LineTo(CDC * pDC,double x,double y,CRGB c);
    CRGB Interpolation(double t,double t0,double t1,CRGB c0,CRGB c1);
                                                    //线性插值
public:
    CP2 P0;                                         //起点
    CP2 P1;                                         //终点
    CRGB Bc;                                        //背景色
};
CALine::CALine()
{
    Bc=CRGB(0.0,0.0,0.0);                           //屏幕背景色
}


CALine::CALine(CRGB bkcolor)                        //设置背景色
{
    Bc=CRGB(GetRValue(bkcolor)/255.0,GetGValue(bkcolor)/255.0,GetBValue
    (bkcolor)/255.0);
}
CALine::~CALine()
{
}
void CALine::MoveTo(CDC * pDC,CP2 p0)
{
    P0=p0;
}
void CALine::MoveTo(CDC * pDC,double x,double y,CRGB c)    //重载函数
{
    MoveTo(pDC,CP2(x,y,c));
}
void CALine::LineTo(CDC * pDC,CP2 p1)
{
    P1=p1;
    CP2 p,t;
    CRGB c0,c1;
    if(fabs(P0.x-P1.x)==0)                          //绘制垂线
    {
        if(P0.y>P1.y)                               //交换顶点,使得起始点低于终点顶点
        {
            t=P0;P0=P1;P1=t;
        }
        for(p=P0;p.y<P1.y;p.y++)
        {
            p.c=Interpolation(p.y,P0.y,P1.y,P0.c,P1.c);
            FillVPiexl(pDC,CP2(ROUND(p.x),ROUND(p.y)),p.c);
        }
    }
```

```
    }
    else
    {
        double k,e;
        k=(P1.y-P0.y)/(P1.x-P0.x);
        if(k>1.0)                                          //绘制 k>1
        {
            if(P0.y>P1.y)
            {
                t=P0;P0=P1;P1=t;
            }
            for(p=P0,e=1/k;p.y<P1.y;p.y++)
            {
                c0=(Bc-p.c)*e+p.c;
                c1=(Bc-p.c)*(1-e)+p.c;
                FillVPiexl(pDC,CP2(p.x,p.y),c0);
                FillVPiexl(pDC,CP2(p.x+1,p.y),c1);
                e=e+1/k;
                if(e>=1.0)
                {
                    p.x++;
                    e--;
                }
            }
        }
        if(0.0<=k && k<=1.0)                               //绘制 0≤k≤1
        {
            if(P0.x>P1.x)
            {
                t=P0;P0=P1;P1=t;
            }
            for(p=P0,e=k;p.x<P1.x;p.x++)
            {
                p.c=Interpolation(p.x,P0.x,P1.x,P0.c,P1.c);
                c0=(Bc-p.c)*e+p.c;
                c1=(Bc-p.c)*(1-e)+p.c;
                FillVPiexl(pDC,CP2(p.x,p.y),c0);
                FillVPiexl(pDC,CP2(p.x,p.y+1),c1);
                e=e+k;
                if(e>=1.0)
                {
                    p.y++;
                    e--;
                }
            }
        }
```

```
        }
        if(k>=-1.0 && k<0.0)                                    //绘制-1≤k<0
        {
            if(P0.x>P1.x)
            {
                t=P0;P0=P1;P1=t;
            }
            for(p=P0,e=-k;p.x<P1.x;p.x++)
            {
                p.c=Interpolation(p.x,P0.x,P1.x,P0.c,P1.c);
                c0=(Bc-p.c)*e+p.c;
                c1=(Bc-p.c)*(1-e)+p.c;
                FillVPiexl(pDC,CP2(p.x,p.y),c0);
                FillVPiexl(pDC,CP2(p.x,p.y-1),c1);
                e=e-k;
                if(e>=1.0)
                {
                    p.y--;
                    e--;
                }
            }
        }
        if(k<-1.0)                                              //绘制 k<-1
        {
            if(P0.y<P1.y)
            {
                t=P0;P0=P1;P1=t;
            }
            for(p=P0,e=-1/k;p.y>P1.y;p.y--)
            {
                p.c=Interpolation(p.y,P0.y,P1.y,P0.c,P1.c);
                c0=(Bc-p.c)*e+p.c;
                c1=(Bc-p.c)*(1-e)+p.c;
                FillVPiexl(pDC,CP2(p.x,p.y),c0);
                FillVPiexl(pDC,CP2(p.x+1,p.y),c1);
                e=e-1/k;
                if(e>=1.0)
                {
                    p.x++;
                    e--;
                }
            }
        }
    }
}
P0=p1;
```

```
}
void CALine::LineTo(CDC * pDC,double x,double y,CRGB c)              //重载函数
{
    LineTo(pDC,CP2(x,y,c));
}
CRGB CALine::Interpolation(double t,double t0,double t1,CRGB c0,CRGB c1)
                                                                    //线性插值
{
    return (t-t1)/(t0-t1) * c0+(t-t0)/(t1-t0) * c1;
}
```

### 5. 设计 CEllipse 类

圆是椭圆的特例,也就是长半轴和短半轴相等的椭圆,椭圆的长半轴和短半轴由外接矩形的左上角点和右下角点来确定,所以本设计中使用 CEllipse 类来绘制圆和椭圆。本设计使用正方形代表虚拟像素,所以 CEllipse 类公有继承于 CVPixel 类。椭圆的绘制使用四分法完成。只要绘制出位于第一象限内的 1/4 椭圆弧(如图 Ⅰ-14 的阴影部分 Ⅰ 和 Ⅱ 所示),根据对称性就可绘制出整个椭圆。已知第一象限内的点 $P(x,y)$,可以顺时针得到另外 3 个对称点为 $P(x,-y),P(-x,-y),P(-x,y)$。

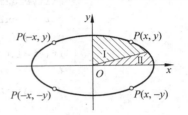

图 Ⅰ-14　椭圆的对称性

```
class CEllipse  :public CVPixel
{
public:
    CEllipse();
    virtual ~CEllipse();
    void DrawEllipse(CDC * pDC,CP2 p0,CP2 p1);          //椭圆的 Bresenham 算法
    void EllipsePoint(CDC * pDC,CP2 point,CRGB color);  //四分法画椭圆
private:
    CP2 P0;                                             //外接矩形的左上角点
    CP2 P1;                                             //外接矩形的右下角点
};
CEllipse::CEllipse()
{
}
CEllipse::~CEllipse()
{
}
void CEllipse::EllipsePoint(CDC * pDC,CP2 point,CRGB color)    //四分法画椭圆
{//填充 4 个象限中的虚拟像素点
    CP2 Center;
    Center= (P0+P1)/2;                                         //获得椭圆的中心点坐标
    FillVPiexl(pDC,CP2( point.x+Center.x, point.y+Center.y),color);   //x, y
    FillVPiexl(pDC,CP2(-point.x+Center.x, point.y+Center.y),color);   //-x, y
```

```cpp
        FillVPiexl(pDC,CP2( point.x+Center.x,-point.y+Center.y),color);  //x,-y
        FillVPiexl(pDC,CP2(-point.x+Center.x,-point.y+Center.y),color); //-x,-y
}
void CEllipse::DrawEllipse(CDC*pDC,CP2 p0,CP2 p1)            //绘制椭圆函数
{
        P0=p0;
        P1=p1;
        double a,b;                                          //椭圆的长半轴,短半轴
        CP2 Center,Axle;                                     //椭圆的圆心
        double d1,d2;
        CRGB color;
        color=p0.c;
        Center= (P0+P1)/2;                                   //椭圆中心
        Axle= (P1-P0)/2;                                     //椭圆半轴
        a=abs(int(Axle.x));                                  //获得长半轴长度
        b=abs(int(Axle.y));                                  //获得短半轴长度
        CP2 p(0,b);
        d1=b*b+a*a*(-b+0.25);
        EllipsePoint(pDC,p,color);                           //绘制第一个像素点
        while(b*b*(p.x+1)<a*a*(p.y-0.5))                     //椭圆 AC 弧段的判别式
        {
            if(d1<0)
            {
                d1+=b*b*(2*p.x+3);
            }
            else
            {
                d1+=b*b*(2*p.x+3)+a*a*(-2*p.y+2);
                p.y--;
            }
            p.x++;
            EllipsePoint(pDC,p,color);                       //填充像素点
        }
        d2=b*b*(p.x+0.5)*(p.x+0.5)+a*a*(p.y-1)*(p.y-1)-a*a*b*b;
                                                             //椭圆 BC 弧段的判别式
        while(p.y>0)
        {
            if (d2<0)
            {
                d2+=b*b*(2*p.x+2)+a*a*(-2*p.y+3);
                p.x++;
            }
            else
            {
                d2+=a*a*(-2*p.y+3);
```

```
        }
        p.y--;
        EllipsePoint(pDC,p,color);
    }
}
```

### 6. 设计 CAEllipse 类

为了绘制反走样椭圆，定义了 CAEllipse 类。本设计使用正方形代表虚拟像素，所以 CAEllipse 类公有继承于 CVPixel 类。椭圆的反走样也是使用基于四分法的距离加权反走样技术实现的。首先绘制椭圆的 $AC$ 段，设 $h_1$ 的初始值为椭圆短半轴 $b$，假定 $A$ 点为当前点 $(x,y)$。从 $A$ 点顺时针绘制，$x$ 沿正向每次走一步，计算偏差 $e_1 = h_1 - \sqrt{b^2 - b^2(x+1)^2/a^2}$ 的值。如果 $e_1 < 1$，说明理想椭圆和像素中心连线（垂直方向）的交点位于第 1 行和第 2 行像素之间（从 $-y$ 方向计），用颜色 $c_1 = RGB((b_r - f_r)e + f_r, (b_g - f_g)e + f_g, (b_b - f_b)e + f_b)$ 绘制像素点 $(x+1,y)$，同时用颜色 $c_2 = RGB((b_r - f_r)(1-e) + f_r, (b_g - f_g)(1-e) + f_g, (b_b - f_b)(1-e) + f_b)$ 绘制像素点 $(x+1,y-1)$；如果 $e_1 \geqslant 1$，说明理想椭圆和像素中心连线的交点位于第 2 行和第 3 行像素之间，$y$ 方向退一步，$h_1$ 值减 1，$e$ 值减 1，用颜色 $c_1 = RGB((b_r - f_r)e + f_r, (b_g - f_g)e + f_g, (b_b - f_b)e + f_b)$ 绘制上方的像素点，同时用颜色 $c_2 = RGB((b_r - f_r)(1-e) + f_r, (b_g - f_g)(1-e) + f_g, (b_b - f_b)(1-e) + f_b)$ 绘制下方的像素点，如此执行直到 $C$ 点。

接着绘制椭圆的 $BC$ 段，设 $h_2$ 的初始值为长半轴 $a$，假定 $B$ 点为当前点 $(x,y)$。从 $B$ 逆时针绘制，$y$ 沿正向每次走一步，计算偏差 $e_2 = h_2 - \sqrt{a^2 - a^2(y+1)^2/b^2}$ 的值。如果 $e_2 < 1$，说明理想椭圆和像素中心连线（水平方向）的交点位于第一列和第二列像素之间（从 $-x$ 方向计），用颜色 $c_1 = RGB((b_r - f_r)e + f_r, (b_g - f_g)e + f_g, (b_b - f_b)e + f_b)$ 绘制像素点 $(x,y+1)$，同时用颜色 $c_2 = RGB((b_r - f_r)(1-e) + f_r, (b_g - f_g)(1-e) + f_g, (b_b - f_b)(1-e) + f_b)$ 绘制像素点 $(x-1,y+1)$；如果 $e_2 \geqslant 1$，说明理想椭圆和像素中心连线的交点位于第 2 列和第 3 列像素之间，$x$ 方向退一步，$h_2$ 值减 1，$e$ 值减 1，用颜色 $c_1 = RGB((b_r - f_r)e + f_r, (b_g - f_g)e + f_g, (b_b - f_b)e + f_b)$ 绘制右方像素点，同时用颜色 $c_2 = RGB((b_r - f_r)(1-e) + f_r, (b_g - f_g)(1-e) + f_g, (b_b - f_b)(1-e) + f_b)$ 绘制左方像素点，如此执行直到 $C$ 点，如图 I-15 所示。

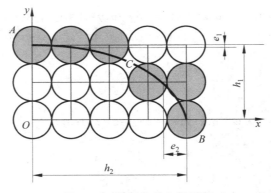

图 I-15　椭圆的反走样原理

```cpp
class CAEllipse  :public CVPixel
{
public:
    CAEllipse();
    virtual ~CAEllipse();
    void AEllipsePointAC(CDC * pDC,CP2 point,double e,CRGB color);
                                                          //四分法画椭圆 AC 子函数
    void AEllipsePointBC(CDC * pDC,CP2 point,double e,CRGB color);
                                                          //四分法画椭圆 BC 子函数
    void DrawAEllipse(CDC *  pDC,CP2 p0,CP2 p1);          //椭圆的反走样算法
private:
    CP2   P0;                                             //外接矩形的左上角点
    CP2   P1;                                             //外接矩形的右下角点
    CRGB Bc;                                              //背景色
};
CAEllipse::CAEllipse()
{
    Bc=CRGB(1.0,1.0,1.0);                                 //默认屏幕背景色
}
CAEllipse::~CAEllipse()
{

}
void CAEllipse::AEllipsePointAC(CDC * pDC,CP2 point,double e,CRGB color)
                                                          //画椭圆 AC 段子函数
{//填充 4 个象限中的虚拟像素点
    CP2 Center;
    Center= (P0+ P1)/2;                                   //获得椭圆的中心点坐标
    CRGB c1,c2;
    c1=e * (Bc-color)+color;
    c2= (1.0-e) * (Bc-color)+color;
    FillVPiexl(pDC,CP2(point.x+Center.x,point.y+Center.y),c1);      //(x,y)
    FillVPiexl(pDC,CP2(point.x+Center.x, (point.y-1)+Center.y),c2);
    FillVPiexl(pDC,CP2(point.x+Center.x,-point.y+Center.y),c1);     //(x,-y)
    FillVPiexl(pDC,CP2(point.x+Center.x,- (point.y-1)+Center.y),c2);
    FillVPiexl(pDC,CP2(-point.x+Center.x,-point.y+Center.y),c1);    //(-x,-y)
    FillVPiexl(pDC,CP2(-point.x+Center.x,- (point.y-1)+Center.y),c2);
    FillVPiexl(pDC,CP2(-point.x+Center.x,point.y+Center.y),c1);     //(-x,y)
    FillVPiexl(pDC,CP2(-point.x+Center.x, (point.y-1)+Center.y),c2);
}
void CAEllipse::AEllipsePointBC(CDC * pDC,CP2 point,double e,CRGB color)
                                                          //画椭圆 BC 段子函数
{
```

```
        CP2 Center;
        Center= (P0+P1)/2;                                    //获得椭圆的中心点坐标
        CRGB c1,c2;
        c1=e * (Bc-color)+color;
        c2= (1.0-e) * (Bc-color)+color;
        FillVPiexl(pDC,CP2(point.x+Center.x,point.y+Center.y),c1);      //(x,y)
        FillVPiexl(pDC,CP2((point.x-1)+Center.x,point.y+Center.y),c2);
        FillVPiexl(pDC,CP2(point.x+Center.x,-point.y+Center.y),c1);     //(x,-y)
        FillVPiexl(pDC,CP2((point.x-1)+Center.x,-point.y+Center.y),c2);
        FillVPiexl(pDC,CP2(-point.x+Center.x,-point.y+Center.y),c1);   //(-x,-y)
        FillVPiexl(pDC,CP2(-(point.x-1)+Center.x,-point.y+Center.y),c2);
        FillVPiexl(pDC,CP2(-point.x+Center.x,point.y+Center.y),c1);    //(-x,y)
        FillVPiexl(pDC,CP2(-(point.x-1)+Center.x,point.y+Center.y),c2);
}
void CAEllipse::DrawAEllipse(CDC * pDC,CP2 p0,CP2 p1)      //绘制椭圆函数
{
        P0=p0;
        P1=p1;
        double a,b;                                            //椭圆的长半轴,短半轴
        CP2 Center,Axle;                                       //椭圆的圆心和半轴
        Center= (P0+P1)/2;                                     //椭圆中心
        Axle= (P1-P0)/2;                                       //椭圆半轴
        a=abs(int(Axle.x));                                    //获得长半轴长度
        b=abs(int(Axle.y));                                    //获得短半轴长度
        if(a==0 && b==0)
            return;
        double e,h;
        CP2 p,pc;                                              //点的坐标
        CRGB color;
        color=p0.c;
        pc.x=a*a/sqrt(a*a+b*b),pc.y=b*b/sqrt(a*a+b*b);  //C 点的坐标
        for(p.x=0,p.y=b,h=b;p.x<=pc.x;p.x++)                    //绘制 AC 段
        {
            e=h-sqrt(b*b-b*b*(p.x+1)*(p.x+1)/(a*a));
            if(e>=1)
            {
                h--;
                e--;
                p.y--;
            }
            AEllipsePointAC(pDC,p,e,color);
        }
        for(p.x=a,p.y=0,h=a;p.y<pc.y;p.y++)                     //绘制 BC 段
        {
            e=h-sqrt(a*a-a*a*(p.y+1)*(p.y+1)/(b*b));
```

```
    if(e>=1)
    {
        h--;
        e--;
        p.x--;
    }
    AEllipsePointBC(pDC,p,e,color);
    }
}
```

# Ⅰ.5　视图的设计

本设计将窗口静态切分为左右两个窗格,左窗格是控制窗格,派生于 CFormView 的 CLeftPortion 类;右窗格为显示窗格,使用 CTestView 类显示虚拟网格,左右窗格通过 CTestDoc 类通信。

**1. 静态切分视图框架**

使用 ClassWizard 向导为 CMainFrame 类添加 OnCreateClient 函数。这里使用 ClassWizard 是重写父类的虚函数,而不是添加消息处理。

```
BOOL CMainFrame::OnCreateClient(LPCREATESTRUCT lpcs, CCreateContext * pContext)
{
    //TODO: Add your specialized code here and/or call the base class
    m_wndSplitter.CreateStatic(this,1,2);                //产生 1×2 的静态切分窗格
    m_wndSplitter.CreateView(0,0,RUNTIME_CLASS(CLeftPortion),CSize(190,600),pContext);
    m_wndSplitter.CreateView(0,1,RUNTIME_CLASS(CTestView),CSize(520,600),pContext);
    return TRUE;
}
```

**2. 设计 CLeftPortion 类**

静态切分视图框架的创建分为以下几个步骤。

在 ResorceView 面板中,新建默认名为 IDD_DIALOG1 对话框。打开对话框属性,设置 Style 为 Child,Border 为 None,如图Ⅰ-16 所示。为对话框添加 Group Box 控件、StaticText 控件、Button 控件、Picture 控件和 Check Box 控件,如图Ⅰ-17 所示。双击对话框,创建继承于 CFormView 类的 CLeftPortion 类。CFormView 类具有无模态对话框的特点,并且可以包含控件。控件映射变量见表Ⅰ-1。

图Ⅰ-16　对话框 Styles 属性设置

图 I-17 控件设置

表 I-1 控件映射变量

| ID | 含 义 | 变量类型 | 变量名 |
| --- | --- | --- | --- |
| IDC_COLOR1 | 颜色按钮 | CColorButton | m_Color1 |
| IDC_COLOR2 | 颜色按钮 | CColorButton | m_Color2 |
| IDC_COLOR3 | 颜色按钮 | CColorButton | m_Color3 |
| IDC_COLOR4 | 颜色按钮 | CColorButton | m_Color4 |
| IDC_COLOR5 | 颜色按钮 | CColorButton | m_Color5 |
| IDC_COLOR6 | 颜色按钮 | CColorButton | m_Color6 |
| IDC_COLOR7 | 颜色按钮 | CColorButton | m_Color7 |
| IDC_COLOR8 | 颜色按钮 | CColorButton | m_Color8 |
| IDC_SPCOLOR | 起点颜色 | CColorButton | m_SPColor |
| IDC_EPCOLOR | 终点颜色 | CColorButton | m_EPColor |

（1）控件初始化。

```
void CLeftPortion::OnInitialUpdate()
{
    CFormView::OnInitialUpdate();
    //TODO: Add your specialized code here and/or call the base class
    //设置左窗格控件的初始值
```

```
        m_select=TRUE;
        m_color1=CRGB(0.0,0.0,0.0);                    //黑色
        m_color2=CRGB(1.0,0.0,0.0);                    //红色
        m_color3=CRGB(1.0,1.0,0.0);                    //黄色
        m_color4=CRGB(0.0,1.0,0.0);                    //绿色
        m_color5=CRGB(0.0,1.0,1.0);                    //青色
        m_color6=CRGB(1.0,0.0,1.0);                    //品红
        m_color7=CRGB(0.0,0.0,1.0);                    //蓝色
        m_color8=CRGB(1.0,1.0,1.0);                    //白色
        m_spcolor=CRGB(0.0,0.0,0.0);                   //起点颜色
        m_epcolor=CRGB(0.0,0.0,0.0);                   //终点颜色
        m_Color1.SetBkColor(m_color1);
        m_Color2.SetBkColor(m_color2);
        m_Color3.SetBkColor(m_color3);
        m_Color4.SetBkColor(m_color4);
        m_Color5.SetBkColor(m_color5);
        m_Color6.SetBkColor(m_color6);
        m_Color7.SetBkColor(m_color7);
        m_Color8.SetBkColor(m_color8);
        m_SPColor.SetBkColor(m_spcolor);
        m_EPColor.SetBkColor(m_epcolor);
        UpdateData(FALSE);
}
```

（2）"黑色"快捷颜色按钮消息处理函数。

```
void CLeftPortion::OnColor1()
{
    //TODO: Add your control notification handler code here
    CTestDoc * pDoc= (CTestDoc * )CFormView::GetDocument();
    if(m_select==TRUE)
    {
        m_spcolor=m_color1;
        m_SPColor.SetBkColor(m_spcolor);
    }
    else
    {
        m_epcolor=m_color1;
        m_EPColor.SetBkColor(m_epcolor);
    }
    pDoc->m_SPColor=m_spcolor;
    pDoc->m_EPColor=m_epcolor;
}
```

（3）"红色"快捷颜色按钮消息处理函数。

```cpp
void CLeftPortion::OnColor2()
{
    //TODO: Add your control notification handler code here
    CTestDoc * pDoc=(CTestDoc * )CFormView::GetDocument();
    if(m_select==TRUE)
    {
        m_spcolor=m_color2;
        m_SPColor.SetBkColor(m_spcolor);
    }
    else
    {
        m_epcolor=m_color2;
        m_EPColor.SetBkColor(m_epcolor);
    }
    pDoc->m_SPColor=m_spcolor;
    pDoc->m_EPColor=m_epcolor;
}
```

（4）"黄色"快捷颜色按钮消息处理函数。

```cpp
void CLeftPortion::OnColor3()
{
    //TODO: Add your control notification handler code here
    CTestDoc * pDoc=(CTestDoc * )CFormView::GetDocument();
    if(m_select==TRUE)
    {
        m_spcolor=m_color3;
        m_SPColor.SetBkColor(m_spcolor);
    }
    else
    {
        m_epcolor=m_color3;
        m_EPColor.SetBkColor(m_epcolor);
    }
    pDoc->m_SPColor=m_spcolor;
    pDoc->m_EPColor=m_epcolor;
}
```

（5）"绿色"快捷颜色按钮消息处理函数。

```cpp
void CLeftPortion::OnColor4()
{
    //TODO: Add your control notification handler code here
    CTestDoc * pDoc=(CTestDoc * )CFormView::GetDocument();
    if(m_select==TRUE)
```

```
        {
            m_spcolor=m_color4;
            m_SPColor.SetBkColor(m_spcolor);
        }
        else
        {
            m_epcolor=m_color4;
            m_EPColor.SetBkColor(m_epcolor);
        }
        pDoc->m_SPColor=m_spcolor;
        pDoc->m_EPColor=m_epcolor;
}
```

（6）"青色"快捷颜色按钮消息处理函数。

```
void CLeftPortion::OnColor5()
{
    //TODO: Add your control notification handler code here
    CTestDoc * pDoc= (CTestDoc * )CFormView::GetDocument();
    if(m_select==TRUE)
    {
        m_spcolor=m_color5;
        m_SPColor.SetBkColor(m_spcolor);
    }
    else
    {
        m_epcolor=m_color5;
        m_EPColor.SetBkColor(m_epcolor);
    }
    pDoc->m_SPColor=m_spcolor;
    pDoc->m_EPColor=m_epcolor;
}
```

（7）"品红"快捷颜色按钮消息处理函数。

```
void CLeftPortion::OnColor6()
{
    //TODO: Add your control notification handler code here
    CTestDoc * pDoc= (CTestDoc * )CFormView::GetDocument();
    if(m_select==TRUE)
    {
        m_spcolor=m_color6;
        m_SPColor.SetBkColor(m_spcolor);
    }
    else
    {
        m_epcolor=m_color6;
```

```
        m_EPColor.SetBkColor(m_epcolor);
    }
    pDoc->m_SPColor=m_spcolor;
    pDoc->m_EPColor=m_epcolor;
}
```

(8)"蓝色"快捷颜色按钮消息处理函数。

```
void CLeftPortion::OnColor7()
{
    //TODO: Add your control notification handler code here
    CTestDoc * pDoc=(CTestDoc * )CFormView::GetDocument();
    if(m_select==TRUE)
    {
        m_spcolor=m_color7;
        m_SPColor.SetBkColor(m_spcolor);
    }
    else
    {
        m_epcolor=m_color7;
        m_EPColor.SetBkColor(m_epcolor);
    }
    pDoc->m_SPColor=m_spcolor;
    pDoc->m_EPColor=m_epcolor;
}
```

(9)"白色"快捷颜色按钮消息处理函数。

```
void CLeftPortion::OnColor8()
{
    //TODO: Add your control notification handler code here
    CTestDoc * pDoc=(CTestDoc * )CFormView::GetDocument();
    if(m_select==TRUE)
    {
        m_spcolor=m_color8;
        m_SPColor.SetBkColor(m_spcolor);
    }
    else
    {
        m_epcolor=m_color8;
        m_EPColor.SetBkColor(m_epcolor);
    }
    pDoc->m_SPColor=m_spcolor;
    pDoc->m_EPColor=m_epcolor;
}
```

（10）"起点"颜色按钮消息处理函数。

```
void CLeftPortion::OnSpcolor()
{
    //TODO: Add your control notification handler code here
    m_select=TRUE;
}
```

（11）"终点"颜色按钮消息处理函数。

```
void CLeftPortion::OnEpcolor()
{
    //TODO: Add your control notification handler code here
    m_select=FALSE;
}
```

（12）双击"起点"颜色按钮消息处理函数。

```
void CLeftPortion::OnDoubleclickedSpcolor()
{
    //TODO: Add your control notification handler code here
    CTestDoc * pDoc= (CTestDoc * )CFormView::GetDocument();
    CColorDialog dlg;
    if(dlg.DoModal()==IDOK)
    {
        COLORREF color=dlg.GetColor();
        m_spcolor=CRGB(GetRValue(color)/255.0,GetGValue(color)/255.0,GetBValue
        (color)/255.0);
        m_SPColor.SetBkColor(m_spcolor);
    }
    pDoc->m_SPColor=m_spcolor;
}
```

（13）双击"终点"颜色按钮消息处理函数。

```
void CLeftPortion::OnDoubleclickedEpcolor()
{
    //TODO: Add your control notification handler code here
    CTestDoc * pDoc= (CTestDoc * )CFormView::GetDocument();
    CColorDialog dlg;
    if(dlg.DoModal()==IDOK)
    {
        COLORREF color=dlg.GetColor();
        m_epcolor=CRGB(GetRValue(color)/255.0,GetGValue(color)/255.0,GetBValue
        (color)/255.0);
        m_EPColor.SetBkColor(m_epcolor);
    }
    pDoc->m_EPColor=m_epcolor;
```

}

(14)"直线"按钮消息处理函数。

```
void CLeftPortion::OnLine()
{
    //TODO: Add your control notification handler code here
    CTestDoc * pDoc= (CTestDoc * )CFormView::GetDocument();
    pDoc->m_nType=1;
    pDoc->m_SPColor=m_spcolor;
    pDoc->m_EPColor=m_epcolor;
}
```

(15)"椭圆"按钮消息处理函数。

```
void CLeftPortion::OnEllipse()
{
    //TODO: Add your control notification handler code here
    CTestDoc * pDoc= (CTestDoc * )CFormView::GetDocument();
    pDoc->m_nType=2;
    m_epcolor=m_spcolor;
    m_SPColor.SetBkColor(m_spcolor);
    m_EPColor.SetBkColor(m_epcolor);
    pDoc->m_SPColor=m_spcolor;
    pDoc->m_EPColor=m_epcolor;
}
```

(16)"反走样"复选框消息处理函数。

```
void CLeftPortion::OnAlias()
{
    //TODO: Add your control notification handler code here
    CTestDoc * pDoc= (CTestDoc * )CFormView::GetDocument();
    CButton * pBtn= (CButton * )GetDlgItem(IDC_ALIAS);
    if(pBtn->GetCheck())
        pDoc->m_Alias=TRUE;
    else
        pDoc->m_Alias=FALSE;
}
```

### 3. 设计 CTestView 类

在 CTestView 类内,定义 DoubleBuffer()函数实现橡皮筋技术,定义 WM_MOUSEMOVE 消息响应函数在状态栏输出网格虚拟坐标,同时实现在 Shift 键的约束下绘制水平、垂直直线以及圆。

(1)双缓冲函数 DoubleBuffer()。定义双缓冲函数实现绘制过程的动画,本课程设计中用于实现橡皮筋技术。程序窗口客户区矩形 rect 的声明,放在 TestView.h 头文件中。

```
void CTestView::DoubleBuffer(CDC * pDC)
```

```
    {
    GetClientRect(&rect);                                      //获得客户区的大小
        CDC memDC;                                             //内存 DC
        CBitmap NewBitmap, * pOldBitmap;                       //内存中承载图像的临时位图
        memDC.CreateCompatibleDC(pDC);                         //建立与屏幕 pDC 兼容的 memDC
        NewBitmap.CreateCompatibleBitmap(pDC,rect.Width(),rect.Height());
                                                               //创建兼容位图
        pOldBitmap=memDC.SelectObject(&NewBitmap);             //将兼容位图选入 memDC
        memDC.FillSolidRect(rect, pDC->GetBkColor());          //按原来背景填充客户区,否则是黑色
        DrawObject(&memDC);
        pDC->BitBlt(0, 0, rect.Width(),rect.Height(), &memDC, 0, 0, SRCCOPY);
                                                               //将内存位图复制到屏幕
        memDC.SelectObject(pOldBitmap);                        //恢复位图
        NewBitmap.DeleteObject();                              //删除位图
        memDC.DeleteDC();                                      //删除 memDC
    }
```

（2）绘制网格函数 DrawGrid()。调用 CVPixel 类对象绘制虚拟像素网格。

```
void CTestView::DrawGrid(CDC * pDC)
{
    VirtualPixel.ReadRect(rect);                               //读入窗口客户区信息
    VirtualPixel.DrawGrid(pDC);                                //在窗口客户区中绘制正方形网格
    VirtualPixel.Delete();                                     //释放二维虚拟像素所占内存
}
```

（3）绘制对象函数 DrawGrid()。根据左窗格的控件值,分别绘制网格、直线和椭圆(包含圆)。

```
void CTestView::DrawObject(CDC * pDC)
{
    CTestDoc * pDoc=GetDocument();
    nType=pDoc->m_nType;
    IsAnti=pDoc->m_Alias;
    PStart.c=pDoc->m_SPColor;
    PEnd.c=pDoc->m_EPColor;
    switch(nType)
    {
    case 0:
        DrawGrid(pDC);                                         //绘制网格
        break;
    case 1:
        DrawLine(pDC);                                         //绘制直线
        break;
    case 2:
        DrawEllipse(pDC);                                      //绘制椭圆
        break;
```

```
            }
    }
```

（4）绘制直线函数 DrawGrid()。根据左窗格的"反走样"复选框控件的值，分别使用 CLine 类对象 line 或 CACLine 类对象 aline 绘制走样直线或反走样直线。

```
void CTestView::DrawLine(CDC * pDC)
{

    if(IsAnti)                                //反走样直线
    {
        aline.ReadRect(rect);
        aline.DrawGrid(pDC);
        aline.MoveTo(pDC, PStart);
        aline.LineTo(pDC, PEnd);
        aline.Delete();
    }
    else                                      //走样直线
    {
        line.ReadRect(rect);
        line.DrawGrid(pDC);
        line.MoveTo(pDC, PStart);
        line.LineTo(pDC, PEnd);
        line.Delete();
    }
}
```

（5）绘制椭圆函数 DrawEllipse()。根据左窗格的反走样复选框控件的值，分别使用 CEllipse 类对象 ellipse 或 CAEllipse 类对象 aellipse 绘制走样椭圆（包含圆）或反走样椭圆（包含圆）。

```
void CTestView::DrawEllipse(CDC * pDC)
{
    if(IsAnti)                                //反走样椭圆
    {
        aellipse.ReadRect(rect);
        aellipse.DrawGrid(pDC);
        aellipse.DrawAEllipse(pDC, PStart, PEnd);
        aellipse.Delete();
    }
    else                                      //走样椭圆
    {   ellipse.ReadRect(rect);
        ellipse.DrawGrid(pDC);
        ellipse.DrawEllipse(pDC, PStart, PEnd);
        ellipse.Delete();
    }
}
```

(6) WM_LBUTTONDOWN 消息响应函数 OnLButtonDown()。按下鼠标左键时,绘制直线开始,标志 LBdown 为真,计算起点坐标。注意,这里的起点坐标指的是鼠标指针当前所在位置(绝对坐标)换算成正方形虚拟像素后的坐标(相对坐标)。

设绝对坐标为(point. x,point. y),窗口客户区 rect 的左上角点为(rect. left,rect. top)。边长为 vpsize 的正方形中心的相对坐标用 $(X,Y)$ 表示,换算公式为

$$X = \frac{point.\ x - rect.\ left}{vpsize}$$

$$Y = \frac{point.\ x - rect.\ top}{vpsize}$$

```
void CTestView::OnLButtonDown(UINT nFlags, CPoint point)
{
    //TODO: Add your message handler code here and/or call default
    LBdown=TRUE;
    PStart.x=(point.x-rect.left)/vpsize;
    PStart.y=(point.y-rect.top)/vpsize;
    PEnd=PStart;
    CView::OnLButtonDown(nFlags, point);
}
```

(7) WM_LBUTTONUP 消息响应函数 OnLButtonUp()。弹起鼠标左键时,绘制直线结束,LBdown 为假。

```
void CTestView::OnLButtonUp(UINT nFlags, CPoint point)
{
    //TODO: Add your message handler code here and/or call default
    if(LBdown==TRUE)
    {
        LBdown=FALSE;
    }
    CView::OnLButtonUp(nFlags, point);
}
```

(8) WM_MOUSEMOVE 消息响应函数 OnMouseMove()。移动鼠标时,在状态栏显示网格的位置坐标,同时计算终点坐标。当按 Shift 键时,根据约束重新计算终点坐标。在按下鼠标左键移动时,光标改变为十字光标。Sign(double $n$) 函数根据参数值 ($n>0,n=0,n<0$) 输出 1,0 和 $-1$。sign() 函数用于换算主位移方向的步长变化情况。

```
void CTestView::OnMouseMove(UINT nFlags, CPoint point)
{
    //TODO: Add your message handler code here and/or call default
    CString strx,stry;                                  //状态信息
    CMainFrame * pFrame=(CMainFrame * )AfxGetMainWnd();  //获得窗口指针
    CStatusBar * pstatus=&pFrame->m_wndStatusBar;        //获得状态栏的指针
    if( point.x >=rect.left && point.x <rect.right && point
    .y >=rect.top && point.y<rect.bottom)
```

```
    {
    if(pstatus)
    {
        strx.Format("x=%d",(point.x-rect.left)/vpsize);
        stry.Format("y=%d",(point.y-rect.top)/vpsize);
        CClientDC dc(this);
        CSize sizex=dc.GetTextExtent(strx);
        CSize sizey=dc.GetTextExtent(stry);
        pstatus->SetPaneInfo(1,ID_INDICATOR_X,SBPS_NORMAL,sizex.cx);
        pstatus->SetPaneText(1,strx);
        pstatus->SetPaneInfo(2,ID_INDICATOR_Y,SBPS_NORMAL,sizey.cx);
        pstatus->SetPaneText(2,stry);
    }
    if(LBdown==TRUE && nType!=0)                        //鼠标左键按下并处于绘图状态
    {
        PEnd.x=(point.x-rect.left)/vpsize;              //正常情况计算终止点
        PEnd.y=(point.y-rect.top)/vpsize;
        double dx=(PEnd.x-PStart.x);                    //偏移矢量
        double dy=(PEnd.y-PStart.y);
        if(nType==1)
        {
            if(GetKeyState(VK_SHIFT) & 0x8000)          //绘制直线时,按 Shift 键
            {
                if(fabs(dx)>=fabs(dy))
                {
                    PEnd.y=PStart.y;                    //x 方向的垂线
                }
                else
                {
                    PEnd.x=PStart.x;                    //y 方向的垂线
                }
            }
        }
        if(nType==2)
        {
            if(GetKeyState(VK_SHIFT) & 0x8000)      //绘制椭圆时,是否按 Shift 键
            {
                if(fabs(dx)<fabs(dy))                   //向 dy 方向为增长,|dx|为圆的直径
                {
                    PEnd.y=PStart.y+sign(dy) * fabs(dx);
                }
                else
                {
                    PEnd.x=PStart.x+sign(dx) * fabs(dy);
                }
            }
        }
        ::SetCursor(AfxGetApp()->LoadStandardCursor(IDC_CROSS));   //十字光标
```

```
            }
        }
        else
            ::SetCursor(AfxGetApp()->LoadStandardCursor(IDC_ARROW));   //加载系统光标
        Invalidate(FALSE);                                    //重绘,但不擦除背景
        CView::OnMouseMove(nFlags, point);
    }
```

# Ⅰ.6  结论

（1）本设计将窗口划分为两部分。左窗格是控制区,右窗格是显示区。

（2）基本图元的像素级绘制,有助于从微观角度理解计算机图形学光栅扫描转换算法。本设计采用正方形代替普通像素,相当于将像素进行了放大处理。

（3）由于自定义了 CVPixel 类绘制正方形像素,所以 CLine、CACLine、CEllipse 和 CAEllipse 类均继承于 CVPixel 类。

（4）本设计使用鼠标在右窗格绘制像素级走样及反走样的直线、圆和椭圆。直线的起点和终点如果颜色不同可以进行颜色渐变。而椭圆和圆是闭合图形,起点和终点位于同一点,不进行颜色渐变绘制。

（5）在右窗格内按下鼠标左键时,如果绘制的是直线,该点是起点,如果绘制的是椭圆（包含圆）,该点是椭圆（包含圆）外接矩形的左上角点;在右窗格内弹起鼠标左键时,如果绘制的是直线,该点是终点,如果绘制的是椭圆（包含圆）,该点是椭圆（包含圆）外接矩形的右下角点。

（5）左窗格的 CLeftPortion 类和右窗格的 CTestView 类之间是通过 CTestDoc 类来通信的。CLeftPortion 类将控件变量的值赋予 CTestDoc 类的数据成员,CTestView 类从 CTestDoc 类中读出后使用,这样可以实现左窗格控件对右窗格中所绘制图形参数的控制。

（6）使用自绘按钮 CColorButton 类绘制彩色按钮。定义 CLeftPortion 的数据成员时,只有先删除 Test.clw 文件,并重建同名文件后才能在 classwizar 内出现 CColorButton 选项,如图Ⅰ-18 所示。

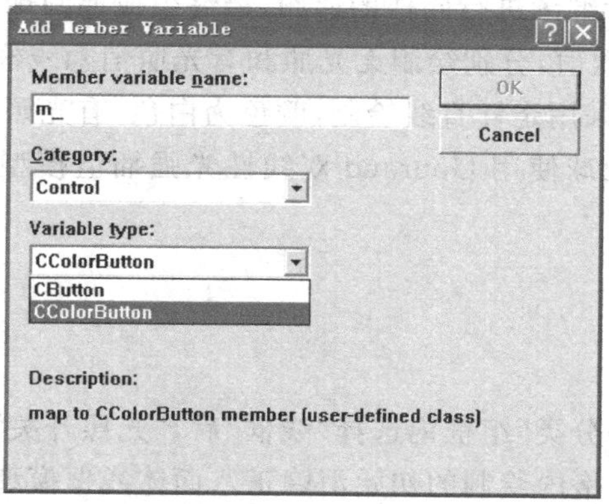

图 Ⅰ-18  使用 CColorButton 类定义成员变量

# 课程设计Ⅱ　递归动态球体演示系统

## Ⅱ.1　设计目标

在正八面体的基础上构建球体。正八面体的顶点位于球面上,正八面体的体心设为球心。将正八面体每个正三角形表面的三条边的中点连接形成四个小正三角形,并将三个中点拉伸到球面上。对每个小正三角形进行同样的递归操作可以构造出球体线框模型。请使用不同深度的递归划分法分别绘制无光照线框球,有光照线框球、无光照表面球和有光照表面球。给定沿 $x$、$y$、$z$ 坐标轴 3 个方向的位移量和绕 $x$、$y$、$z$ 坐标轴的旋转角度,控制球体在窗口客户区内运动。当球体和客户区边界发生碰撞后,改变运动方向。请使用三维正交变换绘制递归动态球体。详细功能要求如下:

(1) 使用静态切分视图,将窗口切分为左右窗格。左窗格为继承于 CFormView 类的表单视图类 CLeftPortion,右窗格为一般视图类 CTestView。

(2) 右窗格的三维坐标系原点位于客户区中心,$x$ 轴水平向右为正,$y$ 轴垂直向上为正,$z$ 轴垂直于屏幕指向观察者。

(3) 左窗格放置代表"球体控制""模型分类""光源开关""平移变换"和"旋转变换"4 个组框控件。"球体控制"组框提供"球体半径"和"球面级数"两个滑动条;"模型分类"组框提供"线框"和"表面"两个单选按钮;"光源开关"分类组框提供"关"和"开"两个单选按钮;"平移变换"组框提供"X 方向""Y 方向""Z 方向"3 个滑动条;"旋转变换"组框提供"绕 X 轴"、"绕 Y 轴"和"绕 Z 轴"3 个滑动条。

(4) 球体在右窗格内根据左窗格的设定值运动,并和客户区边界发生碰撞。

(5) 当球面级数的值为 8 时,右窗格内的球体退化为正八面体。当球面级数的值为 32 时,在右窗格内的正八面体的每个等边三角形的三条边上取 3 个中点并用直线连接,形成 4 个小正三角形。将 3 个中点的模长扩展至球体半径长度,得到递归球体。当球面级数增加时,对每个小正三角形面片继续进行同样的递归,最终生成递归球体。

(6) 根据左窗格的参数值,分别绘制无光照和有光照消隐线框球、无光照和有光照表面球。其中无光照消隐线框采用走样直线绘制,颜色为白色;有光照消隐线框球采用反走样颜色渐变直线绘制;光照表面球使用 Gouraud 双线性光强插值模型绘制,无光照球体表面填充为白色。

## Ⅱ.2　设计效果

(1) 在左窗格的"模型分类"组框内选择"线框"后,"光源开关"为"关","球面级数"为 0,当前球体面片数为 8,右窗格内绘制的初始消隐正八面体线框模型效果如图Ⅱ-1 所示。

(2) 在左窗格的"模型分类"组框内选择"线框"后,"光源开关"为"关","球面级数"为 1,当前球体面片数为 32,右窗格内绘制的消隐递归球体线框模型效果如图Ⅱ-2 所示。

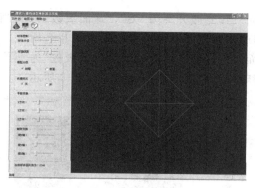

图Ⅱ-1　初始八面体

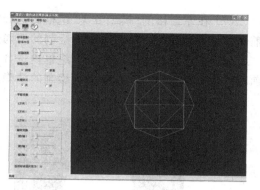

图Ⅱ-2　当前球体面片数为 32

（3）在左窗格的"模型分类"组框内选择"线框"后，"光照开关"为"关"，"球面级数"为 2，当前球体面片数为 128，右窗格内绘制的消隐递归球体线框模型效果如图Ⅱ-3 所示。

（4）在左窗格的"模型分类"组框内选择"线框"后，"光照开关"为"关"，"球面级数"为 3，当前球体面片数为 512，右窗格内绘制的消隐递归球体线框模型效果如图Ⅱ-4 所示。

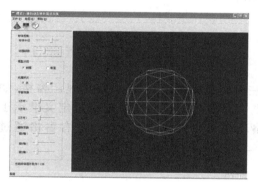

图Ⅱ-3　当前球体面片数为 128

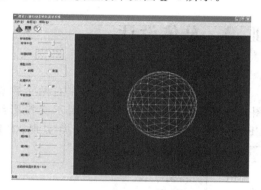

图Ⅱ-4　当前球体面片数为 512

（5）在左窗格的"模型分类"组框内选择"线框"后，"光照开关"为"关"，"球面级数"为 4，当前球体面片数为 2048，右窗格内绘制的消隐递归球体线框模型效果如图Ⅱ-5 所示。

（6）在左窗格的"模型分类"组框内选择"线框"后，"光照开关"为"开"，"球面级数"为 4，当前球体面片数为 2048，右窗格内绘制的消隐递归球体光照线框模型效果如图Ⅱ-6 所示。

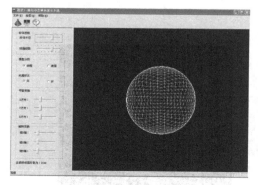

图Ⅱ-5　当前球体面片数为 2048

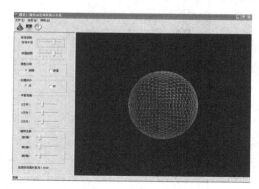

图Ⅱ-6　线框光照球

（7）在左窗格的"模型分类"组框内选择"表面"后，光照开关为"关"，"球面级数"为4，当前球体面片数为2048，右窗格内绘制的消隐递归球体无光照表面模型效果如图Ⅱ-7所示。

（8）在左窗格的"模型分类"组框内选择"表面"后，光照开关为"开"，"球面级数"为4，当前球体面片数为2048，右窗格内绘制的消隐递归球体光照表面模型效果如图Ⅱ-8所示。

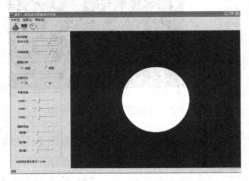

图Ⅱ-7　无光照表面球

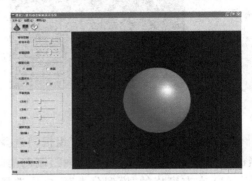

图Ⅱ-8　光照表面球光照

# Ⅱ.3　总体设计

### 1. 静态切分窗格

本设计将窗口静态切分为左右两个窗格，左窗格是控制窗格，右窗格为显示窗格，如图Ⅱ-9和图Ⅱ-10所示。球体采用正交投影绘制，背景色为黑色。左窗格通过定义继承于CFormView类的CLeftPortion类实现，右窗格使用CTestView类实现，左右窗格通过CTestDoc类通信。

图Ⅱ-9　左窗格

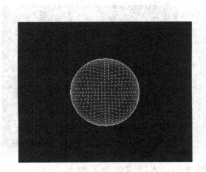

图Ⅱ-10　右窗格（换图）

**2. 递归球体**

最常用的球体建模方法是地理划分法。由于地理划分法预先定义了球体的南北极,使得靠近"南北极点"的面片变小,有聚集的趋势,而靠近"赤道"的面片变大,有扩散的趋势,如图Ⅱ-11所示。当球体旋转时,会露出南北极点,不能用于绘制足球等各向同性的球体,如图Ⅱ-12所示。

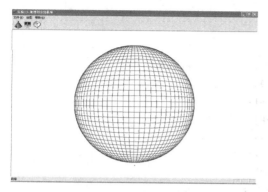

图Ⅱ-11 地理划分线框球

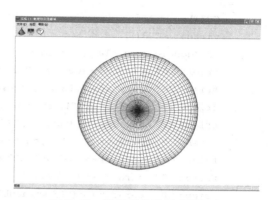

图Ⅱ-12 地理划分线框球的极点

本设计采用的是递归划分法。首先绘制一个由等边三角形构成的正八面体,对每个等边三角形表面,使用直线连接3条边的中点。这样一个等边三角形就由四个小的等边三角形来代替,如图Ⅱ-13所示,$\triangle P_0 P_1 P_2$被划分为$\triangle P_0 P_{01} P_{20}$、$\triangle P_1 P_{12} P_{01}$、$\triangle P_2 P_{20} P_{12}$和$\triangle P_{01} P_{12} P_{20}$。最后把新生成的中点$P_{01}$、$P_{12}$和$P_{20}$的位置矢量单位化,并将此矢量乘以球的半径,这相当于将新增加的3个中点拉到球面上。球体不再是用正八面体的8个等边三角形面片逼近,而是用32个等边三角形面片来逼近。如此递归细分下去,直到精度满足要求为止。

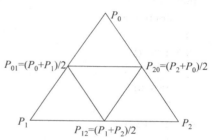

图Ⅱ-13 等边三角形的递归划分

很显然,用递归划分法绘制的球体不需要处理"南北极点"的特殊情况。此时不存在南北两极,每个小面均处于对等状态,特别适宜于制作各向同性的球体。

# Ⅱ.4 类的设计

本设计定义CRGB类处理颜色,定义CVector类处理矢量;定义CP2类绘制二维点、CP3类绘制三维点;定义CLine类绘制任意斜率的走样直线,定义CACLine类绘制任意斜率的基于背景色的反走样颜色渐变直线;定义CTransForm3类实现三维正交变换;定义CAet类、CBucket类和CFill类填充三角形面片;定义CLightSource类设置光源,定义CMaterial类设置物体材质,定义CLighting类实施光照。这些类在"教学实验"部分已经有详细介绍,请读者自行参阅。这里重点讲解CP3类的修改。

CP3类公有继承于CP2类,将三维点的坐标double型坐标和double型颜色绑定在一起处理。为了能根据球体网格的三角形表面上的三维顶点坐标直接计算出每条边的三维中

点坐标,CP3 类重载了＋、－、＊、/、＋＝、－＝、＊＝、/＝运算符,其中成员函数 Mold()计算
三维点的模。

```cpp
class CP3:public CP2
{
public:
    CP3();
    virtual ~CP3();
    CP3(double x,double y,double z);
    friend CP3 operator + (CP3 &p1,CP3 &p2);        //运算符重载
    friend CP3 operator - (CP3 &p1,CP3 &p2);
    friend CP3 operator * (CP3 &p,double k);
    friend CP3 operator * (double k,CP3 &p);
    friend CP3 operator /(CP3 &p,double k);
    friend CP3 operator+= (CP3 &p1,CP3 &p2);
    friend CP3 operator-= (CP3 &p1,CP3 &p2);
    friend CP3 operator * = (CP3 &p,double k);
    friend CP3 operator/= (CP3 &p,double k);
    double Mold();                                  //长度
public:
    double z;
};
CP3::CP3()
{
    z=0.0;
}
CP3::~CP3()
{
}
CP3::CP3(double x,double y,double z):CP2(x,y)
{
    this->z=z;
}
CP3 operator + (CP3 &p1,CP3 &p2)                     //和
{
    CP3 p;
    p.x=p1.x+p2.x;
    p.y=p1.y+p2.y;
    p.z=p1.z+p2.z;
    return p;
}
CP3 operator - (CP3 &p1,CP3 &p2)                     //差
{
    CP3 p;
    p.x=p1.x-p2.x;
```

```
        p.y=p1.y-p2.y;
        p.z=p1.z-p2.z;
        return p;
    }
    CP3 operator * (CP3 &p,double k)                    //点和常量的积
    {
        return CP3(p.x * k,p.y * k,p.z * k);
    }
    CP3 operator * (double k,CP3 &p)                    //点和常量的积
    {
        return CP3(p.x * k,p.y * k,p.z * k);
    }
    CP3 operator / (CP3 &p,double k)                    //数除
    {
        if(fabs(k)<1e-6)
            k=1.0;
        CP3 point;
        point.x=p.x/k;
        point.y=p.y/k;
        point.z=p.z/k;
        return point;
    }
    CP3 operator+= (CP3 &p1,CP3 &p2)
    {
        p1.x=p1.x+p2.x;
        p1.y=p1.y+p2.y;
        p1.z=p1.z+p2.z;
        return p1;
    }
    CP3 operator-= (CP3 &p1,CP3 &p2)
    {
        p1.x=p1.x-p2.x;
        p1.y=p1.y-p2.y;
        p1.z=p1.z-p2.z;
        return p1;
    }
    CP3 operator * = (CP3 &p1,double k)
    {
        p1.x=p1.x * k;
        p1.y=p1.y * k;
        p1.z=p1.z * k;
        return p1;
    }
    CP3 operator/= (CP3 &p1,double k)
    {
```

```
    if(fabs(k)<1e-6)
        k=1.0;
    p1.x=p1.x/k;
    p1.y=p1.y/k;
    p1.z=p1.z/k;
    return p1;
}
double CP3::Mold()                                    //长度
{
    double product=sqrt(x*x+y*y+z*z);
    return product;
}
```

# Ⅱ.5  视图的设计

本设计将窗口静态切分为左右两个窗格,左窗格是控制窗格,继承于 CFormView 的 CLeftPortion 类;右窗格是显示窗格,使用 CTestView 类。

**1. 设计 CLeftPortion 类**

控件映射变量见表Ⅱ-1。

表Ⅱ-1  控件映射变量

| ID | 含　　义 | 变量类别 | 变量类型 | 变　量　名 |
|---|---|---|---|---|
| IDC_CURFACE | 图形面片数 | Control | CStatic | m_CurrentFaces |
| IDC_FRAME | 模型分类 | Value | int | m_Model |
| IDC_OFF | 光源开关 | Value | int | m_switch |
| IDC_SLIDER1 | 球体半径 | Control | CSliderCtrl | m_radius |
| IDC_SLIDER2 | 球面级数 | Control | CSliderCtrl | m_facecount |
| IDC_SLIDER3 | $x$ 方向位移 | Control | CSliderCtrl | m_translateX |
| IDC_SLIDER4 | $y$ 方向位移 | Control | CSliderCtrl | m_translateY |
| IDC_SLIDER5 | $z$ 方向位移 | Control | CSliderCtrl | m_translateZ |
| IDC_SLIDER6 | 绕 $x$ 轴旋转 | Control | CSliderCtrl | m_rotateX |
| IDC_SLIDER7 | 绕 $y$ 轴旋转 | Control | CSliderCtrl | m_rotateY |
| IDC_SLIDER8 | 绕 $z$ 轴旋转 | Control | CSliderCtrl | m_rotateZ |

（1）控件初始化

```
void CLeftPortion::OnInitialUpdate()
{
    CFormView::OnInitialUpdate();
    //TODO: Add your specialized code here and/or call the base class
    //设置左窗格滑动条的范围及初始值
```

```
    m_radius.SetRange(50,200,TRUE);
    m_radius.SetPos(150);                                    //球体半径
    m_facecount.SetRange(0,6,TRUE);
    m_facecount.SetPos(4);                                   //面片级数
    m_model=0;                                               //线框消隐
    m_switch=0;                                              //光照开关
    m_translateX.SetRange(0,20,TRUE);
    m_translateX.SetPos(5);                                  //x方向平移
    m_translateY.SetRange(0,20,TRUE);
    m_translateY.SetPos(5);                                  //y方向平移
    m_translateZ.SetRange(0,20,TRUE);
    m_translateZ.SetPos(5);                                  //z方向平移
    m_rotateX.SetRange(0,20,TRUE);
    m_rotateX.SetPos(3);                                     //x方向旋转
    m_rotateY.SetRange(0,20,TRUE);
    m_rotateY.SetPos(3);                                     //y方向旋转
    m_rotateZ.SetRange(0,20,TRUE);
    m_rotateZ.SetPos(3);                                     //z方向旋转
    CString str("");
    str.Format("当前球体面数为：%d",(int(8 * pow(4,m_facecount.GetPos()))));
    m_curface.SetWindowText(str);
    UpdateData(FALSE);
}
```

（2）水平滑动条消息处理函数。

```
void CLeftPortion::OnHScroll(UINT nSBCode, UINT nPos, CScrollBar * pScrollBar)
{
    //TODO: Add your message handler code here and/or call default
    CTestDoc * pDoc=(CTestDoc * )CFormView::GetDocument();
    UpdateData();
    pDoc->m_Radius=m_radius.GetPos();
    pDoc->m_FaceCount=m_facecount.GetPos();
    pDoc->m_TranslateX=m_translateX.GetPos();
    pDoc->m_TranslateY=m_translateY.GetPos();
    pDoc->m_TranslateZ=m_translateZ.GetPos();
    pDoc->m_RotateX=m_rotateX.GetPos();
    pDoc->m_RotateY=m_rotateY.GetPos();
    pDoc->m_RotateZ=m_rotateZ.GetPos();
    CString str("");
    int iFacesCount=int(8 * pow((double)4,(double)m_facecount.GetPos()));
    str.Format("当前球体面数为：%d",iFacesCount);
    m_curface.SetWindowText(str);
    UpdateData(FALSE);
    CFormView::OnHScroll(nSBCode, nPos, pScrollBar);
}
```

（3）"关"单选按钮消息处理函数。

```
void CLeftPortion::OnOff()
{
    //TODO: Add your control notification handler code here
    CTestDoc * pDoc= (CTestDoc * )CFormView::GetDocument();
    pDoc->m_Switch=0;
    Invalidate(FALSE);
}
```

（4）"开"单选按钮消息处理函数。

```
void CLeftPortion::OnOn()
{
    //TODO: Add your control notification handler code here
    CTestDoc * pDoc= (CTestDoc * )CFormView::GetDocument();
    pDoc->m_Switch=1;
    Invalidate(FALSE);
}
```

（5）"线框"单选按钮消息处理函数。

```
void CLeftPortion::OnFrame()
{
    //TODO: Add your control notification handler code here
    CTestDoc * pDoc= (CTestDoc * )CFormView::GetDocument();
    pDoc->m_Model=0;
    Invalidate(FALSE);
}
```

（6）"表面"单选按钮消息处理函数。

```
void CLeftPortion::OnSurface()
{
    //TODO: Add your control notification handler code here
    CTestDoc * pDoc= (CTestDoc * )CFormView::GetDocument();
    pDoc->m_Model=1;
    Invalidate(FALSE);
}
```

**2. 设计 CTestView 类**

在 CTestView 类内,使用三维正交投影绘制递归球体。

（1）构造函数。在构造函数内初始化光源的颜色和材质属性。

```
CTestView::CTestView()
{
    //TODO: add construction code here
    Radius=150;FaceCount=4;
    Model=0;                                    //线框
```

```
        Switch=0;                                              //无光照
        TranslateX=0;TranslateY=0;TranslateZ=0;
        DirectionX=1;DirectionY=1;DirectionZ=1;
        RotateX=0;RotateY=0;RotateZ=0;
        pMaterial=NULL;pLight=NULL;
        LightNum=1;                                            //光源个数
        pLight=new CLighting(LightNum);                        //一维光源动态数组
        for(int i=0;i<LightNum;i++)
        {
            pLight->Light[i].L_Diffuse=CRGB(1.0,1.0,1.0);      //光源的漫反射颜色
            pLight->Light[i].L_Specular=CRGB(1.0,1.0,1.0);     //光源镜面高光颜色
            pLight->Light[i].L_C0=1.0;                         //常数衰减系数
            pLight->Light[i].L_C1=0.0000001;                   //线性衰减系数
            pLight->Light[i].L_C2=0.00000001;                  //二次衰减系数
            pLight->Light[i].L_OnOff=TRUE;                     //开启光源
        }
        pMaterial=new CMaterial;                               //一维材质动态数组
        pMaterial->M_Ambient=CRGB(0.3,0.3,0.3);                //材质对环境光的反射率
        pMaterial->M_Diffuse=CRGB(0.85,0.08,0.0);              //材质对漫反射光的反射率
        pMaterial->M_Specular=CRGB(0.828,0.8,0.8);             //材质对镜面反射光的反射率
        pMaterial->M_Emit=CRGB(0.2,0.0,0.0);                   //材质自身发散的颜色
        pMaterial->M_Exp=20.0;                                 //高光指数
    }
```

(2) 双缓冲函数 DoubleBuffer()。双缓冲用于实现球体碰撞动画,同时实现球体的平移和旋转变换。球体在运动,球心在改变,旋转变换是相对于球心的复合变换。

```
    void CTestView::DoubleBuffer(CDC * pDC)
    {
        CRect rect;                                            //定义客户区
        GetClientRect(&rect);                                  //获得客户区的大小
        pDC->SetMapMode(MM_ANISOTROPIC);                       //pDC 自定义坐标系
        pDC->SetWindowExt(rect.Width(),rect.Height());         //设置窗口范围
        pDC->SetViewportExt(rect.Width(),-rect.Height());      //x 轴水平向右,y 轴垂直向上
        pDC->SetViewportOrg(rect.Width()/2,rect.Height()/2);   //屏幕中心为原点
        CDC memDC;                                             //内存 DC
        CBitmap NewBitmap, * pOldBitmap;                       //内存中承载图像的临时位图
        memDC.CreateCompatibleDC(pDC);                         //建立与屏幕 pDC 兼容的 memDC
        NewBitmap.CreateCompatibleBitmap(pDC,rect.Width(),rect.Height());
                                                               //创建兼容位图
        pOldBitmap=memDC.SelectObject(&NewBitmap);             //将兼容位图选入 memDC
        memDC.SetMapMode(MM_ANISOTROPIC);                      //memDC 自定义坐标系
        memDC.SetWindowExt(rect.Width(),rect.Height());
        memDC.SetViewportExt(rect.Width(),-rect.Height());
        memDC.SetViewportOrg(rect.Width()/2,rect.Height()/2);
        SetTimer(1,50,NULL);
```

```
    ReadPoint();                                              //读入点表
    ReadFacet();                                              //读入面表
    tran.Translate(TranslateX,TranslateY,TranslateZ); //平移变换
    tran.RotateX(RotateX,CP3(TranslateX,TranslateY,TranslateZ));
                                                              //绕 x 轴旋转变换
    tran.RotateY(RotateY,CP3(TranslateX,TranslateY,TranslateZ));
                                                              //绕 y 轴旋转变换
    tran.RotateZ(RotateZ,CP3(TranslateX,TranslateY,TranslateZ));
                                                              //绕 z 轴旋转变换
    BorderCheck();
    DrawObject(&memDC);
    pDC->BitBlt(-rect.Width()/2,-rect.Height()/2,rect.Width(),rect.Height(),、
         &memDC,-rect.Width()/2,-rect.Height()/2,SRCCOPY);
                                                              //将内存位图复制到屏幕
    memDC.SelectObject(pOldBitmap);                           //恢复位图
    NewBitmap.DeleteObject();                                 //删除位图
    memDC.DeleteDC();                                         //删除 memDC
}
```

(3) 读入点表函数 ReadPoint()。原始顶点是正八面体的 6 个顶点坐标,由于球体的运动,将球体中心坐标也设为 1 个顶点。

```
void CTestView::ReadPoint()                               //读入顶点坐标
{
    P[0].x=0;        P[0].y=Radius;  P[0].z=0;         P[0].w=1;
    P[1].x=0;        P[1].y=0;       P[1].z=Radius;    P[1].w=1;
    P[2].x=Radius;   P[2].y=0;       P[2].z=0;         P[2].w=1;
    P[3].x=0;        P[3].y=0;       P[3].z=-Radius;   P[3].w=1;
    P[4].x=-Radius;  P[4].y=0;       P[4].z=0;         P[4].w=1;
    P[5].x=0;        P[5].y=-Radius; P[5].z=0;         P[5].w=1;
    P[6].x=0;        P[6].y=0;       P[6].z=0;         P[6].w=1;  //球体中心
    tran.SetMat(P,7);
}
```

(4) 读入面表函数 ReadFacet()。原始面片是正八面体的 8 个三角形表面,顶点索引编号按面的外法矢向外的右手法则确定。

```
void CTestView::ReadFacet()                               //面表
{
    //第一列为每个面的边数,其余列为面的顶点编号
    F[0].SetNum(3);F[0].pI[0]=0;F[0].pI[1]=1;F[0].pI[2]=2;
    F[1].SetNum(3);F[1].pI[0]=0;F[1].pI[1]=2;F[1].pI[2]=3;
    F[2].SetNum(3);F[2].pI[0]=0;F[2].pI[1]=3;F[2].pI[2]=4;
    F[3].SetNum(3);F[3].pI[0]=0;F[3].pI[1]=4;F[3].pI[2]=1;
    F[4].SetNum(3);F[4].pI[0]=5;F[4].pI[1]=2;F[4].pI[2]=1;
    F[5].SetNum(3);F[5].pI[0]=5;F[5].pI[1]=3;F[5].pI[2]=2;
    F[6].SetNum(3);F[6].pI[0]=5;F[6].pI[1]=4;F[6].pI[2]=3;
```

```
F[7].SetNum(3);F[7].pI[0]=5;F[7].pI[1]=1;F[7].pI[2]=4;
    }
```

（5）绘制物体表函数 DrawObject()。通过面循环和边循环,访问正八面体的每个三角形表面,然后调用 SubDivide() 函数进行递归。

```
void CTestView::DrawObject(CDC * pDC)                        //绘制物体
{
    CP3 Point[3],t;
    for(int nFacet=0;nFacet<8;nFacet++)                      //面循环
    {
        for(int nPoint=0;nPoint<F[nFacet].pNum;nPoint++)     //顶点循环
            Point[nPoint]=P[F[nFacet].pI[nPoint]];
        SubDivide(pDC,Point[0],Point[1],Point[2],FaceCount);
    }
}
```

（6）SubDivide() 函数对正三角形面片进行递归划分。通过计算每个正三角形的 3 个中点坐标,然后调用模长标准化函数 Normalize() 将 3 个中点拉伸到球体表面上。

```
void CTestView::SubDivide(CDC * pDC,CP3 p0, CP3 p1, CP3 p2,int n)    //递归函数
{
    if(n==0)
    {
        DrawTriangle(pDC,p0,p1,p2);
        return;
    }
    else
    {
        CP3 p01,p12,p20;                        //使用 CP3 类的重载运算符
        p01= (p0+p1)/2;
        p12= (p1+p2)/2;
        p20= (p2+p0)/2;
        Normalize(p01);                         //扩展模长
        Normalize(p12);
        Normalize(p20);
        SubDivide(pDC,p0,p01,p20,n-1);          //递归调用
        SubDivide(pDC,p1,p12,p01,n-1);
        SubDivide(pDC,p2,p20,p12,n-1);
        SubDivide(pDC,p01,p12,p20,n-1);
    }
}
```

（7）模长标准化函数 Normalize() 将递归后的等边三角形三条边的中点拉到球面上。模长是相对于球体中心计算,由于球体的运动,需要考虑球体中心坐标的影响。

```
void CTestView::Normalize(CP3 &p)                            //模长标准化函数
```

```
        {
            p-=POld[6];
            double mag=p.Mold();                                //模长
            if(mag==0)
                return;
            p/=mag;
            p*=Radius;
            p+=POld[6];
        }
```

(8) 绘制三角形函数 DrawTriangle()。根据左窗格的设置,分别绘制无光照和有光照
线框模型及表面模型。

```
void CTestView::DrawTriangle(CDC * pDC,CP3 p0, CP3 p1, CP3 p2)//绘制三角形函数
{
    CP3 p[3];
    p[0]=p0;p[1]=p1;p[2]=p2;
    CP3 ViewPoint(P[6].x,P[6].y,P[6].z+1000);                  //计算视矢量
    CVector VS(ViewPoint);                                      //面的视矢量
    CVector V01(p0,p1);                                         //面的一个边矢量
    CVector V12(p1,p2);                                         //面的另一个边矢量
    CVector VN=V01 * V12;                                       //面的法矢量
    if(Dot(VS,VN)>=0 )
    {
        if(Model==0)                                            //线框
        {
            if(Switch==0)                                       //线框开关关
            {
                for(int i=0;i<LightNum;i++)
                {
                    pLight->Light[i].L_OnOff=FALSE;             //光源关闭
                }
                CLine * line=new CLine;
                line->MoveTo(pDC,p0.x,p0.y);
                line->LineTo(pDC,p1.x,p1.y);
                line->LineTo(pDC,p2.x,p2.y);
                line->LineTo(pDC,p0.x,p0.y);
                delete line;
            }
            else                                                //线框开关开
            {
                for(int i=0;i<LightNum;i++)
                {
                    pLight->Light[i].L_OnOff=TRUE;              //光源开启
                }
                pLight->Light[0].L_Position.x=P[6].x+1000;      //设置光源位于右上角
```

```
        pLight->Light[0].L_Position.y=P[6].y+1000;
        pLight->Light[0].L_Position.z=P[6].z+1000;
        CP2 Point[3];
        for(i=0;i<3;i++)
        {
            p[i].x-=P[6].x;p[i].y-=P[6].y;p[i].z-=P[6].z;
            CVector PNormal(p[i]);
                            //点的位置矢量代表共享该点的所有面的平均法矢量
            p[i].x+=P[6].x;p[i].y+=P[6].y;p[i].z+=P[6].z;
            Point[i].x=p[i].x;
            Point[i].y=ROUND(p[i].y);
            Point[i].c=pLight->Lighting(ViewPoint,p[i],PNormal,pMaterial);
        }
        AntiColorLine(pDC,Point[0],Point[1]);
        AntiColorLine(pDC,Point[1],Point[2]);
        AntiColorLine(pDC,Point[2],Point[0]);
    }
}
else
{
    if(Switch==0)                               //表面开关关
    {
        for(int i=0;i<LightNum;i++)
        {
            pLight->Light[i].L_OnOff=FALSE;     //光源关闭
        }
    }
    else                                        //表面开关开
    {
        for(int i=0;i<LightNum;i++)
        {
            pLight->Light[i].L_OnOff=TRUE;      //光源开启
        }
    }
    pLight->Light[0].L_Position.x=P[6].x+1000;  //设置光源位于右上角
    pLight->Light[0].L_Position.y=P[6].y+1000;
    pLight->Light[0].L_Position.z=P[6].z+1000;
    CPi2 Point[3];
    for(int i=0;i<3;i++)
    {
        p[i].x-=P[6].x;p[i].y-=P[6].y;p[i].z-=P[6].z;
        CVector PNormal(p[i]); //点的位置矢量代表共享该点的所有面的平均法矢量
        p[i].x+=P[6].x;p[i].y+=P[6].y;p[i].z+=P[6].z;
        Point[i].x=p[i].x;
        Point[i].y=ROUND(p[i].y);
```

```
            Point[i].c=pLight->Lighting(ViewPoint,p[i],PNormal,pMaterial);
        }
        CFill * fill=new CFill;                             //填充类对象
        fill->SetPoint(Point,3);                            //初始化 CFill 类对象
        fill->CreateBucket();                               //建立桶表
        fill->CreateEdge();                                 //建立边表
        fill->Gouraud(pDC);                                 //颜色渐变填充三角形
        delete fill;
    }
}
}
```

(9) WM_TIMER 消息处理函数 OnTimer()。在定时器处理函数中,根据在 CMainFrame 类中设定的开关量 IsPlay 的值,决定是否通过文档类读入左窗格的控件值。

```
void CTestView::OnTimer(UINT nIDEvent)                      //定时器函数
{
    //TODO: Add your message handler code here and/or call default
    CTestDoc * pDoc=GetDocument();
    if(((CMainFrame * )AfxGetMainWnd())->IsPlay)
    {
        Radius=pDoc->m_Radius;
        FaceCount=pDoc->m_FaceCount;
        Model=pDoc->m_Model;
        Switch=pDoc->m_Switch;
        TranslateX+=pDoc->m_TranslateX * DirectionX;
        TranslateY+=pDoc->m_TranslateY * DirectionY;
        TranslateZ+=pDoc->m_TranslateZ * DirectionZ;
        RotateX+=pDoc->m_RotateX;
        RotateY+=pDoc->m_RotateY;
        RotateZ+=pDoc->m_RotateZ;
        Invalidate(FALSE);
    }
    CView::OnTimer(nIDEvent);
}
```

(10) 边界碰撞检测函数 BorderCheck()。BorderCheck()函数用于判断球体和右窗格客户区的边界是否发生碰撞。特别处理的是,当球体运动到客户区边界附近时,如果忽然加大球体直径,会导致球体卡在边界上不能正常运动。处理方法是根据球体的当前半径重新定位球心坐标。

```
void CTestView::BorderCheck()                               //边界碰撞检测
{
    CRect rect;
    GetClientRect(&rect);
    int nWidth=rect.Width()/2;
```

```
int nHeight=rect.Height()/2;
if(fabs(P[6].x)+Radius>nWidth)
{
    DirectionX * =-1;
    TranslateX+=fabs(fabs(P[6].x)+Radius-nWidth) * DirectionX;
                                            //判断球体水平越界
}
if(fabs(P[6].y)+Radius>nHeight)
{
    DirectionY * =-1;
    TranslateY+=fabs(fabs(P[6].y)+Radius-nHeight) * DirectionY;
                                            //判断球体垂直越界
}
}
```

（11）绘制颜色渐变反走样直线函数 AntiColorLine()。光照线框球是使用颜色渐变反走样直线绘制的。本设计定义了 CACLine,通过调用其类对象可以完成光照线框球的绘制。

```
void CTestView::AntiColorLine(CDC * pDC,CP2 p0,CP2 p1) //绘制颜色渐变反走样直线
{
    CACLine * aline=new CACLine;
    aline->MoveTo(pDC,p0);
    aline->LineTo(pDC,p1);
    delete aline;
}
```

# Ⅱ.6  结论

（1）球体是在正八面体的基础上使用递归划分法生成的。正八面体的几何模型如图Ⅱ-14 所示。初始的 6 个点都取自于坐标轴,关于原点对称地在各坐标轴上取二点。假设正八面体的体心到每个顶点的长度为 $r$,这也是递归划分后的球体半径。容易写出球体初始正八面体的坐标如下：

$P_0(0,r,0)$、$P_1(0,0,r)$、$P_2(r,0,0)$、

$P_3(0,0,-r)$、$P_4(-r,0,0)$、$P_5(0,-r,0)$。

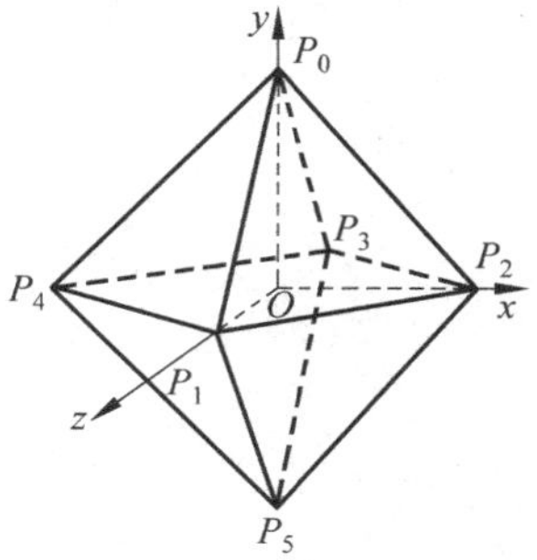

（2）由于球体的运动,球心位置在动态改变,球心坐标也参与变换,球体的旋转变换需采用复合变换实现。

（3）在左窗格内添加代表"线框"和"表面"的两个 Radio Button 控件后,须将"线框"控件的 Group 选项选中后才能在 MFC ClassWizard 的 Member Variables 标签页出现该控件的 ID。

（4）左窗格的 CLeftPortin 类和右窗格的 CTestView 类之间是通过 CTestDoc 类来通

图Ⅱ-14  正八面体的几何模型

信的。

（5）无光照线框球体使用 CLine 类绘制,有光照线框球体使用 CACLine 类绘制。由于球体属于凸多面体,可以直接进行背面剔除,所以在填充球体表面时,使用了 CFill 类的 Gouraud 双线性光强插值算法。

（6）由于本设计使用的是正交变换,视点位置不动,球体在不停地平移和旋转。为保持高光位置相对不变,光源位置和视点位置应该随球体中心一起移动。本设计中光源的 $x$ 坐标取为球心的 $x$ 坐标加 1000,光源的 $y$ 坐标取为球心的 $y$ 坐标加 1000,光源的 $z$ 坐标取为球心 $z$ 坐标加 1000。视点位置的 $x$ 坐标取为球心的 $x$ 坐标,视点位置的 $y$ 坐标取为球心的 $y$ 坐标,视点位置的 $z$ 坐标取为球心 $z$ 坐标加 1000。

# 课程设计Ⅲ　圆环动态纹理演示系统

## Ⅲ.1　设计目标

设定光源和视点都位于 $z$ 轴正向。在三维坐标系中,以原点为圆环中心,绘制动态旋转的无光照和有光照的圆环线框模型、圆环表面模型和圆环纹理模型。选择不同的纹理位图,动态添加到圆环上。详细功能要求如下:

(1) 使用静态切分视图,将窗口切分为左右窗格。左窗格为继承于 CFormView 类的表单视图类 CLeftPortion,右窗格为一般视图类 CTestView。

(2) 右窗格的三维坐标系原点位于客户区中心,$x$ 轴水平向右为正,$y$ 轴垂直向上为正,$z$ 轴垂直于屏幕指向观察者。

(3) 左窗格放置代表"圆环控制""模型分类""光源开关""明暗处理""纹理映射"的 5 个组框控件。"圆环控制"组框提供"环体半径""截面半径""表面级数"和"截面级数"4 个滑动条;"模型分类"组框提供"线框""表面"和"纹理"这 3 个单选按钮;"光源开关"组框提供"关"和"开"两个单选按钮;"明暗处理"组框提供 Gouraud 和 Phong 这两个单选按钮;"纹理映射"组框提供一个"选择纹理"按钮和一个显示纹理缩略图的 Picture 静态控件,"选择纹理"按钮调用"打开文件"通用对话框,可以选择如图Ⅲ-1 所示的 3 张不同的 bmp 位图对圆环进行纹理映射。

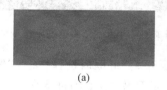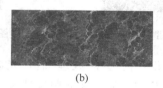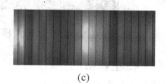

　　　(a)　　　　　　　　　　(b)　　　　　　　　　　(c)

图Ⅲ-1　纹理位图

(4) 圆环在右窗格内以客户区中心为体心绕 $x$ 轴转动。根据左窗格设置的参数值,分别绘制无光照和有光照的反走样线框模型、无光照和有光照的 Gouraud 或 Phong 插值表面模型,无光照和有光照的 Phong 插值纹理模型。

## Ⅲ.2　设计效果

(1) 在左窗格的"模型分类"组框内选择"线框"后,"光源开关"组框内选择"关",右窗格内绘制的无光照消隐圆环线框模型,如图Ⅲ-2 所示。

(2) 在左窗格的"模型分类"组框内选择"线框"后,"光源开关"组框内选择"开",右窗格内绘制的光照消隐圆环线框模型,如图Ⅲ-3 所示。

(3) 在左窗格的"模型分类"组框内选择"表面"后,"光源开关"组框内选择"开","明暗处理"组框内选择 Gouraud,右窗格内绘制的光照消隐圆环表面模型,如图Ⅲ-4 所示。

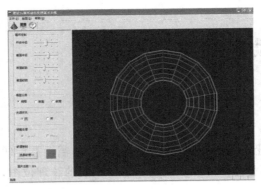

图Ⅲ-2　无光照线框模型

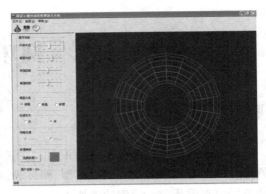

图Ⅲ-3　光照线框模型

（4）在左窗格的"模型分类"组框内选择"表面"后，"光源开关"组框内选择"开"，"明暗处理"组框内选择 Phong，右窗格内绘制的光照消隐圆环表面模型，如图Ⅲ-5 所示。

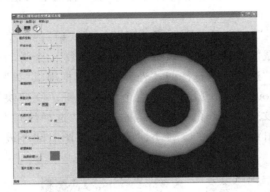

图Ⅲ-4　Gouraud 光照模型

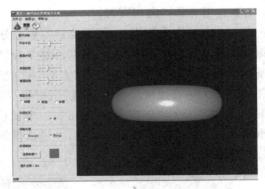

图Ⅲ-5　Phong 光照模型

（5）在左窗格的"模型分类"组框内选择"纹理"后，"光源开关"组框内选择"关"，"明暗处理"组框内默认为 Phong，右窗格内绘制的无光照纹理映射圆环模型，如图Ⅲ-6 所示。

（6）在左窗格的"模型分类"组框内选择"纹理"后，"光源开关"组框内选择"开"，"明暗处理"组框内默认为 Phong，右窗格内绘制默认贴图为图Ⅲ-1（a）的纹理映射圆环模型，如图Ⅲ-7 所示。

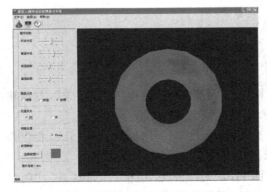

图Ⅲ-6　圆环纹理映射无光照模型

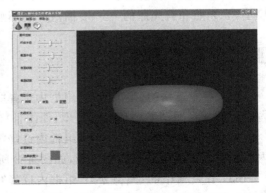

图Ⅲ-7　圆环纹理映射有光照模型

（7）在左窗格的"模型分类"组框内选择"纹理"后，"光源开关"组框内选择"开"，"明暗处理"组框内默认为 Phong，通过"纹理映射"组框内的"选择纹理"按钮更换纹理位图为图Ⅲ-1(a)或图Ⅲ-1(c)后，右窗格内绘制的纹理映射圆环模型，如图Ⅲ-8 和图Ⅲ-9 所示。

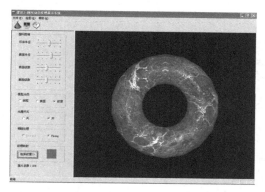

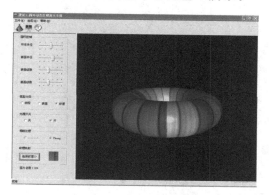

图Ⅲ-8　更换为石材纹理后的圆环有光照模型　　　　图Ⅲ-9　更换为彩条纹理后的圆环有光照模型

# Ⅲ.3　总体设计

## 1. 静态切分窗格

本设计将窗口静态切分为左右两个窗格，左窗格是控制窗格，右窗格为显示窗格，如图Ⅲ-10 和图Ⅲ-11 所示。圆环采用透视投影绘制，背景色为黑色。左窗格通过定义继承于 CFormView 类的 CLeftPortion 类实现，右窗格使用 CTestView 类实现，左右窗格通过 CTestDoc 类通信。

## 2. 圆环几何模型

设圆环环体中心线的半径为 $R_1$，圆环纵向截面半径为 $R_2$。建立右手坐标系 $\{O;x,y,z\}$，原点位于圆环中心，$x$ 轴水平向右，$y$ 轴垂直向上，$z$ 轴指向观察者。圆环在 $xOz$ 面内水平放置。沿着环体的中心线建立右手动态参考坐标系 $\{O';x',y',z'\}$，$O'$ 点位于环体的中心线上，$x'$ 轴沿着矢径 $OO'$ 的方向向外，$y'$ 轴与 $y$ 轴同向，$z'$ 轴沿着环体中心线的切线的顺时针方向，如图Ⅲ-12 所示。

圆环上一点 $V$ 的坐标表示为

$$\begin{cases} x = R_1 \sin\alpha + R_2 \sin\beta\sin\alpha \\ y = R_2 \cos\beta \\ z = R_1 \cos\alpha + R_2 \sin\beta\cos\alpha \end{cases} \quad (0 \leqslant \alpha \leqslant 2\pi, 0 \leqslant \beta \leqslant 2\pi)$$

式中，$\alpha$ 和 $\beta$ 的含义如图Ⅲ-12 所示。

将圆环有限单元化，可用 $\alpha$ 经度线和 $\beta$ 纬度线所构成的四边形网格来表示，如图Ⅲ-13 所示。设坐标系 $\{O;x,y,z\}$ 内相邻两条经度线分别为 $\alpha_1$ 和 $\alpha_2$，坐标系 $\{O';x',y',z'\}$ 内相邻两条纬度线分别为 $\beta_1$ 和 $\beta_2$。圆环沿经度方向划分为 NumR$_1$ 份，圆环沿纬度方向划分为 NumR$_2$ 份。为了保证外法线向外，四边形网格的顶点索引号按逆时针方向计算：$V_{i\text{NumR}_2+j}(\alpha_1,\beta_1)$、$V_{i\text{NumR}_2+(j+1)}(\alpha_1,\beta_2)$、$V_{(i+1)\text{NumR}_2+(j+1)}(\alpha_2,\beta_2)$、$V_{(i+1)\text{NumR}_2+j}(\alpha_2,\beta_1)$。

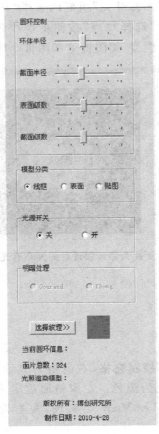

图 Ⅲ- 10　左窗格

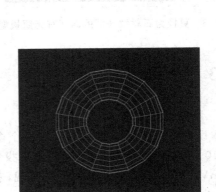

图 Ⅲ- 11　右窗格

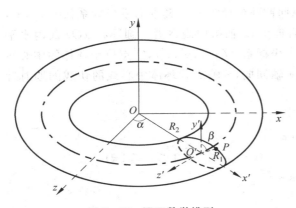

图 Ⅲ- 12　圆环数学模型

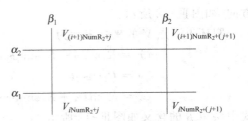

图 Ⅲ- 13　圆环的网格单元划分

$$\begin{cases} V[i\mathrm{NumR_2}+j]x = R_1\sin\alpha_1 + R_2\sin\beta_1\sin\alpha_1 \\ V[i\mathrm{NumR_2}+j]y = R_2\cos\beta_1 \\ V[i\mathrm{NumR_2}+j]z = R_1\cos\alpha_1 + R_2\sin\beta_1\cos\alpha_1 \end{cases}$$

$$\begin{cases} V[i\text{NumR}_2+(j+1)]x = R_1\sin\alpha_1 + R_2\sin\beta_2\sin\alpha_1 \\ V[i\text{NumR}_2+(j+1)]y = R_2\cos\beta_2 \\ V[i\text{NumR}_2+(j+1)]z = R_1\cos\alpha_1 + R_2\sin\beta_2\cos\alpha_1 \end{cases}$$

$$\begin{cases} V[(i+1)\text{NumR}_2+(j+1)]x = R_1\sin\alpha_2 + R_2\sin\beta_2\sin\alpha_2 \\ V[(i+1)\text{NumR}_2+(j+1)]y = R_2\cos\beta_2 \\ V[(i+1)\text{NumR}_2+(j+1)]z = R_1\cos\alpha_2 + R_2\sin\beta_2\cos\alpha_2 \end{cases}$$

$$\begin{cases} V[(i+1)\text{NumR}_2+j]x = R_1\sin\alpha_2 + R_2\sin\beta_1\sin\alpha_2 \\ V[(i+1)\text{NumR}_2+j]y = R_2\cos\beta_1 \\ V[(i+1)\text{NumR}_2+j]z = R_1\cos\alpha_2 + R_2\sin\beta_1\cos\alpha_2 \end{cases}$$

假定将圆环划分为 $\text{NumR}_1=6$ 和 $\text{NumR}_2=6$ 的 36 个区域。则角度增量为 $\alpha=\beta=60°$，如图Ⅲ-14 和Ⅲ-15 所示。

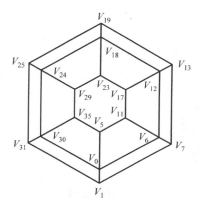

图 Ⅲ-14　环的顶点划分

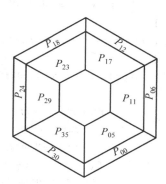

图 Ⅲ-15　环的面片划分

（1）构造顶点表。顶点（Vertex）总数 $\text{NumR}_1 \cdot \text{NumR}_2=36$ 个，顶点索引号为 0～35，从 $z$ 轴正方向开始，每隔 60°划分一个圆环面；每个圆环面从 $y'$ 轴正方向间隔 60°划分，每个圆环面共有 6 个四边形面片。

```
void CTestView::ReadVertex()                          //读入点坐标
{
    RingAfa=360/NumR1,RingBeta=360/NumR2;             //面片数量为 NumR1 · NumR2
    V=new CP3 [NumR1 * NumR2];                        //顶点动态数组
    VV=new CVector[NumR1 * NumR2];                    //顶点法矢量动态数组
    for(int i=0;i<NumR1;i++)
    {
        double afa1=RingAfa * i * PI/180;
        for(int j=0;j<NumR2;j++)                      //顶点赋值
        {
            double beta1=RingBeta * j * PI/180;
            V[i * NumR2+j].x=R1 * sin(afa1)+R2 * sin(beta1) * sin(afa1);
            V[i * NumR2+j].y=R2 * cos(beta1);
            V[i * NumR2+j].z=R1 * cos(afa1)+R2 * sin(beta1) * cos(afa1);
```

```
            }
        }
        tran.SetMat(V,NumR1 * NumR2);                    //变换矩阵初始化
    }
```

（2）构造面表。面片（Patch）用二维数组表示，共有 36 个四边形面片，所有面片的顶点排列顺序应以四边形面片的法矢量向外为基准。

```
    void CTestView::ReadPatch()                          //读入面表
    {
        //面的二维动态数组
        P=new CPatch * [NumR1];
        for(int n=0;n<NumR1;n++)
        {
            P[n]=new CPatch[NumR2];
        }
        for(int i=0;i<NumR1;i++)
        {
            for(int j=0;j<NumR2;j++)
            {
                int tempi=i+1;
                int tempj=j+1;
                if(tempj==NumR2) tempj=0;
                if(tempi==NumR1) tempi=0;
                P[i][j].SetNum(4);                       //面的边数
                P[i][j].vI[0]=i * NumR2+j;               //建立面的边号
                P[i][j].vI[1]=i * NumR2+tempj;
                P[i][j].vI[2]=tempi * NumR2+tempj;
                P[i][j].vI[3]=tempi * NumR2+j;
            }
        }
    }
```

### 3. 计算圆环四边形顶点的平均法矢量

圆环划分为四边形面片的组合，任意一个圆环网格顶点都被 4 个四边形面片所共有。在图Ⅲ-16 中，圆环网格顶点 $V_i$ 被四边形面片 $P_0$、$P_1$、$P_2$ 和 $P_3$ 所共有，设面片 $P_0$ 的法矢量为 $N_0$，面片 $P_1$ 的法矢量为 $N_1$，面片 $P_2$ 的法矢量为 $N_2$，面片 $P_3$ 的法矢量为 $N_3$，顶点 $V_i$ 的法矢量为面片 $N_0$、$N_1$、$N_2$ 和 $N_3$ 的平均值。

面片 $P_0$ 的法矢量：
$$N_0 = \overrightarrow{V_7V_0} \times \overrightarrow{V_0V_1}$$

面片 $P_1$ 的法矢量：
$$N_1 = \overrightarrow{V_1V_2} \times \overrightarrow{V_2V_3}$$

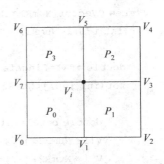

图Ⅲ-16　顶点 $V_i$ 的平均法矢量计算

面片 $P_2$ 的法矢量：

$$N_2 = \overrightarrow{V_3V_4} \times \overrightarrow{V_4V_5}$$

面片 $P_3$ 的法矢量：

$$N_3 = \overrightarrow{V_5V_6} \times \overrightarrow{V_6V_7}$$

根据 $N_0$、$N_1$、$N_2$、$N_3$ 计算平均法矢量 $N$：

$$N = \frac{\sum\limits_{i=0}^{3} N_i}{\left| \sum\limits_{i=0}^{3} N_i \right|}$$

# Ⅲ.4　类的设计

本设计为了实现纹理映射修改了 CAET 类,增加了起点、终点的法矢量和纹理坐标。由于圆环是凹多面体,所以设计了 CZBuffer 类来实现圆环的深度缓冲消隐和纹理映射。

## 1. 设计边表 CAET 类

```
class CAET
{
public:
    CAET();
    virtual ~CAET();
public:
    double   x;                              //当前 x
    int      yMax;                           //边的最大 y 值
    double   k;                              //斜率的倒数(x 的增量)
    CPi3     pb;                             //起点坐标
    CPi3     pe;                             //终点坐标
    CVector  vb;                             //起点法矢量
    CVector  ve;                             //终点法矢量
    CP2      uvb;                            //纹理起点坐标
    CP2      uve;                            //纹理终点坐标
    CAET     * next;                         //指向下一结点
};
```

## 2. 设计填充 CZBuffer 类

```
class CZBuffer
{
public:
    CZBuffer();
    virtual ~CZBuffer();
    void CreateBucket();                     //创建桶
    void CreateEdgeforPhong();               //为 Phong 光照创建边表
    void CreateEdgeforGouraud();             //为 Gouraud 光照创建边表
```

```cpp
    void CreateEdgeforTexture();                                   //为纹理映射创建边表
    void AddEt(CAET * );                                           //合并边表
    void EtOrder();                                                //边表排序
    void Phong(CDC * pDC,CP3 ViewPoint,CLighting * pLight,CMaterial * pMaterial);
                                                                   //Phong 填充函数
    void Gouraud(CDC * pDC);                                       //Gouraud 填充
    void TextureMap(CDC * pDC,CZBuffer * pZbuf,BYTE * Image,BITMAP * bm);
                                                                   //纹理映射
    void TextureMapWithPhong(CDC * pDC,CZBuffer * pZbuf,BYTE * Image,BITMAP * bm,
CP3 ViewPoint,CLighting * pLight);                                 //Phong 纹理映射
    void InitDeepBuffer(int width,int height,double depth);
                                                                   //初始化深度缓存
    CRGB Interpolation(double t,double t1,double t2,CRGB c1,CRGB c2);
                                                                   //光强线性插值
    CVector Interpolation(double t,double t1,double t2,CVector v1,CVector v2);
                                                                   //法矢线性插值
    CP2  Interpolation(double t,double t1,double t2,CP2 p1,CP2 p2);
                                                                   //纹理插值
    void SetPoint(CPi3 * p,CVector * vn,int m);                    //Phong 光照初始化
    void SetPoint(CPi3 * p,int m);                                 //Gouraud 光照初始化
    void SetPoint(CPi3 * p,CVector * vn,CP2 * uv,int m);           //纹理映射初始化
    void ClearMemory();                                            //清理内存
    void DeleteAETChain(CAET * pAET);                              //删除边表
protected:
    int PNum;                                                      //顶点个数
    CPi3 * P;                                                      //顶点数组
    CVector * VN;                                                  //顶点的法矢量动态数组
    CP2 * UV;                                                      //纹理坐标
    CAET * pHeadE, * pCurrentE, * pEdge;                           //有效边表结点指针
    CBucket * pCurrentB, * pHeadB;                                 //桶指针
    double * * ZB;                                                 //深度缓冲区
    int Width,Height;                                              //深度缓冲大小参数
};
CZBuffer::CZBuffer()
{
    P=NULL;
    VN=NULL;
    UV=NULL;
    pHeadE=NULL;
    pCurrentB=NULL;
    pEdge=NULL;
    pCurrentE=NULL;
    pHeadB=NULL;
    ZB=NULL;
}
```

```
CZBuffer::~CZBuffer()
{
    for(int i=0;i<Width;i++)
    {
        delete[] ZB[i];
        ZB[i]=NULL;
    }
    if(ZB!=NULL)
    {
        delete ZB;
        ZB=NULL;
    }
    ClearMemory();
}
void CZBuffer::SetPoint(CPi3 * p,CVector * vn,int m)
{
    P=new CPi3[m];
    VN=new CVector[m];
    for(int i=0;i<m;i++)
    {
        P[i]=p[i];
        VN[i]=vn[i];
    }
    PNum=m;
}
void CZBuffer::SetPoint(CPi3 * p,int m)
{

    if(P!=NULL)
    {
        delete []P;
        P=NULL;
    }
    P=new CPi3[m];
    for(int i=0;i<m;i++)
    {
        P[i]=p[i];
    }
    PNum=m;
}
void CZBuffer::SetPoint(CPi3 * p,CVector * vn,CP2 * uv,int m)
{
    P=new CPi3[m];
    VN=new CVector[m];
    UV=new CP2[m];
```

```
    for(int i=0;i<m;i++)
    {
        P[i]=p[i];
        VN[i]=vn[i];
        UV[i]=uv[i];
    }
    PNum=m;
}
void CZBuffer::CreateBucket()                          //创建桶表
{
    int yMin,yMax;
    yMin=yMax=P[0].y;
    for(int i=0;i<PNum;i++)                            //查找多边形所覆盖的最小和最大扫描线
    {
        if(P[i].y<yMin)
        {
            yMin=P[i].y;                               //扫描线的最小值
        }
        if(P[i].y>yMax)
        {
            yMax=P[i].y;                               //扫描线的最大值
        }
    }
    for(int y=yMin;y<=yMax;y++)
    {
        if(yMin==y)                                    //建立桶头结点
        {
            pHeadB=new CBucket;                         //建立桶的头结点
            pCurrentB=pHeadB;                          //pCurrentB 为 CBucket 当前结点指针
            pCurrentB->ScanLine=yMin;
            pCurrentB->pET=NULL;                        //没有链接边表
            pCurrentB->next=NULL;
        }
        else                                           //其他扫描线
        {
            pCurrentB->next=new CBucket;                //建立桶的其他结点
            pCurrentB=pCurrentB->next;
            pCurrentB->ScanLine=y;
            pCurrentB->pET=NULL;
            pCurrentB->next=NULL;
        }
    }
}
void CZBuffer::CreateEdgeforPhong()                     //创建边表
{
```

```
for(int i=0;i<PNum;i++)
{
    pCurrentB=pHeadB;
    int j=(i+1)%PNum;                        //边的第二个顶点,P[i]和P[j]构成边
    if(P[i].y<P[j].y)                        //边的终点比起点高
    {
        pEdge=new CAET;
        pEdge->x=P[i].x;                     //计算 ET 表的值
        pEdge->yMax=P[j].y;
        pEdge->k=(P[j].x-P[i].x)/(P[j].y-P[i].y);   //代表 1/k
        pEdge->pb=P[i];                      //绑定顶点和颜色
        pEdge->pe=P[j];
        pEdge->vb=VN[i];
        pEdge->ve=VN[j];
        pEdge->next=NULL;
        while(pCurrentB->ScanLine!=P[i].y)   //在桶内寻找该边的 yMin
        {
            pCurrentB=pCurrentB->next;       //移到 yMin 所在的桶结点
        }
    }
    if(P[j].y<P[i].y)                        //边的终点比起点低
    {
        pEdge=new CAET;
        pEdge->x=P[j].x;
        pEdge->yMax=P[i].y;
        pEdge->k=(P[i].x-P[j].x)/(P[i].y-P[j].y);
        pEdge->pb=P[i];
        pEdge->pe=P[j];
        pEdge->vb=VN[i];
        pEdge->ve=VN[j];
        pEdge->next=NULL;
        while(pCurrentB->ScanLine!=P[j].y)
        {
            pCurrentB=pCurrentB->next;
        }
    }
    if(int(P[j].y)!=P[i].y)
    {
        pCurrentE=pCurrentB->pET;
        if(pCurrentE==NULL)
        {
            pCurrentE=pEdge;
            pCurrentB->pET=pCurrentE;
        }
        else
```

```
                {
                    while(pCurrentE->next!=NULL)
                    {
                        pCurrentE=pCurrentE->next;
                    }
                    pCurrentE->next=pEdge;
                }
            }
        }
    }
}
void CZBuffer::CreateEdgeforGouraud()
{
    for(int i=0;i<PNum;i++)
    {
        pCurrentB=pHeadB;
        int j=(i+1)%PNum;                           //边的第二个顶点,P[i]和P[j]构成边
        if(P[i].y<P[j].y)                           //边的终点比起点高
        {
            pEdge=new CAET;
            pEdge->x=P[i].x;                        //计算 ET 表的值
            pEdge->yMax=P[j].y;
            pEdge->k=(P[j].x-P[i].x)/(P[j].y-P[i].y);  //代表 1/k
            pEdge->pb=P[i];                         //绑定顶点和颜色
            pEdge->pe=P[j];
            pEdge->next=NULL;
            while(pCurrentB->ScanLine!=P[i].y)      //在桶内寻找该边的 yMin
            {
                pCurrentB=pCurrentB->next;          //移到 yMin 所在的桶结点
            }
        }
        if(P[j].y<P[i].y)                           //边的终点比起点低
        {
            pEdge=new CAET;
            pEdge->x=P[j].x;
            pEdge->yMax=P[i].y;
            pEdge->k=(P[i].x-P[j].x)/(P[i].y-P[j].y);
            pEdge->pb=P[i];
            pEdge->pe=P[j];
            pEdge->next=NULL;
            while(pCurrentB->ScanLine!=P[j].y)
            {
                pCurrentB=pCurrentB->next;
            }
        }
        if(int(P[j].y)!=P[i].y)
```

```cpp
        {
            pCurrentE=pCurrentB->pET;
            if(pCurrentE==NULL)
            {
                pCurrentE=pEdge;
                pCurrentB->pET=pCurrentE;
            }
            else
            {
                while(pCurrentE->next!=NULL)
                {
                    pCurrentE=pCurrentE->next;
                }
                pCurrentE->next=pEdge;
            }
        }
    }
}
void CZBuffer::CreateEdgeforTexture()
{
    for(int i=0;i<PNum;i++)
    {
        pCurrentB=pHeadB;
        int j=(i+1)%PNum;                              //边的第二个顶点,P[i]和P[j]构成边
        if(P[i].y<P[j].y)                              //边的终点比起点高
        {
            pEdge=new CAET;
            pEdge->x=P[i].x;                           //计算ET表的值
            pEdge->yMax=P[j].y;
            pEdge->k=(P[j].x-P[i].x)/(P[j].y-P[i].y);  //代表1/k
            pEdge->pb=P[i];                            //绑定顶点和颜色
            pEdge->pe=P[j];
            pEdge->vb=VN[i];                           //绑定顶点法矢量
            pEdge->ve=VN[j];
            pEdge->uvb=UV[i];
            pEdge->uve=UV[j];
            pEdge->next=NULL;
            while(pCurrentB->ScanLine!=P[i].y)         //在桶内寻找该边的yMin
            {
                pCurrentB=pCurrentB->next;             //移到yMin所在的桶结点
            }
        }
        if(P[j].y<P[i].y)                              //边的终点比起点低
        {
            pEdge=new CAET;
```

```
            pEdge->x=P[j].x;
            pEdge->yMax=P[i].y;
            pEdge->k=(P[i].x-P[j].x)/(P[i].y-P[j].y);
            pEdge->pb=P[i];
            pEdge->pe=P[j];
            pEdge->vb=VN[i];                              //绑定顶点法矢量
            pEdge->ve=VN[j];
            pEdge->uvb=UV[i];
            pEdge->uve=UV[j];
            pEdge->next=NULL;
            while(pCurrentB->ScanLine!=P[j].y)
            {
                pCurrentB=pCurrentB->next;
            }
        }
        if(int(P[j].y)!=P[i].y)
        {
            pCurrentE=pCurrentB->pET;
            if(pCurrentE==NULL)
            {
                pCurrentE=pEdge;
                pCurrentB->pET=pCurrentE;
            }
            else
            {
                while(pCurrentE->next!=NULL)
                {
                    pCurrentE=pCurrentE->next;
                }
                pCurrentE->next=pEdge;
            }
        }
    }
}
void CZBuffer:: Phong (CDC * pDC, CP3 ViewPoint, CLighting * pLight, CMaterial
* pMaterial)
{
    double    z=0.0;                            //当前扫描线的 z
    double    zStep=0.0;                        //当前扫描线随着 x 增长的 z 步长
    double    A,B,C,D;                          //平面方程 Ax+By+Cz+D=0 的系数
    CVector V01(P[0],P[1]),V12(P[1],P[2]);
    CVector VN=V01 * V12;
    A=VN.x;B=VN.y;C=VN.z;
    D=-A * P[1].x-B * P[1].y-C * P[1].z;
    //计算 curDeep;从 x=xMin 开始计算,此时针对 yi
```

```
zStep=-A/C;                                      //计算 z 增量
CAET * pT1, * pT2;
pHeadE=NULL;
for(pCurrentB=pHeadB;pCurrentB!=NULL;pCurrentB=pCurrentB->next)
{
    for(pCurrentE=pCurrentB->pET;pCurrentE!=NULL;pCurrentE=pCurrentE->next)
    {
        pEdge=new CAET;
        pEdge->x=pCurrentE->x;
        pEdge->yMax=pCurrentE->yMax;
        pEdge->k=pCurrentE->k;
        pEdge->pb=pCurrentE->pb;
        pEdge->pe=pCurrentE->pe;
        pEdge->vb=pCurrentE->vb;
        pEdge->ve=pCurrentE->ve;
        pEdge->next=NULL;
        AddEt(pEdge);
    }
    EtOrder();
    pT1=pHeadE;
    if(pT1==NULL)
    {
        return;
    }
    while(pCurrentB->ScanLine>=pT1->yMax)     //下闭上开
    {
        CAET * pAETTEmp=pT1;
        pT1=pT1->next;
        delete pAETTEmp;
        pHeadE=pT1;
        if(pHeadE==NULL)
            return;
    }
    if(pT1->next!=NULL)
    {
        pT2=pT1;
        pT1=pT2->next;
    }
    while(pT1!=NULL)
    {
        if(pCurrentB->ScanLine>=pT1->yMax)     //下闭上开
        {
            CAET * pAETTemp =pT1;
            pT2->next=pT1->next;
            pT1=pT2->next;
```

```cpp
                delete pAETTemp;
            }
            else
            {
                pT2=pT1;
                pT1=pT2->next;
            }
        }
CVector na,nb,nf;        //na、nb代表边上任意点的法矢量,nf代表面上任意点的法矢量
na=Interpolation(pCurrentB->ScanLine,pHeadE->pb.y,pHeadE->pe.y,
                pHeadE->vb,pHeadE->ve);
nb=Interpolation(pCurrentB->ScanLine,pHeadE->next->pb.y,
                pHeadE->next->pe.y,pHeadE->next->vb,pHeadE->next->ve);
BOOL Flag=FALSE;
double xb,xe;                           //扫描线和有效边相交区间的起点和终点坐标
for(pT1=pHeadE;pT1!=NULL;pT1=pT1->next)
{
    if(Flag==FALSE)
    {
        xb=pT1->x;
        z=-(xb*A+pCurrentB->ScanLine*B+D)/C;    //z=-(Ax+By-D)/C
        Flag=TRUE;
    }
    else
    {
        xe=pT1->x;
        for(double x=xb;x<xe;x++)                //左闭右开
        {
            nf=Interpolation(x,xb,xe,na,nb);
            CRGB c=pLight->Lighting(ViewPoint,CP3(ROUND(x),
                                pCurrentB->ScanLine,z),nf,pMaterial);
            if(z>=ZB[ROUND(x)+Width/2][pCurrentB->ScanLine+Height/2])
            {
                ZB[ROUND(x)+Width/2][pCurrentB->ScanLine+Height/2]=z;
                pDC->SetPixel(ROUND(x),pCurrentB->ScanLine,
                                RGB(c.red*255,c.green*255,c.blue*255));
            }
                z+=zStep;
        }
        Flag=FALSE;
    }
}
for(pT1=pHeadE;pT1!=NULL;pT1=pT1->next)    //边的连续性
{
    pT1->x=pT1->x+pT1->k;
```

```cpp
                    }
                }
            }
void CZBuffer::Gouraud(CDC * pDC)
{
    double      CurDeep=0.0;                         //当前扫描线的深度
    double      DeepStep=0.0;                        //当前扫描线随着 x 增长的深度步长
    double      A,B,C,D;                             //平面方程 Ax+By+Cz＋D=0 的系数
    CVector V21(P[1],P[2]),V10(P[0],P[1]);
    CVector VN=V21 * V10;
    A=VN.x;B=VN.y;C=VN.z;
    D=-A * P[1].x-B * P[1].y-C * P[1].z;
    DeepStep=-A/C;                                   //计算扫描线深度步长增量
    CAET * pT1, * pT2;
    pHeadE=NULL;
    for(pCurrentB=pHeadB;pCurrentB!=NULL;pCurrentB=pCurrentB->next)
    {
        for(pCurrentE=pCurrentB->pET;pCurrentE!=NULL;pCurrentE=pCurrentE->next)
        {
            pEdge=new CAET;
            pEdge->x=pCurrentE->x;
            pEdge->yMax=pCurrentE->yMax;
            pEdge->k=pCurrentE->k;
            pEdge->pb=pCurrentE->pb;
            pEdge->pe=pCurrentE->pe;
            pEdge->next=NULL;
            AddEt(pEdge);
        }
        EtOrder();
        pT1=pHeadE;
        if(pT1==NULL)
        {
            return;
        }
        while(pCurrentB->ScanLine>=pT1->yMax)        //下闭上开
        {
            CAET * pAETTEmp=pT1;
            pT1=pT1->next;
            delete pAETTEmp;
            pHeadE=pT1;
            if(pHeadE==NULL)
                return;
        }
        if(pT1->next!=NULL)
        {
```

```
        pT2=pT1;
        pT1=pT2->next;
    }
    while(pT1!=NULL)
    {
        if(pCurrentB->ScanLine>=pT1->yMax)      //下闭上开
        {
            CAET * pAETTemp =pT1;
            pT2->next=pT1->next;
            pT1=pT2->next;
            delete pAETTemp;
        }
        else
        {
            pT2=pT1;
            pT1=pT2->next;
        }
    }
    CRGB Ca,Cb,Cf;                  //Ca、Cb 代表边上任意点的颜色,Cf 代表面上任意点的颜色
    Ca= Interpolation(pCurrentB->ScanLine,pHeadE->pb.y,pHeadE->pe.y,
                    pHeadE->pb.c,pHeadE->pe.c);
    Cb= Interpolation(pCurrentB->ScanLine,pHeadE->next->pb.y,
                    pHeadE->next->pe.y,pHeadE->next->pb.c,pHeadE->next->pe.c);
    BOOL Flag=FALSE;
    double xb,xe;                               //扫描线和有效边相交区间的起点和终点坐标
    for(pT1=pHeadE;pT1!=NULL;pT1=pT1->next)
    {
        if(Flag==FALSE)
        {
            xb=pT1->x;
            CurDeep=- (xb * A+pCurrentB->ScanLine * B+D)/C;   //z=- (Ax+By-D)/C
            Flag=TRUE;
        }
        else
        {
            xe=pT1->x;
            for(double x=xb;x<xe;x++)                //左闭右开
            {
                Cf=Interpolation(x,xb,xe,Ca,Cb);
                if(CurDeep>=ZB[ROUND(x)+Width/2][pCurrentB->ScanLine+Height/2])
                {
                    ZB[ROUND(x)+Width/2][pCurrentB->ScanLine+Height/2]=CurDeep;
                    pDC->SetPixel(ROUND(x),pCurrentB->ScanLine,
                                RGB(Cf.red * 255,Cf.green * 255,Cf.blue * 255));
                }
```

```
                    CurDeep+=DeepStep;
              }
          Flag=FALSE;
        }
      }
      for(pT1=pHeadE;pT1!=NULL;pT1=pT1->next)    //边的连续性
      {
          pT1->x=pT1->x+pT1->k;
      }
    }
}
void CZBuffer::TextureMap(CDC * pDC,CZBuffer * pZbuf,BYTE * Image,BITMAP * bm)
{
    double    CurDeep=0.0;                          //当前扫描线的深度
    double    DeepStep=0.0;                         //当前扫描线随着 x 增长的深度步长
    double    A,B,C,D;                              //平面方程 Ax+By+Cz＋D=0 的系数
    CVector V21(P[1],P[2]),V10(P[0],P[1]);
    CVector VN=V21 * V10;
    A=VN.x;B=VN.y;C=VN.z;
    D=-A * P[1].x-B * P[1].y-C * P[1].z;
    //计算 curDeep;从 x=xMin 开始计算,此时针对 yi
    DeepStep=-A/C;                                  //计算直线 deep 增量
    CAET * T1, * T2;
    pHeadE=NULL;
    for(pCurrentB=pHeadB;pCurrentB!=NULL;pCurrentB=pCurrentB->next)
    {
        for(pCurrentE=pCurrentB->pET;pCurrentE!=NULL;pCurrentE=pCurrentE->next)
        {
            pEdge=new CAET;
            pEdge->x=pCurrentE->x;
            pEdge->yMax=pCurrentE->yMax;
            pEdge->k=pCurrentE->k;
            pEdge->pb=pCurrentE->pb;
            pEdge->pe=pCurrentE->pe;
            pEdge->uvb=pCurrentE->uvb;
            pEdge->uve=pCurrentE->uve;
            pEdge->vb=pCurrentE->vb;
            pEdge->ve=pCurrentE->ve;
            pEdge->next=NULL;
            AddEt(pEdge);
        }
        EtOrder();
        T1=pHeadE;
        if(T1==NULL)
        {
```

```
                return;
        }
        while(pCurrentB->ScanLine>=T1->yMax)          //下闭上开
        {
            CAET * pAETTEmp =T1;
            T1=T1->next;
            delete pAETTEmp;
            pHeadE=T1;
            if(pHeadE==NULL)
                return;
        }
        if(T1->next!=NULL)
        {
            T2=T1;
            T1=T2->next;
        }
        while(T1!=NULL)
        {
            if(pCurrentB->ScanLine>=T1->yMax)          //下闭上开
            {
                CAET * pAETTemp =T1;
                T2->next=T1->next;
                T1=T2->next;
                delete pAETTemp;
            }
            else
            {
                T2=T1;
                T1=T2->next;
            }
        }
        CP2 UVa,UVb,UVf;       //UVa 和 UVb 代表边上任一点的纹理,UVf 代表面上任一点的纹理
        UVa=Interpolation(pCurrentB->ScanLine,pHeadE->pb.y,pHeadE->pe.y,
                        pHeadE->uvb,pHeadE->uve);
        UVb=Interpolation(pCurrentB->ScanLine,pHeadE->next->pb.y,
                        pHeadE->next->pe.y,pHeadE->next->uvb,pHeadE->next->uve);
        BOOL Flag=FALSE;
        double xb,xe;                                  //扫描线的起点和终点坐标
        for(T1=pHeadE;T1!=NULL;T1=T1->next)
        {
            if(Flag==FALSE)
            {
                xb=T1->x;
                CurDeep=-(xb * A+pCurrentB->ScanLine * B+D)/C;
                                                       //z=-(Ax+By-D)/C
```

```
                    Flag=TRUE;
                }
            else
                {
                xe=T1->x;
                for(double x=xb;x<xe;x++)                    //左闭右开
                    {
                    if(CurDeep>=(pZbuf->ZB[ROUND(x)+pZbuf->Width/2][pCurrentB->
                        ScanLine+pZbuf->Height/2]) )
                        {
                        pZbuf->ZB[ROUND(x)+pZbuf->Width/2][pCurrentB->
                                ScanLine+pZbuf->Height/2]=CurDeep;
                        UVf=Interpolation(x,xb,xe,UVa,UVb);
                        int u=ROUND(UVf.x);                   //纹理坐标
                        int v=ROUND(UVf.y);
                        if(u>=bm->bmWidth)      u=bm->bmWidth-1;
                        if(v>=bm->bmHeight)     v=bm->bmHeight-1;
                        BYTE Red=Image[v*bm->bmWidth*4+u*4+2];
                        BYTE Green=Image[v*bm->bmWidth*4+u*4+1];
                        BYTE Blue=Image[v*bm->bmWidth*4+u*4];
                        pDC->SetPixel(ROUND(x),pCurrentB->ScanLine,RGB(Red,Green,Blue));
                        }
                    CurDeep+=DeepStep;
                    }
                Flag=FALSE;
                }
            }
        for(T1=pHeadE;T1!=NULL;T1=T1->next)                  //边的连续性
            {
            T1->x=T1->x+T1->k;
            }
        }
}
void CZBuffer::TextureMapWithPhong(CDC * pDC,CZBuffer * pZbuf,BYTE * Image,BITMAP
* bm,CP3 ViewPoint,CLighting * pLight)
{
    double    CurDeep=0.0;                           //当前扫描线的深度
    double    DeepStep=0.0;                          //当前扫描线随着 x 增长的深度步长
    double    A,B,C,D;                               //平面方程 Ax+By+Cz＋D=0 的系数
    CVector V21(P[1],P[2]),V10(P[0],P[1]);
    CVector VN=V21*V10;
    A=VN.x;B=VN.y;C=VN.z;
    D=-A*P[1].x-B*P[1].y-C*P[1].z;
    //计算 curDeep;从 x=xMin 开始计算,此时针对 yi
    DeepStep=-A/C;                                   //计算直线 deep 增量
```

```
CAET * T1, * T2;
pHeadE=NULL;
for(pCurrentB=pHeadB;pCurrentB!=NULL;pCurrentB=pCurrentB->next)
{
    for(pCurrentE=pCurrentB->pET;pCurrentE!=NULL;pCurrentE=pCurrentE->next)
    {
        pEdge=new CAET;
        pEdge->x=pCurrentE->x;
        pEdge->yMax=pCurrentE->yMax;
        pEdge->k=pCurrentE->k;
        pEdge->pb=pCurrentE->pb;
        pEdge->pe=pCurrentE->pe;
        pEdge->uvb=pCurrentE->uvb;
        pEdge->uve=pCurrentE->uve;
        pEdge->vb=pCurrentE->vb;
        pEdge->ve=pCurrentE->ve;
        pEdge->next=NULL;
        AddEt(pEdge);
    }
    EtOrder();
    T1=pHeadE;
    if(T1==NULL)
    {
        return;
    }
    while(pCurrentB->ScanLine>=T1->yMax)      //下闭上开
    {
        CAET * pAETTEmp =T1;
        T1=T1->next;
        delete pAETTEmp;
        pHeadE=T1;
        if(pHeadE==NULL)
            return;
    }
    if(T1->next!=NULL)
    {
        T2=T1;
        T1=T2->next;
    }
    while(T1!=NULL)
    {
        if(pCurrentB->ScanLine>=T1->yMax)       //下闭上开
        {
            CAET * pAETTemp =T1;
            T2->next=T1->next;
```

```
            T1=T2->next;
            delete pAETTemp;
        }
        else
        {
            T2=T1;
            T1=T2->next;
        }
    }
CP2 UVa,UVb,UVf;        //UVa 和 UVb 代表边上任一点的纹理,UVf 代表面上任一点的纹理
UVa=Interpolation(pCurrentB->ScanLine,pHeadE->pb.y,
                    pHeadE->pe.y,pHeadE->uvb,pHeadE->uve);
UVb=Interpolation(pCurrentB->ScanLine,pHeadE->next->pb.y,
                    pHeadE->next->pe.y,pHeadE->next->uvb,pHeadE->next->uve);
CVector na,nb,nf;    //na 和 nb 代表边上任意点的法矢量,nf 代表面上任意点的法矢量
na=Interpolation(pCurrentB->ScanLine,pHeadE->pb.y,
                    pHeadE->pe.y,pHeadE->vb,pHeadE->ve);
nb=Interpolation(pCurrentB->ScanLine,pHeadE->next->pb.y,
                    pHeadE->next->pe.y,pHeadE->next->vb,pHeadE->next->ve);
BOOL Flag=FALSE;
double xb,xe;                              //扫描线的起点和终点坐标
for(T1=pHeadE;T1!=NULL;T1=T1->next)
{
    if(Flag==FALSE)
    {
        xb=T1->x;
        CurDeep=-(xb*A+pCurrentB->ScanLine*B+D)/C;   //z=-(Ax+By-D)/C
        Flag=TRUE;
    }
    else
    {
        xe=T1->x;
        CMaterial * pMa=new CMaterial();       //用纹理的颜色值作为材质
        for(double x=xb;x<xe;x++)              //左闭右开
        {
            if(CurDeep>=(pZbuf->ZB[ROUND(x)+pZbuf->Width/2][pCurrentB->
                    ScanLine+pZbuf->Height/2]))
            {
                pZbuf->ZB[ROUND(x)+pZbuf->Width/2][pCurrentB->ScanLine+pZbuf->
                    Height/2]=CurDeep;
                UVf=Interpolation(x,xb,xe,UVa,UVb);
                nf=Interpolation(x,xb,xe,na,nb);
                int u=ROUND(UVf.x);
                int v=ROUND(UVf.y);
                if(u>=bm->bmWidth)    u=bm->bmWidth-1;
                if(v>=bm->bmHeight)     v=bm->bmHeight-1;
                BYTE Red=Image[v*bm->bmWidth*4+u*4+2];
```

```
                                BYTE Green=Image[v*bm->bmWidth*4+u*4+1];
                                BYTE Blue=Image[v*bm->bmWidth*4+u*4];
                                CRGB tRGB(Red/255.0,Green/255.0,Blue/255.0);
                                pMa->M_Ambient=tRGB;          //材质对环境光的反射率
                                pMa->M_Diffuse=tRGB;          //材质对漫反射光的反射率
                                pMa->M_Specular=tRGB;         //材质对镜面反射光的反射率
                                pMa->M_Exp=80;
                                CRGB clr=pLight->Lighting(ViewPoint,CP3(ROUND(x),
                                        pCurrentB->ScanLine,CurDeep),nf,pMa);
                                pDC->SetPixel(ROUND(x),pCurrentB->ScanLine,
                                        RGB(clr.red*255,clr.green*255,clr.blue*255) );
                            }
                            CurDeep+=DeepStep;
                        }
                        delete pMa;
                        Flag=FALSE;
                    }
                }
            for(T1=pHeadE;T1!=NULL;T1=T1->next)          //边的连续性
            {
                T1->x=T1->x+T1->k;
            }
        }
    }
void CZBuffer::AddEt(CAET * pNewEdge)                 //合并 ET 表
{
    CAET * pCE;
    pCE=pHeadE;
    if(pCE==NULL)
    {
        pHeadE=pNewEdge;
        pCE=pHeadE;
    }
    else
    {
        while(pCE->next!=NULL)
        {
            pCE=pCE->next;
        }
        pCE->next=pNewEdge;
    }
}
void CZBuffer::EtOrder()                             //边表的冒泡排序算法
{
    CAET * pT1, * pT2;
    int Count=1;
    pT1=pHeadE;
```

```cpp
    if(pT1==NULL)
    {
        return;
    }
    if(pT1->next==NULL)                            //如果该 ET 表没有再连 ET 表
    {
        return;                                    //桶结点只有一条边,不需要排序
    }
    while(pT1->next!=NULL)                          //统计边结点的个数
    {
        Count++;
        pT1=pT1->next;
    }
    for(int i=1;i<Count;i++)                        //冒泡排序
    {
        pT1=pHeadE;
        if(pT1->x>pT1->next->x)                     //按 x 由小到大排序
        {
            pT2=pT1->next;
            pT1->next=pT1->next->next;
            pT2->next=pT1;
            pHeadE=pT2;
        }
        else
        {
            if(pT1->x==pT1->next->x)
            {
                if(pT1->k>pT1->next->k)             //按斜率由小到大排序
                {
                    pT2=pT1->next;
                    pT1->next=pT1->next->next;
                    pT2->next=pT1;
                    pHeadE=pT2;
                }
            }
        }
        pT1=pHeadE;
        while(pT1->next->next!=NULL)
        {
            pT2=pT1;
            pT1=pT1->next;
            if(pT1->x>pT1->next->x)                 //按 x 由小到大排序
            {
                pT2->next=pT1->next;
                pT1->next=pT1->next->next;
                pT2->next->next=pT1;
                pT1=pT2->next;
```

```
                }
            else
            {
                if(pT1->x==pT1->next->x)
                {
                    if(pT1->k>pT1->next->k)              //按斜率由小到大排序
                    {
                        pT2->next=pT1->next;
                        pT1->next=pT1->next->next;
                        pT2->next->next=pT1;
                        pT1=pT2->next;
                    }
                }
            }
        }
    }
}
CRGB CZBuffer::Interpolation(double t,double t1,double t2,CRGB c1,CRGB c2)
                                                         //颜色插值
{
    CRGB c;
    c=(t-t2)/(t1-t2)*c1+(t-t1)/(t2-t1)*c2;
    return c;
}
CVector CZBuffer::Interpolation(double t,double t1,double t2,CVector v1,CVector
v2)                                                      //法矢插值
{
    CVector v;
    v=v1*(t-t2)/(t1-t2)+v2*(t-t1)/(t2-t1);
    return v;
}
CP2 CZBuffer::Interpolation(double t,double t1,double t2,CP2 p1,CP2 p2)    //纹理插值
{
    CP2 p;
    p=p1*(t-t2)/(t1-t2)+p2*(t-t1)/(t2-t1);
    return p;
}
void CZBuffer::InitDeepBuffer(int width,int height,double depth)    //初始化深度缓冲
{
    Width=width,Height=height;
    ZB=new double*[Width];
    for(int i=0;i<Width;i++)
        ZB[i]=new double[Height];
    for(i=0;i<Width;i++)                                  //初始化深度缓冲
        for(int j=0;j<Height;j++)
            ZB[i][j]=double(depth);
}
```

```
void CZBuffer::ClearMemory()                              //内存清理
{
    DeleteAETChain(pHeadE);
    CBucket * pBucket=pHeadB;
    while (pBucket !=NULL)                                //针对每一个桶
    {
        CBucket * pBucketTemp =pBucket->next;
        DeleteAETChain(pBucket->pET);
        delete pBucket;
        pBucket=pBucketTemp;
    }
    pHeadB=NULL;
    pHeadE=NULL;
    //删除当前缓冲区中的面片数据,防止内存泄漏
    if(P!=NULL)
    {
        delete []P;
        P=NULL;
    }
    if (VN!=NULL)
    {
        delete []VN;
        VN=NULL;
    }
    if (UV!=NULL)
    {
        delete []UV;
        UV=NULL;
    }
}
void CZBuffer::DeleteAETChain(CAET * pAET)                //删除当前桶结点上的边节点
{
    while (pAET!=NULL)
    {
        CAET * pAETTemp=pAET->next;
        delete pAET;
        pAET=pAETTemp;
    }
}
```

# Ⅲ.5　视图的设计

本设计将窗口静态切分为左右两个窗格,左窗格是控制窗格,继承于 CFormView 的 CLeftPortion 类;右窗格是显示窗格,使用 CTestView 类。

**1. 设计 CLeftPortion 类**
控件映射变量见表Ⅲ-1。

| ID | 含　义 | 变量类别 | 变量类型 | 变　量　名 |
|---|---|---|---|---|
| IDC_CURRENTFACES | 图形面片数 | Control | CStatic | m_curface |
| IDC_FRAME | 模型分类 | Value | int | m_model |
| IDC_OFF | 光源开关 | Value | int | m_Switch |
| IDC_GOURAUD | 明暗处理 | Value | int | m_Render |
| IDC_R1 | 环体半径 | Control | CSliderCtrl | m_R1 |
| IDC_SR2 | 截面半径 | Control | CSliderCtrl | m_R2 |
| IDC_NUMR1 | 表面级数 | Control | CSliderCtrl | m_NumR1 |
| IDC_NUMR2 | 截面级数 | Control | CSliderCtrl | m_NumR2 |
| IDC_SHOWTEX | 显示缩略图 | Control | CStatic | m_showTex |
| IDC_SLIDER6 | 绕 $x$ 轴旋转 | Control | CSliderCtrl | m_rotateX |
| IDC_SLIDER7 | 绕 $y$ 轴旋转 | Control | CSliderCtrl | m_rotateY |
| IDC_SLIDER8 | 绕 $z$ 轴旋转 | Control | CSliderCtrl | m_rotateZ |

（1）控件初始化。

```
void CLeftPortion::OnInitialUpdate()
{
    CFormView::OnInitialUpdate();
    //TODO: Add your specialized code here and/or call the base class
    //设置左窗格滑动条的范围及初始值
    m_R1.SetRange(100,300,TRUE);
    m_R1.SetPos(200);
    m_R1.SetTicFreq(50);
    m_R1.SetPageSize(50);
    m_R2.SetRange(20,120,TRUE);
    m_R2.SetPos(80);
    m_R2.SetTicFreq(20);
    m_R2.SetPageSize(20);
    m_NumR1.SetRange(6,36,TRUE);
    m_NumR1.SetPos(18);
    m_NumR1.SetTicFreq(6);
    m_NumR1.SetPageSize(6);
    m_NumR2.SetRange(6,36,TRUE);
    m_NumR2.SetPos(18);
    m_NumR2.SetTicFreq(6);
    m_NumR2.SetPageSize(6);
    m_Model=0;                                  //模型分类为线框模型,此处须将一个单选按钮的 group 属性选上
    m_Switch=1;                                 //光源开关：开
    m_Render=0;                                 //明暗处理模式为 Gouraud
    GetDlgItem(IDC_GOURAUD)->EnableWindow(FALSE);  //禁用 Gouraud 着色模型
    GetDlgItem(IDC_PHONG)->EnableWindow(FALSE);    //禁用 Phong 着色模型
```

```
    CString str("");
    str.Format("面片总数：%d",m_NumR1.GetPos() * m_NumR2.GetPos());
    m_CurrentFaces.SetWindowText(str);
     UpdateData(FALSE);
}
```

（2）水平滑动条消息处理函数。

```
void CLeftPortion::OnHScroll(UINT nSBCode, UINT nPos, CScrollBar * pScrollBar)
{
    //TODO: Add your message handler code here and/or call default
    CTestDoc * pDoc=(CTestDoc * )CFormView::GetDocument();
    UpdateData();
    pDoc->m_R1=m_R1.GetPos();
    pDoc->m_R2=m_R2.GetPos();
    pDoc->m_NumR1=m_NumR1.GetPos();
    pDoc->m_NumR2=m_NumR2.GetPos();
    CString str("");
    int FacesCount=m_NumR1.GetPos() * m_NumR2.GetPos();
    str.Format("面片总数：%d",FacesCount);
    m_CurrentFaces.SetWindowText(str);
    UpdateData(FALSE);
    CFormView::OnHScroll(nSBCode, nPos, pScrollBar);
}
```

（3）"线框"单选按钮消息处理函数。

```
void CLeftPortion::OnFrame()
{
    //TODO: Add your control notification handler code here
    GetDlgItem(IDC_GOURAUD)->EnableWindow(FALSE);    //禁用 Gouraud 着色模型
    GetDlgItem(IDC_PHONG)->EnableWindow(FALSE);      //禁用 Phong 着色模型
    m_Model=0;
    UpdateData(FALSE);
    CTestDoc * pDoc=(CTestDoc * )CFormView::GetDocument();
    pDoc->m_Model=m_Model;
}
```

（4）"表面"单选按钮消息处理函数。

```
void CLeftPortion::OnSurface()
{
    //TODO: Add your control notification handler code here
    GetDlgItem(IDC_GOURAUD)->EnableWindow(TRUE);    //启用 Gouraud 着色模型
    GetDlgItem(IDC_PHONG)->EnableWindow(TRUE);      //启用 Phong 着色模型
    m_Model=1;
    UpdateData(FALSE);
    CTestDoc * pDoc=(CTestDoc * )CFormView::GetDocument();
```

```
    pDoc->m_Model=m_Model;
}
```

(5)"纹理"单选按钮消息处理函数。

```
void CLeftPortion::OnTexture()
{
    //TODO: Add your control notification handler code here
    m_Model=2;                                          //模型分类为: 纹理模型
    m_Render=1;                                         //明暗处理模式为 Gouraud
    UpdateData(FALSE);
    GetDlgItem(IDC_GOURAUD)->EnableWindow(FALSE);       //禁用 Gouraud 着色模型
    GetDlgItem(IDC_PHONG)->EnableWindow(TRUE);          //启用 Phong 着色模型
    CTestDoc * pDoc=(CTestDoc * )CFormView::GetDocument();
    pDoc->m_Model=m_Model;
    pDoc->m_Render=m_Render;
}
```

(6)"关"单选按钮消息处理函数。

```
void CLeftPortion::OnOff()
{
    //TODO: Add your control notification handler code here
    m_Switch=0;
    UpdateData(FALSE);
    CTestDoc * pDoc=(CTestDoc * )CFormView::GetDocument();
    pDoc->m_Switch=m_Switch;
}
```

(7)"开"单选按钮消息处理函数。

```
void CLeftPortion::OnOn()
{
    //TODO: Add your control notification handler code here
    m_Switch=1;
    UpdateData(FALSE);
    CTestDoc * pDoc=(CTestDoc * )CFormView::GetDocument();
    pDoc->m_Switch=m_Switch;
}
```

(8)Gouraud 单选按钮消息处理函数。

```
void CLeftPortion::OnGouraud()
{
    //TODO: Add your control notification handler code here
    m_Render=0;
    UpdateData(FALSE);
    CTestDoc * pDoc=(CTestDoc * )CFormView::GetDocument();
    pDoc->m_Render=m_Render;
```

}

（9）Phong 单选按钮消息处理函数。

```
void CLeftPortion::OnPhong()
{
    //TODO: Add your control notification handler code here
    m_Render=1;
    UpdateData(FALSE);
    CTestDoc * pDoc=(CTestDoc * )CFormView::GetDocument();
    pDoc->m_Render=m_Render;
}
```

（10）"选择纹理"按钮消息处理函数。

```
void CLeftPortion::OnSeltex()
{
    //TODO: Add your control notification handler code here
    CTestDoc * pDoc=(CTestDoc * )CFormView::GetDocument();
    CFileDialog   file(TRUE);
    CString PicName;
    file.m_ofn.lpstrInitialDir=".\\Data";                    //默认为根目录的 Data 文件夹
    file.m_ofn.lpstrFilter="位图文件(* .bmp)\0 * .bmp\0All Files (* .* )\0 * .* \0\0";
                                                             //位图类型
    if(file.DoModal()==IDOK)
    {
        pDoc->m_PathName=file.GetPathName();
        PicName=file.GetFileName();
    }
    else
        return;
    CDC * pDC=GetDC();
    HBITMAP * hBitmap=(HBITMAP * )LoadImage(::AfxGetInstanceHandle(),PicName.GetBuffer(0),
                  IMAGE_BITMAP,0,0,LR_LOADFROMFILE);   //获得加载位图的句柄
    CDC MemDC;                                                //内存设备上下文
    CRect rectPic;                                            //示例位图的矩形区域
    m_ShowTex.GetWindowRect(&rectPic);                       //获得大小
    if(!MemDC.m_hDC)
        MemDC.CreateCompatibleDC(pDC);                       //创建和 pDC 相兼容的 MemDC
    MemDC.SelectObject(hBitmap);                             //选入位图
    ScreenToClient(&rectPic);                                //映射到屏幕矩形区域
    pDC->BitBlt(rectPic.left,rectPic.top,rectPic.Width(),rectPic.Height(),
                  &MemDC,0,0,SRCCOPY);                       //示例位图
    MemDC.DeleteDC();
    ReleaseDC(pDC);
}
```

**2. 设计 CTestView 类**

(1) 构造函数 CTestView()。在构造函数内初始化光源和材质属性,同时初始化默认的纹理位图路径。

```
CTestView::CTestView()
{
    //TODO: add construction code hereV=NULL;VV=NULL;P=NULL;Image=NULL;
    R1=200;R2=80;NumR1=18;NumR2=18;Switch=1;Model=0;Render=0;
    R=1000,d=800,Phi=90.0,Theta=0.0;                  //视点始终位于正前方
    afa=0.0;beta=0.0;                                 //圆环起始位置角
    LightNum=1;                                       //光源个数
    pLight=new CLighting(LightNum);                   //一维光源动态数组
    pLight->Light[0].SetPosition(0,0,1000);           //设置光源位置坐标
    for(int i=0;i<LightNum;i++)
    {
        pLight->Light[i].L_Diffuse=CRGB(1.0,1.0,1.0);         //光源的漫反射颜色
        pLight->Light[i].L_Specular=CRGB(0.828,0.636,0.366); //光源镜面高光颜色
        pLight->Light[i].L_C0=1.0;                    //常数衰减系数
        pLight->Light[i].L_C1=0.0000001;              //线性衰减系数
        pLight->Light[i].L_C2=0.00000001;             //二次衰减系数
        if(Switch)
            pLight->Light[i].L_OnOff=TRUE;            //关闭光源
        else
            pLight->Light[i].L_OnOff=FALSE;           //开启光源
    }
    pMaterial=new CMaterial;                          //一维材质动态数组
    pMaterial->M_Ambient=CRGB(0.547,0.400,0.075);     //材质对环境光的反射率
    pMaterial->M_Diffuse=CRGB(0.912,0.616,0.116);     //材质对漫反射光的反射率
    pMaterial->M_Specular=CRGB(1.0,1.0,1.0);          //材质对镜面反射光的反射率
    pMaterial->M_Exp=100.0;                           //高光指数
    PathName=".\\Data\\texture1.bmp";                 //初始化纹理位图路径
}
```

(2) 绘制圆环函数 DrawObject()。根据左窗格内控件所选定的值,分别绘制无光照线框模型、有光照线框模型、Gouraud 表面模型、Phong 表面模型和 Phong 纹理模型。

```
void CTestView::DrawObject(CDC * pDC)                 //绘制物体
{
    zbuf=new CZBuffer;                                //申请内存
    zbuf->InitDeepBuffer(1000,1000,-1000);            //深度初始化
    for(int i=0;i<NumR1;i++)                          //循环计算每个顶点的平均矢量
    {
        for(int j=0;j<NumR2;j++)
        {
            int beforei=i-1,beforej=j-1;
            int afteri=i+1,afterj=j+1;
```

```
            if(i==0) beforei=NumR1-1;
            if(j==0) beforej=NumR2-1;
            if(afteri==NumR1) afteri=0;
            if(afterj==NumR2) afterj=0;
            CVector VN0,VN1,VN2,VN3,VN;                    //四个面片的法矢量
            CVector edge00(V[beforei*NumR2+beforej],V[beforei*NumR2+j]);
            CVector edge01(V[beforei*NumR2+j],V[i*NumR2+j]);
            VN0=edge00*edge01;
            CVector edge10(V[beforei*NumR2+j],V[beforei*NumR2+afterj]);
            CVector edge11(V[beforei*NumR2+afterj],V[i*NumR2+afterj]);
            VN1=edge10*edge11;
            CVector edge20(V[i*NumR2+j],V[i*NumR2+afterj]);
            CVector edge21(V[i*NumR2+afterj],V[afteri*NumR2+afterj]);
            VN2=edge20*edge21;
            CVector edge30(V[i*NumR2+beforej],V[i*NumR2+j]);
            CVector edge31(V[i*NumR2+j],V[afteri*NumR2+j]);
            VN3=edge30*edge31;
            VN=VN0+VN1+VN2+VN3;
            VV[i*NumR2+j]=VN;                              //顶点的平均法矢量
            V[i*NumR2+j].c=pLight->Lighting(ViewPoint,V[i*NumR2+j],VN,pMaterial);
                                                          //顶点的颜色
        }
    }
    for(i=0;i<NumR1;i++)
    {
        for(int j=0;j<NumR2;j++)
        {
            CPi3 Point4[4];
            CVector Normal4[4];
            CVector VS(V[P[i][j].vI[1]],ViewPoint);        //面的视矢量
            P[i][j].SetNormal(V[P[i][j].vI[0]],V[P[i][j].vI[1]],V[P[i][j].vI[2]]);
            if(Dot(VS,P[i][j].patchNormal)>=0)             //背面剔除
            {
                for(int m=0;m<4;m++)
                {
                    PerProject(V[P[i][j].vI[m]]);
                    Point4[m]=ScreenP;
                    Normal4[m]=VV[P[i][j].vI[m]];
                }
                if(Model==0)                               //线框模型
                {
                    AntiColorLine(pDC,Point4[0],Point4[1]);
                    AntiColorLine(pDC,Point4[1],Point4[2]);
                    AntiColorLine(pDC,Point4[2],Point4[3]);
                    AntiColorLine(pDC,Point4[3],Point4[0]);
```

```cpp
    }
    else if(Model==1)                            //表面模型
    {
        if(Render==0)                            //Gouraud 光强插值算法填充
        {
            zbuf->SetPoint(Point4,4);            //初始化
            zbuf->CreateBucket();                //创建桶表
            zbuf->CreateEdgeforGouraud();        //创建边表
            zbuf->Gouraud(pDC);                  //填充四边形
            zbuf->ClearMemory();
        }
        if(Render==1)                            //Phong 法矢插值算法填充
        {
            zbuf->SetPoint(Point4,Normal4,4);    //初始化
            zbuf->CreateBucket();                //创建桶表
            zbuf->CreateEdgeforPhong();          //创建边表
            zbuf->Phong(pDC,ViewPoint,pLight,pMaterial);
                                                 //填充四边形
            zbuf->ClearMemory();
        }
    }
    else if(Model==2)                            //纹理模型
    {
        CP2 uv[4];                               //纹理坐标
        double tempi=i+1,tempj=j+1;
        uv[0].x=RingAfa * i/360.0 * 800;    uv[0].y=RingBeta * j/360.0
        * 320;
        uv[1].x=RingAfa * i/360.0 * 800;    uv[1].y= (RingBeta * tempj)/
        360.0 * 320;
        uv[2].x=RingAfa * tempi/360.0 * 800;uv[2].y= (RingBeta * tempj)/
        360.0 * 320;
        uv[3].x=RingAfa * tempi/360.0 * 800;uv[3].y=RingBeta * j/360.0
        * 320;
        if(Switch==0)                            //光照开关"关"
        {
            zbuf->SetPoint(Point4,Normal4,uv,4);   //初始化
            zbuf->CreateBucket();                //创建桶表
            zbuf->CreateEdgeforTexture();        //创建边表
            zbuf->TextureMap(pDC,zbuf,Image,&bm); //纹理填充四边形
            zbuf->ClearMemory();                 //清理内存
        }
        if(Switch==1)                            //光照开关"开"
        {
            if(Render==1)                        //Phong 法矢插值算法填充
            {
```

```
                        zbuf->SetPoint(Point4,Normal4,uv,4);
                        zbuf->CreateBucket();                  //创建桶表
                        zbuf->CreateEdgeforTexture();          //创建边表
                        zbuf->TextureMapWithPhong(pDC,zbuf,Image,&bm,
                            ViewPoint,pLight);                 //光照纹理填充四边形
                        zbuf->ClearMemory();                   //清理内存
                    }
                }
            }
        }
    }
    //清理临时变量,防止内存泄漏
    if(zbuf!=NULL)
    {
        delete zbuf;
        zbuf=NULL;
    }
    if(P!=NULL)
    {
        delete []P;
        P=NULL;
    }
    if(VV!=NULL)
    {
        delete []VV;
        VV=NULL;
    }
    if(P!=NULL)
    {
        for(int k=0;k<NumR1;k++)
        {
            delete [] P[k];
            P[k]=NULL;
        }
        delete [] P;
        P=NULL;
    }
}
```

(3) 读入纹理位图函数 ReadImage()。

根据位图纹理位路径读入纹理位图后,将位图颜色存储于 Image 缓冲区。

```
void CTestView::ReadImage()
{
    if(PathName==" ")
```

```
    {
        MessageBox("文件不存在");
        return;
    }
    HANDLE hBitmap=LoadImage(GetModuleHandle(NULL),PathName,
                    IMAGE_BITMAP,0,0,LR_LOADFROMFILE);    //从文件中导入图片
    if(hBitmap==NULL)
    {
        MessageBox("图片加载失败");
        return;
    }
    CBitmap NewBitmap;
    NewBitmap.Attach((HBITMAP)hBitmap);
    NewBitmap.GetBitmap(&bm);                    //获得 CBitmap 的信息到 Bitmap 结构体中
    int nbytesize= (bm.bmHeight * bm.bmWidth * bm.bmBitsPixel+7)/8;
                                                 //获得位图的总字节数
    Image=new BYTE[nbytesize];                    //开辟装载位图的缓冲区
    NewBitmap.GetBitmapBits(nbytesize,(LPVOID)Image);    //将位图复制到缓冲区
}
```

# Ⅲ.6　结论

（1）由于圆环是凹多面体，本课程设计采用 ZBuffer 算法来填充，所以在进行透视变换时，屏幕坐标也设计为三维坐标，计算了 $z$ 深度坐标。

（2）左窗格的 CLeftPortion 类和右窗格的 CTestView 类之间的通信是通过 CTestDoc 类来完成的，控制窗口的控制变量的传递在 CTestDoc 中暂时保存，CTestView 中通过引用 CTestDoc 中的变量值来进行相应的动态绘制。

（3）无光照和有光照线框圆环体都使用 CACLine 类绘制，区别仅在于光源的打开与关闭。关闭光源时，直线的顶点颜色为白色，打开光源时，直线的顶点颜色为光照模型计算结果。光照圆环使用 Gouraud 光强插值和 Phong 法矢插值绘制，Gouraud 光强插值先计算四边形面片的 4 个顶点的法矢量，然后计算 4 个顶点的颜色，四边形面片内各点的颜色是通过双线性光强插值计算的。Phong 法矢插值需要先根据四边形面片顶点法矢量插值出面片内每一点的法矢量，然后再根据面片内每一点的法矢量调用光照模型计算该点的光强，其计算量远远大于 Gouaud 光强插值算法。纹理映射常使用 Phong 插值绘制，只需绑定每个面片的 4 个顶点的纹理坐标值，四边形内部的纹理值是使用插值实现。

（4）视点位置不动，圆环不停地绕体心旋转。光源位置和视点位置由用户自己设置。本设计中光源坐标为(0,0,800)。计算视点 ViewPoint 的代码如下：

```
ViewPoint.x=R * k[6];
ViewPoint.y=R * k[4];
ViewPoint.z=R * k[5];
```

而

```
k[6]=k[2] * k[1]=sin(PI * Phi/180) * sin(PI * Theta/180);
k[4]=cos(PI * Phi/180);
k[5]=k[2] * k[3]=sin(PI * Phi/180) * cos(PI * Theta/180);
```

在构造函数内,设定了 R＝1000,Phi＝90.0,Theta＝0.0。计算可以得出,视点坐标为 (0,0,1000)。

（5）圆环每个网格顶点的平均法矢量取为共有该顶点的 4 个面片法矢量的平均值。

（6）带光照的纹理模型是通过叠加圆环上同一像素点的纹理值和光强颜色值而生成的。

# 课程设计 Ⅳ 动态光源演示系统

## Ⅳ.1 设计目标

在窗口客户区中心绘制三维球体表面模型,材质为灰色。围绕球体设置红绿蓝三个光源。红绿蓝光源分别在 $xOy$ 面、$yOz$ 面和 $zOx$ 面内沿不同的椭圆轨道环绕三维球体旋转。根据光源的颜色和动态变化的位置,演示三维球体所得到的光照效果。详细功能要求如下。

(1) 使用静态切分视图,将窗口切分为左右窗格。左窗格为继承于 CFormView 类的表单视图类 CLeftPortion,右窗格为一般视图类 CTestView。

(2) 右窗格的三维坐标系原点位于客户区中心,$x$ 轴水平向右为正,$y$ 轴垂直向上为正,$z$ 轴垂直于屏幕指向观察者。

(3) 左窗格放置"光源开关"组框控件,提供"红色光源""绿色光源"和"蓝色光源"3 个复选框来控制相应光源的打开和关闭。

(4) 在右窗格客户区中心绘制没有光源照射的灰色三维球体,球体静止不动。红色光源的初始位置位于 $x$ 轴正向,绿色光源的初始位置位于 $y$ 轴正向,蓝色光源的初始位置位于 $z$ 轴正向,如图 Ⅳ-1 所示。

(5) 使用动画按钮播放光源的旋转动画。红色光源在 $xOy$ 面内绕 $z$ 轴沿椭圆轨道逆时针旋

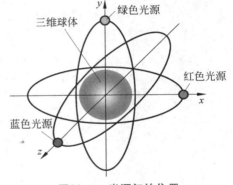

图Ⅳ-1 光源初始位置

转,绿色光源在 $yOz$ 面内绕 $x$ 轴沿椭圆轨道逆时针旋转,蓝色光源在 $zOx$ 面内绕 $y$ 轴沿椭圆轨道逆时针旋转。

## Ⅳ.2 设计效果

(1) 红绿蓝 3 个光源全部关闭,球体光照,如图Ⅳ-2 所示。
(2) 选中"红色光源"复选框的光照,如图Ⅳ-3 所示。
(3) 选中"绿色光源"复选框的光照,如图Ⅳ-4 所示。
(4) 选中"蓝色光源"复选框的光照,如图Ⅳ-5 所示。
(5) 同时选中"红色光源"和"绿色光源"复选框的光照,如图Ⅳ-6 所示。
(6) 同时选中"红色光源"和"蓝色光源"复选框的光照,如图Ⅳ-7 所示。
(7) 同时选中"绿色光源"和"蓝色光源"复选框的光照,如图Ⅳ-8 所示。
(8) 同时选中"红色光源""绿色光源"和"蓝色光源"复选框的光照,如图Ⅳ-9 所示。

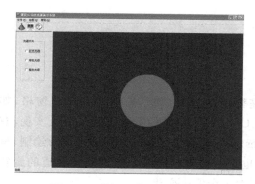

图Ⅳ-2 关闭所有光源效果图

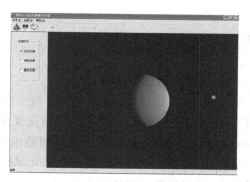

图Ⅳ-3 选中"红色光源"效果图

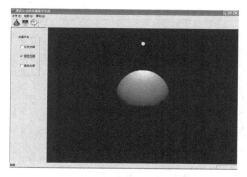

图Ⅳ-4 选中"绿色光源"效果图

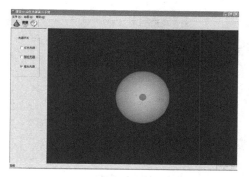

图Ⅳ-5 选中"蓝色光源"效果图

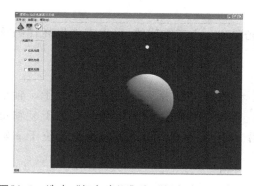

图Ⅳ-6 选中"红色光源"和"绿色光源"效果图

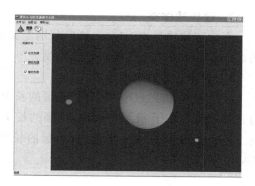

图Ⅳ-7 选中"红色光源"和"蓝色光源"效果图

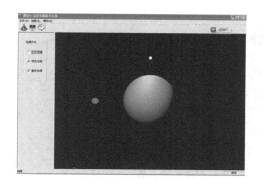

图Ⅳ-8 选中"绿色光源"和"蓝色光源"效果图

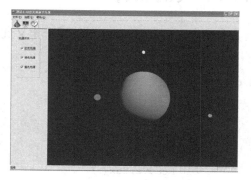

图Ⅳ-9 选中所有光源效果图

## Ⅳ.3　总体设计

### 1. 设计静态切分窗格

本设计将窗口静态切分为左右两个窗格,左窗格是控制窗格,右窗格为显示窗格,如图Ⅳ-10 和图Ⅳ-11 所示。左窗格通过定义派生于 CFormView 类的 CLeftPortion 类实现,右窗格使用 CTestView 类实现,左右窗格通过 CTestDoc 类通信。球体采用透视投影绘制,材质为灰色,屏幕背景色为黑色。代表光源的球体也采用透视投影绘制。沿椭圆轨道的旋转过程中,随着离视点的远近不同,光源的透视投影大小会发生变化。

图Ⅳ-10　左窗格

图Ⅳ-11　右窗格

### 2. 设计球体类

先构造球体类 CSphere,然后分别定义 3 个光源和一个三维球体,可以有效提高代码重用。CSphere 类采用地理划分法建模。

### 3. 设计光源的运动轨迹

红色光源位于 $xOy$ 平面内,椭圆的长半轴沿 $x$ 轴,短半轴沿 $y$ 轴,起始位置位于 $x$ 轴正向。绿色光源位于 $yOz$ 平面内,椭圆的长半轴沿 $y$ 轴,短半轴沿 $z$ 轴,起始位置位于 $y$ 轴正向。蓝色光源位于 $zOx$ 平面内,椭圆的长半轴沿 $z$ 轴,短半轴沿 $x$ 轴,起始位置位于 $z$ 轴正向。

## Ⅳ.4　类的设计

本设计定义了 CSphere 类,用于定义红色光源、绿色光源、蓝色光源和三维球体。

```
class CSphere
{
public:
    CSphere();
    virtual ~CSphere();
    void SetSize(int);
    void ReadVertex();                          //读入顶点表
    void ReadPatch();                           //读入面表
```

```cpp
    void InitParameter();                                    //参数初始化
    void PerProject(CP3);                                    //透视投影
    void DrawObject(CDC * ,CLighting * ,CMaterial * ,CZBuffer * ,int);
                                                             //绘制球体
public:
    int r;                                                   //球体半径
    double R,Theta,Phi,d;                                    //视点在用户坐标系中的球坐标
    double k[9];                                             //透视变换参数
    CP3 ViewPoint;                                           //视点球坐标位置
    CPi3 ScreenP;                                            //屏幕坐标系的二维坐标点
    CP3 * V;                                                 //球的顶点一维数组
    CPatch * * P;                                            //面的二维数组
    int N1,N2;                                               //N1 为纬度区间,N2 为经度区间
};
CSphere::CSphere()
{
    V=NULL;
    r=0;
    P=NULL;
}
CSphere::~CSphere()
{
    if(V!=NULL)
    {
        delete[] V;
        V=NULL;
    }
    for(int n=0;n<N1;n++)                                    //注意撤销次序,先列后行,与设置相反
    {
        if(P[n] !=NULL)
        {
            delete[] P[n];
        }
    }
    delete[] P;
    P=NULL;
}


void CSphere::SetSize(int r)
{
    this->r=r;
    R=1000,d=800,Phi=90.0,Theta=0.0;
    ReadVertex();
    ReadPatch();
    InitParameter();
```

```
}
void CSphere::ReadVertex()                              //读入点坐标
{
    int gafa=10,gbeta=10;                               //面片夹角
    N1=180/gafa,N2=360/gbeta;                           //N1为纬度区间,N2为经度区间
    if(V==NULL)
    {
        V=new CP3[(N1-1) * N2+2];  //纬度方向除南北极点外有"N1-1"个点,"2"代表南北极两点
    }
    double afa1,beta1;
    V[0].x=0;
    V[0].y=r;
    V[0].z=0;
    //按行循环计算球体上的点坐标
    for(int i=0;i<N1-1;i++)
    {
        afa1=(i+1) * gafa * PI/180;
        for(int j=0;j<N2;j++)
        {
            beta1=j * gbeta * PI/180;
            V[i * N2+j+1].x=r * sin(afa1) * sin(beta1);
            V[i * N2+j+1].y=r * cos(afa1);
            V[i * N2+j+1].z=r * sin(afa1) * cos(beta1);
        }
    }
    //计算南极点坐标
    V[(N1-1) * N2+1].x=0;
    V[(N1-1) * N2+1].y=-r;
    V[(N1-1) * N2+1].z=0;
}
void CSphere::ReadPatch()                                //读入面表
{
    //设置二维动态数组
    if(P==NULL)
    {
        P=new CPatch * [N1];                             //设置行
        memset(P, 0, sizeof(CPatch * ) * N1);
    }
    for(int n=0;n<N1;n++)
    {
        if(P[n]==NULL)
        {
            P[n]=new CPatch[N2];                         //设置列
        }
    }
```

```
    for(int j=0;j<N2;j++)                      //构造北极三角形面片
    {
        int tempj=j+1;
        if(tempj==N2) tempj=0;                 //面片的首尾连接
        int NorthIndex[3];                     //北极三角形面片索引号数组
        NorthIndex[0]=0;
        NorthIndex[1]=j+1;
        NorthIndex[2]=tempj+1;
        P[0][j].SetNum(3);
        for(int k=0;k<P[0][j].vNum;k++)        //传入面中点的索引
        {
            P[0][j].vI[k]=NorthIndex[k];
        }
    }
    for(int i=1;i<N1-1;i++)                     //构造球体四边形面片
    {
        for(int j=0;j<N2;j++)
        {
            int tempi=i+1;
            int tempj=j+1;
            if(tempj==N2) tempj=0;
            int BodyIndex[4];                  //球体四边形面片索引号数组
            BodyIndex[0]=(i-1) * N2+j+1;
            BodyIndex[1]=(tempi-1) * N2+j+1;
            BodyIndex[2]=(tempi-1) * N2+tempj+1;
            BodyIndex[3]=(i-1) * N2+tempj+1;
            P[i][j].SetNum(4);
            for(int k=0;k<P[i][j].vNum;k++)
            {
                P[i][j].vI[k]=BodyIndex[k];
            }
        }
    }
    for(j=0;j<N2;j++)                           //构造南极三角形面片
    {
        int tempj=j+1;
        if(tempj==N2) tempj=0;
        int SouthIndex[3];                      //南极三角形面片索引号数组
        SouthIndex[0]=(N1-2) * N2+j+1;
        SouthIndex[1]=(N1-1) * N2+1;
        SouthIndex[2]=(N1-2) * N2+tempj+1;
        P[N1-1][j].SetNum(3);
        for(int k=0;k<P[N1-1][j].vNum;k++)
        {
            P[N1-1][j].vI[k]=SouthIndex[k];
```

```
        }
    }
}
void CSphere::InitParameter()
{
    k[1]=sin(PI * Theta/180);
    k[2]=sin(PI * Phi/180);
    k[3]=cos(PI * Theta/180);
    k[4]=cos(PI * Phi/180);
    k[5]=k[2] * k[3];
    k[6]=k[2] * k[1];
    k[7]=k[4] * k[3];
    k[8]=k[4] * k[1];
    ViewPoint.x=R * k[6];                       //用户坐标系的视点球坐标
    ViewPoint.y=R * k[4];
    ViewPoint.z=R * k[5];
}
void CSphere::PerProject(CP3 WorldP)
{
    CP3 ViewP;
    ViewP.x=WorldP.x * k[3]-WorldP.z * k[1];              //观察坐标系三维坐标
    ViewP.y=-WorldP.x * k[8]+WorldP.y * k[2]-WorldP.z * k[7];
    ViewP.z=-WorldP.x * k[6]-WorldP.y * k[4]-WorldP.z * k[5]+R;
    ViewP.c=WorldP.c;
    ScreenP.x=d * ViewP.x/ViewP.z;                        //屏幕坐标系三维坐标
    ScreenP.y=ROUND(d * ViewP.y/ViewP.z);
    ScreenP.z=d * (R-ViewP.z)/ViewP.z;
    ScreenP.c=ViewP.c;
}
void CSphere:: DrawObject (CDC *  pDC, CLighting * pLight, CMaterial  * pMaterial,
CZBuffer * zbuf,int type)                               //绘制球体
{
    for(int n=0;n< (N1-1) * N2+2;n++)                     //遍历所有点
    {
        CVector PNormal(V[n]);
        switch(type)
        {
        case REDLIGHTSOURCE:
            V[n].c=CRGB(1.0,0.0,0.0);
            break;
        case GREENLIGHTSOURCE:
            V[n].c=CRGB(0.0,1.0,0.0);
            break;
        case BLUELIGHTSOURCE:
            V[n].c=CRGB(0.0,0.0,1.0);
```

```
                break;
        default:
            V[n].c=pLight->Lighting(ViewPoint,V[n],PNormal,pMaterial);
                                                //调用光照函数计算顶点颜色
        }
    }
    CPi3 Point3[3];                             //南北极顶点数组
    CPi3 Point4[4];                             //球体顶点数组
    for(int i=0;i<N1;i++)
    {
        for(int j=0;j<N2;j++)
        {
            CVector VS(V[P[i][j].vI[1]],ViewPoint);  //面的视矢量
            P[i][j].SetNormal(V[P[i][j].vI[0]],V[P[i][j].vI[1]],V[P[i][j].vI[2]]);
            if(Dot(VS,P[i][j].patchNormal)>=0)       //背面剔除
            {
                if(P[i][j].vNum==3)                   //三角形面片
                {
                    for(int m=0;m<P[i][j].vNum;m++)
                    {
                        PerProject(V[P[i][j].vI[m]]);
                        Point3[m]=ScreenP;
                    }
                    zbuf->SetPoint(Point3,3);         //设置顶点
                    zbuf->CreateBucket();             //建立桶表
                    zbuf->CreateEdge();               //建立边表
                    zbuf->Gouraud(pDC);               //填充三角形
                    zbuf->ClearMemory();              //内存清理
                }
                else                                  //四边形面片
                {
                    for(int m=0;m<P[i][j].vNum;m++)
                    {
                        PerProject(V[P[i][j].vI[m]]);
                        Point4[m]=ScreenP;
                    }
                    zbuf->SetPoint(Point4,4);         //设置顶点
                    zbuf->CreateBucket();             //建立桶表
                    zbuf->CreateEdge();               //建立边表
                    zbuf->Gouraud(pDC);               //填充四边形
                    zbuf->ClearMemory();              //内存清理
                }
            }
        }
    }
}
```

# IV.5 视图的设计

### 1. 设计 CLeftPortion 类

（1）控件初始化。

```
void CLeftPortion::OnInitialUpdate()                    //设置左窗格控件的初始值
{
    CFormView::OnInitialUpdate();
    //TODO: Add your specialized code here and/or call the base class
    UINT nCheckIDs[3]={IDC_REDLIGHT,IDC_GREENLIGHT,IDC_BLUELIGHT};
    CButton * pBtn;
    for (int i=0;i<3;i++)
    {
        pBtn=(CButton * )GetDlgItem(nCheckIDs[i]);
        pBtn->SetCheck(1);
    }
    UpdateData(FALSE);
}
```

（2）"红色光源"复选框消息处理函数。

```
void CLeftPortion::OnRedlight()
{
    //TODO: Add your control notification handler code here
    CTestDoc * pDoc=(CTestDoc * )CFormView::GetDocument();
    CButton * pBtn=(CButton * )GetDlgItem(IDC_REDLIGHT);
    if(pBtn->GetCheck())
        pDoc->m_RedLight=1;
    else
        pDoc->m_RedLight=0;
    Invalidate(FALSE);
}
```

（3）"绿色光源"复选框消息处理函数。

```
void CLeftPortion::OnGreenlight()
{
    //TODO: Add your control notification handler code here
    CTestDoc * pDoc=(CTestDoc * )CFormView::GetDocument();
    CButton * pBtn=(CButton * )GetDlgItem(IDC_GREENLIGHT);
    if(pBtn->GetCheck())
        pDoc->m_GreenLight=1;
    else
        pDoc->m_GreenLight=0;
    Invalidate(FALSE);
}
```

（4）"蓝色光源"复选框消息处理函数。

```
void CLeftPortion::OnBluelight()
{
    //TODO: Add your control notification handler code here
    CTestDoc * pDoc= (CTestDoc * )CFormView::GetDocument();
    CButton * pBtn= (CButton * )GetDlgItem(IDC_BLUELIGHT);
    if(pBtn->GetCheck())
        pDoc->m_BlueLight=1;
    else
        pDoc->m_BlueLight=0;
    Invalidate(FALSE);
}
```

### 2. 设计 CTestView 类

在 CTestView 类内，定义了 CSphere 类的对象 RedLightSource，GreenLightSource，BlueLightSource，Globe，分别代表红色光源、绿色光源、蓝色光源和三维球体。

（1）构造函数 CTestView()。在构造函数内设置球体的材质为灰色，且不发光。为了体现交互光照效果，降低了高光的会聚程度，高光指数选为 1.0。设置红色光源的椭圆轨道的长半轴为 400，短半轴为 300。设置绿色光源椭圆轨道的长半轴为 300，短半轴为 200。设置蓝色光源椭圆轨道的长半轴为 500，短半轴为 400。

```
CTestView::CTestView()
{
    //TODO: add construction code here
    bRedLight=TRUE,bGreenLight=TRUE,bBlueLight=TRUE;
    reda=400,redb=300;greena=300,greenb=200;bluea=500,blueb=400;Alpha=0;
    LightNum=3;                                         //光源个数
    pLight=new CLighting(LightNum);                     //一维光源动态数组
    for(int i=0;i<LightNum;i++)
    {
        pLight->Light[i].L_Diffuse=CRGB(1.0,1.0,1.0);   //光源的漫反射颜色
        pLight->Light[i].L_Specular=CRGB(1.0,1.0,1.0);  //光源颜色
        pLight->Light[i].L_C0=1.0;                      //常数衰减系数
        pLight->Light[i].L_C1=0.00000001;               //线性衰减系数
        pLight->Light[i].L_C2=0.000000001;              //二次衰减系数
        pLight->Light[i].L_OnOff=TRUE;                  //开启光源
    }
    pMaterial=new CMaterial;                            //一维材质动态数组
    pMaterial->M_Ambient=CRGB(0.5,0.5,0.5);             //材质对环境光的反射率
    pMaterial->M_Diffuse=CRGB(0.5,0.5,0.5);             //材质对漫反射光的反射率
    pMaterial->M_Specular=CRGB(0.5,0.5,0.5);            //材质对镜面反射光的反射率
    pMaterial->M_Emit=CRGB(0.0,0.0,0.0);                //材质自身发散的颜色
    pMaterial->M_Exp=1.0;                               //高光指数
}
```

(2) 初始化模型函数 InitModel()。分别设置三维球体、红色光源、绿色光源和蓝色光源的半径和三维变换矩阵。本设计中球体的半径为 150,三个光源的半径为 10。半径的宏定义位于 stdafx. h 文件中。

```
void CTestView::InitModel()
{
    GlobeObject.SetSize(GLOBEOBJECTRADIUS);
    RedLightSource.SetSize(REDLIGHTSOURCERADIUS);
    Tran_RedLightSource.SetMat(RedLightSource.V,(RedLightSource.N1-1) *
    RedLightSource.N2+2);
    GreenLightSource.SetSize(GREENLIGHTSOURCERADIUS);
    Tran_GreenLightSource.SetMat(GreenLightSource.V,(GreenLightSource.N1-1) *
    GreenLightSource.N2+2);
    BlueLightSource.SetSize(BLUELIGHTSOURCERADIUS);
    Tran_BlueLightSource.SetMat(BlueLightSource.V,(BlueLightSource.N1-1) *
    BlueLightSource.N2+2);
}
```

(3) 绘制场景函数 DrawScene()。在场景中分别绘制三维球体、红色光源、绿色光源和蓝色光源。

```
void CTestView::DrawScene(CDC * pDC)                    //绘制球体
{
    CZBuffer * zbuf=new CZBuffer;                       //申请内存
    zbuf->InitDeepBuffer(1000,1000,-1000);             //深度初始化
    GlobeObject.DrawObject(pDC,pLight,pMaterial,zbuf,GLOBEOBJECT);
                                                        //绘制球体
    if(bRedLight)
    {
        RedLightSourceTran=CP3(reda * cos (Alpha * PI/180), redb * sin (Alpha * PI/
        180),0);
    Tran_RedLightSource. Translate (RedLightSourceTran. x, RedLightSourceTran. y,
    RedLightSourceTran.z);
        RedLightSource.DrawObject(pDC,NULL,NULL,zbuf,REDLIGHTSOURCE);
                                                        //绘制红色光源
    }
    if(bGreenLight)
    {
        GreenLightSourceTran=CP3(0,greena * cos (Alpha * PI/180),greenb * sin (Alpha
        * PI/180));
    Tran_GreenLightSource.Translate(GreenLightSourceTran.x,
            GreenLightSourceTran.y,GreenLightSourceTran.z);
        GreenLightSource.DrawObject(pDC,NULL,NULL,zbuf,GREENLIGHTSOURCE);
                                                        //绘制绿色光源
    }
    if(bBlueLight)
```

```
        {
            BlueLightSourceTran=CP3(bluea * sin(Alpha * PI/180),0,blueb * cos(Alpha *
        PI/180));
        Tran_BlueLightSource.Translate(BlueLightSourceTran.x,
                BlueLightSourceTran.y,BlueLightSourceTran.z);
            BlueLightSource.DrawObject(pDC,NULL,NULL,zbuf,BLUELIGHTSOURCE);
                                                    //绘制蓝色光源
        }
        delete zbuf;
}
```

### 3. 设置光源函数 SetLight()

光照效果不仅与光源的颜色有关而且与光源的位置相关。光源的镜面反射光颜色决定光源的颜色。光源的位置决定光强的衰减程度,光源沿椭圆轨道旋转时,与三维球体的距离发生改变。光源的开关决定是否绘制该光源。

```
void CTestView::SetLight()
{
    //TODO: Add your command handler code here
    CRGB LightClr[3];
    LightClr[0]=CRGB(1.0,0.0,0.0);
    LightClr[1]=CRGB(0.0,1.0,0.0);
    LightClr[2]=CRGB(0.0,0.0,1.0);
    CP3 LightPos[3];
    LightPos[0]=CP3(reda * cos(Alpha * PI/180),redb * sin(Alpha * PI/180),0);
    LightPos[1]=CP3(0,greena * cos(Alpha * PI/180),greenb * sin(Alpha * PI/180));
    LightPos[2]=CP3(blueb * sin(Alpha * PI/180),0,bluea * cos(Alpha * PI/180));
    for(int i=0;i<LightNum;i++)
    {
        pLight->Light[i].SetPosition(LightPos[i].x,LightPos[i].y,LightPos[i].z);
                                                    //光源位置
        pLight->Light[i].L_Specular=LightClr[i];    //光源颜色
    }
    if(bRedLight)
        pLight->Light[0].L_OnOff=TRUE;
    else
        pLight->Light[0].L_OnOff=FALSE;
    if(bGreenLight)
        pLight->Light[1].L_OnOff=TRUE;
    else
        pLight->Light[1].L_OnOff=FALSE;
    if(bBlueLight)
        pLight->Light[2].L_OnOff=TRUE;
    else
        pLight->Light[2].L_OnOff=FALSE;
}
```

# Ⅳ.6  结论

(1) 本设计通过红绿蓝光源的旋转,在三维球体上展示了光源交互作用的动态光照效果。由于光源的颜色是镜面反射光的颜色,所以通过较小的高光指数来扩散光源的作用范围。

(2) 球体采用 CSphere 类定义,红绿蓝光源也采用 CSphere 类定义。一方面光源和三维球体一起参与深度缓冲消隐,能够处理光源运动到球体背面的情况。另一方面光源参与透视变换,可以实现光源相对于视点距离的近大远小的动态效果。然而,因为每个光源也是 CSphere 类对象,也会受到场景中其他光源的照射而改变颜色,代表光源的红绿蓝球体会发生颜色改变。为了保持光源的固定颜色,代表红色光源的球体所有顶点都使用 CRGB(1.0, 0.0, 0.0)绘制,代表绿色光源的球体所有顶点都使用 CRGB(0.0,1.0,0.0)绘制,代表蓝色光源的球体所有顶点都使用 CRGB(0.0,0.0,1.0)绘制。而三维球体则是通过调用光照函数,根据顶点法矢量、光源位置和颜色、视点位置、材质属性等来计算每个顶点的光强。

(3) 绿色光源和蓝色光源沿椭圆轨道运动时会和三维球体前后遮挡,本设计通过定义一个 CZBuffer 对象 zbuf 统一处理。

(4) 为了在 CZBuffer 类和 CTestView 类中区分球体和 3 个光源,本设计将球体标识为 0,红色光源标识为 1,绿色光源标识为 1,蓝色光源标识为 2,其宏定义位于 stdafx.h 头文件中,stdafx.h 文件可以跨类使用。宏定义为:

```
#define GLOBEOBJECT                 0
#define REDLIGHTSOURCE              1
#define GREENLIGHTSOURCE           2
#define BLUELIGHTSOURCE            3
#define GLOBEOBJECTRADIUS          150
#define REDLIGHTSOURCERADIUS        10
#define GREENLIGHTSOURCERADIUS     10
#define BLUELIGHTSOURCERADIUS      10
```

# 课程设计Ⅴ　3DS 接口演示系统

## Ⅴ.1　设计目标

　　本书前面所介绍的立方体、球体、圆环等物体都是在 MFC 中使用数学模型构建的。在实际应用项目的开发中，有些复杂的大型建筑物模型不能通过数学方法直接建模，或者由于开发效率太低而被放弃。游戏开发中一般先使用 3DS 建立物体的三维模型，然后将该模型导入场景中使用 OpenGL 编程驱动。请使用 3ds max 软件建立如图Ⅴ-1 所示足球的三维模型，3ds max 生成的渲染效果图如图Ⅴ-2 所示。从 3ds max 软件中导出足球模型的二进制文件，文件命名为 football.3DS。本书已经为读者构建了基于图形学原理的透视、消隐、光照和动画等函数，要求在 MFC 框架下编写 3DS 接口，直接打开 football.3DS 文件，读取点表和面表，使用透视、消隐等函数构建足球的网格模型，使用光照、动画等函数构建旋转足球的表面光照模型。详细功能要求如下。

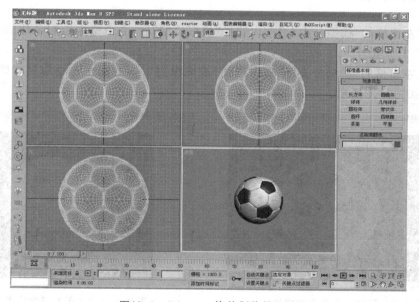

图Ⅴ-1　3ds max 软件制作的足球

　　(1) 使用静态切分视图，将窗口切分为左右窗格。左窗格为派生于 CFormView 类的表单视图类 CLeftPortion，右窗格为一般视图类 CTestView。

　　(2) 右窗格的三维坐标系原点位于客户区中心，$x$ 轴水平向右为正，$y$ 轴垂直向上为正，$z$ 轴垂直于屏幕指向观察者。

　　(3) 左窗格放置代表"模型分类"的组框控件、提供"线框模型"和"表面模型"的两个单选按钮，分别绘制足球的线框模型和表面光照模型。

　　(4) 使用动画按钮播放足球的旋转动画。足球在右窗格内以三维坐标系原点为球心动

图 V-2　3ds max 软件渲染效果图

态旋转。

# V.2　设计效果

　　(1) 在左窗格的"模型分类"组框内选择"线框模型"后,右窗格内绘制足球的线框模型,效果如图 V-3 所示。

　　(2) 在左窗格的"模型分类"组框内选择"表面模型"后,右窗格内绘制足球的光照表面模型,效果如图 V-4 所示。

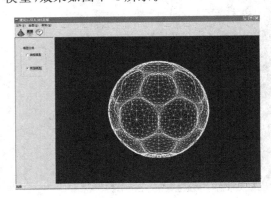

图 V-3　足球线框模型效果图

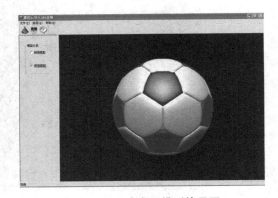

图 V-4　足球表面模型效果图

# V.3　总体设计

### 1. 设计静态切分窗格

　　本设计将窗口静态切分为左右两个窗格,左窗格是控制窗格,右窗格为显示窗格,如图 V-5 和图 V-6 所示。足球线框模型和表面模型均采用透视投影绘制,背景色为黑色。左窗格通过定义继承于 CFormView 类的 CLeftPortion 类实现,右窗格使用 CTestView 类实现,左右窗格通过 CTestDoc 类通信。

图 V-5　左窗格

图 V-6　右窗格

### 2. 设计 3DS.h 头文件

3DS 文件以二进制形式存储，是由许多"块"组成的嵌套结构。"块"本身是由两部分组成的：一个是块的 ID 号，另一个是块的长度。块的结构如表 V-1 所示。

表 V-1　块的结构

| 偏移量起点 | 偏移量终点 | 字节长度 | 意　义 |
| --- | --- | --- | --- |
| 0 | 1 | 2 | 块的 ID 号 |
| 2 | 5 | 4 | 块的长度 |

3DS 文件有一个主块（ID 是 0x4D4D），位于 3DS 文件的起始位置，可以作为判断是否为 3DS 文件的标志。主块的子块是 3D 编辑块（ID 是 x3D3D）和关键帧块（ID 是 0xB000）。3D 编辑块的子块是材质编辑块（ID 是 0xAFFF）和对象块（ID 是 0x4000）。材质编辑块的子块是材质名称（ID 是 0xA000）、材质环境光颜色（ID 是 0xA010）、材质漫反射光颜色（ID 是 0xA020）、材质镜面反射光颜色（ID 是 0xA030）、材质纹理（ID 是 0xA200），而材质纹理的子块是纹理名称（ID 是 0xA300）。对象块的子块是三角形网格（ID 是 0x4100）。三角形网格的子块是三角形顶点（ID 是 0x4110）、三角形表面（ID 是 0x4120）、纹理坐标（ID 是 0x4140）、转换矩阵（ID 是 0x4160）。而三角形表面的子块是表面的材质（ID 是 0x4130）和表面光滑信息（ID 是 0x4150）。3DS 文件结构如图 V-7 所示。

本设计在 3DS.h 头文件中使用宏定义了各个块的 ID。

```
#define MAIN3DS     0x4D4D                              //主块
#define          EDIT3DS 0x3D3D                         //3D 编辑块
#define              EDIT_MATERIAL 0xAFFF               //材质编辑块
#define                  MAT_NAME 0xA000                //材质名称
#define                  MAT_AMB  0xA010                //材质环境光颜色
#define                  MAT_DIF  0xA020                //材质漫反射光颜色
#define                  MAT_SPE  0xA030                //材质镜面反射光颜色
#define                  MAT_MAP  0xA200                //材质的纹理
#define                      MAP_NAME 0xA300            //纹理的名称
#define              EDIT_OBJECT    0x4000              //对象块
#define                  TRI_MESH 0x4100                //三角形网格
#define                      TRI_VERTEX 0x4110          //三角形顶点
```

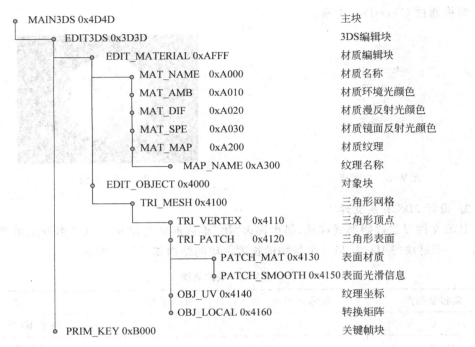

| MAIN3DS 0x4D4D | 主块 |
| EDIT3DS 0x3D3D | 3DS编辑块 |
| EDIT_MATERIAL 0xAFFF | 材质编辑块 |
| MAT_NAME 0xA000 | 材质名称 |
| MAT_AMB 0xA010 | 材质环境光颜色 |
| MAT_DIF 0xA020 | 材质漫反射光颜色 |
| MAT_SPE 0xA030 | 材质镜面反射光颜色 |
| MAT_MAP 0xA200 | 材质纹理 |
| MAP_NAME 0xA300 | 纹理名称 |
| EDIT_OBJECT 0x4000 | 对象块 |
| TRI_MESH 0x4100 | 三角形网格 |
| TRI_VERTEX 0x4110 | 三角形顶点 |
| TRI_PATCH 0x4120 | 三角形表面 |
| PATCH_MAT 0x4130 | 表面材质 |
| PATCH_SMOOTH 0x4150 | 表面光滑信息 |
| OBJ_UV 0x4140 | 纹理坐标 |
| OBJ_LOCAL 0x4160 | 转换矩阵 |
| PRIM_KEY 0xB000 | 关键帧块 |

图 V-7 3DS 文件结构

```
#define            TRI_PATCH    0x4120        //三角形表面
#define            PATCH_MAT    0x4130        //表面的材质
#define            PATCH_SMOOTH 0x4150        //表面光滑信息
#define            OBJ_UV       0x4140        //纹理坐标
#define            OBJ_LOCAL    0x4160        //转换矩阵
#define    PRIM_KEY 0xB000                    //关键帧块
#define    COLOR_BYTE    0x0011               //颜色块
#define    COLOR_FLOAT 0x0010
```

# V.4 类的设计

## 1. 定义块类

```
class CChunk
{
public:
    CChunk();
public:
    virtual ~CChunk();
    WORD   ID;                                //块的 ID,占 2B 空间
    UINT Length;                              //读出块的长度,占 4B 空间
};
```

## 2. 定义 3DS 材质类

```
class CMaterial3d
{
public:
    CMaterial3d();
    virtual ~CMaterial3d();
public:
    char      MaterialName[255];        //材质的名称
    char      TextureName[255];         //纹理的名称
    BYTE      DifColor[3];              //材质漫反射颜色
    UINT      TextureData;              //存放纹理的数据
    bool      HasTexture;               //该材质是否包含纹理
};
```

## 3. 定义纹理坐标类

```
class CT2
{
public:
    CT2();
    virtual ~CT2();
public:
    double u;
    double v;
};
```

## 4. 定义 3DS 对象类

```
class CObjects
{
public:
    CObjects();
    virtual ~CObjects();
public:
    int       NumOfVertex;              //该对象顶点的个数
    int       NumOfFace;                //该对象的面片个数
    int       NumOfTexVertex;           //该对象纹理坐标的个数
    char      ObjName[255];             //保存对象的名称
    CP3       * pVertex;                //保存顶点坐标
    CVector   * pVertNormal;            //保存点的法矢量
    CVector   * pFaceNormal;            //保存面的法矢量
    CT2       * pTexVertex;             //保存纹理坐标
    CFace     * pFace;                  //保存面信息
};
```

## 5. 3DS 导入类

定义 CLoad3DS 类打开二进制文件 football. 3DS,分别读取足球的颜色、顶点坐标、三角形面片坐标和法矢量,并计算面片的法矢量、顶点的法矢量和共享每个顶点的平均法矢量。

```
class CLoad3DS
{
public:
    CLoad3DS();
    virtual ~CLoad3DS();
public:
    BOOL        Load3DSFile(CString FileName);       //载入 3DS 文件
    void        CalculateNormal();                   //计算顶点法矢量
    CChunk      ReadChunkHead();                      //读出块头信息
    void        ReadFileData(long Length);           //读出 Length 长度的文件数据
    void        ReadObjectData(long EndPos);         //读出 OBJECT_EDIT 块中的数据
    void        ReadMaterialData(long EndPos);       //读出 MATERIAL_EDIT 块中的数据
    void        ReadString(char String[]);           //读出一个字符串
    BYTE        ReadByte();                           //读出一个字节
    WORD        ReadWord();                           //读出一个字
    float       ReadFloat();                          //读出一个浮点数
public:
    int NumOfObject;                                 //3DS 对象的个数
    int NumOfMaterial;                               //3DS 材质的个数
    vector<CMaterial3d>pMaterial;                    //定义一个 tMaterial 类型的矢量容器
    vector<CObjects *>  pObject;                     //保存 3DS 对象
    CFile cFile;                                      //文件对象
};
CLoad3DS::CLoad3DS()
{
    NumOfMaterial=1;
    NumOfObject=0;
    CMaterial3d defaultMat;
    defaultMat.HasTexture=FALSE;
    strcpy(defaultMat.MaterialName, "Default");
    defaultMat.DifColor[0]=192;
    defaultMat.DifColor[1]=192;
    defaultMat.DifColor[2]=192;
    pMaterial.push_back(defaultMat);
}
CLoad3DS::~CLoad3DS()
{
    while(pMaterial.size()!=0)
        pMaterial.pop_back();
    for(int i=0;i<NumOfObject;i++)
    {
        delete [] pObject[i]->pPatch;
```

```
            delete [] pObject[i]->pVertex;
            delete [] pObject[i]->pPatchNormal;
            delete [] pObject[i]->pVertNormal;
            delete [] pObject[i]->pTexVertex;
            delete pObject[i];
        }
        pObject.clear();
}
BOOL CLoad3DS::Load3DSFile(CString FileName)
{
        if(!cFile.Open(FileName,CFile::modeRead))        //打开 3DS 文件
        {
            char err[128];
            sprintf(err, "打开 3DS 文件:%s 失败!", FileName);
            MessageBox(NULL, err,"读取错误",MB_OK|MB_ICONINFORMATION);
            return FALSE;
        }
        CChunk CurrentChunk=ReadChunkHead();             //首先读出文件的主块
        if(CurrentChunk.ID==MAIN3DS)                     //判断是否为 3DS 文件
        {
            ReadFileData(CurrentChunk.Length-6);
        }
        else
        {
            char err[128];
            sprintf(err, "%s 不是 3DS 文件", FileName);
            MessageBox(NULL, err, "读取错误", MB_OK | MB_ICONINFORMATION);
            return FALSE;
        }
        CalculateNormal();
        cFile.Close();
        return TRUE;
}


CChunk CLoad3DS::ReadChunkHead()                          //读取块信息
{
        CChunk chunk;
        cFile.Read(&chunk.ID,2);                          //读出块的 ID,占 2B 空间
        cFile.Read(&chunk.Length,4);                      //读出块的长度,占 4B 空间
        return chunk;
}
void CLoad3DS::ReadFileData(long EndPos)
{
        DWORD  CurrentPos=cFile.GetPosition();            //当前文件的指针位置
        while(CurrentPos<EndPos)
```

```
    {
        CChunk CurrentChunk=ReadChunkHead();
        switch(CurrentChunk.ID)
        {
        case EDIT3DS:                                    //不做任何处理接着读下一个数据块
            break;
        case EDIT_MATERIAL:                              //材质信息
            NumOfMaterial++;
            CurrentPos=cFile.GetPosition();
            ReadMaterialData(CurrentPos+CurrentChunk.Length-6);
                                                         //跳过块的偏移量
            break;
        case EDIT_OBJECT:
            NumOfObject++;
            CurrentPos=cFile.GetPosition();
            ReadObjectData(CurrentPos+CurrentChunk.Length-6);
            break;
        default:
            cFile.Seek(CurrentChunk.Length-6,CFile::current);
                                                         //移动文件指针
        }
        CurrentPos=cFile.GetPosition();
    }
}
void CLoad3DS::ReadObjectData(long EndPos)                //读取模型
{
    int i,Total,MatIndex=0;
    CObjects * Obj=new CObjects;
                        //定义一个 CObjects 对象用来存放读出的 EDIT_OBJECT 块数据
    ReadString(Obj->ObjName);               //首先读出对象的名称,文件指针跳过该字符串
    long CurrentPos=cFile.GetPosition();
    while(cFile.GetPosition()<EndPos)
    {
        CChunk CurrentChunk=ReadChunkHead();
        switch(CurrentChunk.ID)
        {
        case TRI_MESH:
            break;
        case TRI_VERTEX:                                 //读出顶点信息
            Obj->NumOfVertex=ReadWord();                 //Obj 中的顶点数目,占 2B 的空间
            Obj->pVertex= new CP3[Obj->NumOfVertex];  //分配数组空间
            //3d max 坐标系方向与本设计定义的坐标系不同,需要调换 y、z 坐标值,3d max 坐标
                系 x 向右,y 轴向内,z 轴向上
            for(i=0;i<Obj->NumOfVertex;i++)
            {
```

```
        Obj->pVertex[i].x=ReadFloat();
        Obj->pVertex[i].z=-ReadFloat();
        Obj->pVertex[i].y=ReadFloat();
    }
    break;
case TRI_PATCH:                                    //读出面信息
    Obj->NumOfPatch=ReadWord();                    //Obj 中的面数目
    Obj->pPatch=new CPatch[Obj->NumOfPatch];       //分配空间
    //读取面索引值(第 4 个值为 3dMAX 使用的参数,舍弃)
    for(i=0;i<Obj->NumOfPatch;i++)
    {
        Obj->pPatch[i].v[0]=ReadWord();
        Obj->pPatch[i].v[1]=ReadWord();
        Obj->pPatch[i].v[2]=ReadWord();
        cFile.Seek(2,CFile::current);
    }
    break;
case PATCH_MAT:                                    //读出面的材质信息
    char MaterialName[255];
    ReadString(MaterialName);                      //读出面使用的材质名称
    Total=ReadWord();                              //读出使用该材质的面数
    for(i=1; i<NumOfMaterial; i++)
                            //遍历所有材质找到该材质在材质数组中的索引号
    {
        if(strcmp(MaterialName, pMaterial[i].MaterialName) ==0)
        {
            MatIndex=i;
            break;
        }
    }
    while(Total>0)                                 //遍历所有使用该材质的面
    {
        Obj->pPatch[ReadWord()].MaterialIndex=MatIndex;
                                //将材质的索引写入对应面的信息中
        Total--;
    }
    break;
case OBJ_UV:                                       //读出纹理坐标信息
    Obj->NumOfTexVertex=ReadWord();                //读出 Obj 中的纹理坐标数目
    Obj->pTexVertex=new CT2[Obj->NumOfTexVertex];  //分配空间
    for(i=0;i<Obj->NumOfTexVertex;i++)
    {
        Obj->pTexVertex[i].u=ReadFloat();
        Obj->pTexVertex[i].v=ReadFloat();
    }
```

```
                break;
            default:
                cFile.Seek(CurrentChunk.Length-6,CFile::current);
                break;
            }
            CurrentPos=cFile.GetPosition();;                        //得到当前文件指针的位置
        }
    Obj->pPatchNormal=NULL;
    Obj->pVertNormal=NULL;
    pObject.push_back(Obj);                                          //把读好的对象数据压栈
}
void CLoad3DS::ReadMaterialData(long EndPos)
{
    CMaterial3d * Mat=new CMaterial3d;
                           //定义一个 OBJECT 对象用来存放读出的 EDIT_MATRIAL 块数据
    long CurrentPos=cFile.GetPosition();
    while(CurrentPos<EndPos)
    {
        CChunk CurrentChunk=ReadChunkHead();
        switch(CurrentChunk.ID)
        {
        case MAT_NAME:
            ReadString(Mat->MaterialName);
            break;
        case MAT_DIF:
            break;
        case COLOR_BYTE:
            Mat->DifColor[0]=ReadByte();
            Mat->DifColor[1]=ReadByte();
            Mat->DifColor[2]=ReadByte();
            break;
        case MAT_MAP:
            break;
        case MAP_NAME:
            ReadString(Mat->TextureName);
            Mat->HasTexture=TRUE;
            break;
        default:
            cFile.Seek(CurrentChunk.Length-6,CFile::current);
        }
        CurrentPos=cFile.GetPosition();                              //得到当前文件指针的位置
    }
    pMaterial.push_back(* Mat);
    delete Mat;
}
```

```cpp
void CLoad3DS::ReadString(char Str[])
{
    char c;
    for(int Length=0;Length<255;Length++)
    {
        cFile.Read(&c,1);
        Str[Length]=c;
        if(c=='\0')
            return ;
    }
}
BYTE CLoad3DS::ReadByte()
{
    BYTE Byte;
    cFile.Read(&Byte,1);
    return Byte;
}
WORD CLoad3DS::ReadWord()
{
    WORD Word;
    cFile.Read(&Word,sizeof(WORD));
    return Word;
}
float CLoad3DS::ReadFloat()
{
    float Float;
    cFile.Read(&Float,sizeof(float));
    return Float;
}
void CLoad3DS::CalculateNormal()
{
    if(NumOfObject<=0)                                    //如果没有 3DS 对象则直接返回
        return;
    for(int i=0;i<NumOfObject;i++)
    {
        if(pObject[i]->pPatchNormal==NULL)
        {
            pObject[i]->pPatchNormal=new CVector[pObject[i]->NumOfPatch];
                                                          //为面的法矢量分配空间
        }
        if(pObject[i]->pVertNormal==NULL)
        {
            pObject[i]->pVertNormal=new CVector[pObject[i]->NumOfVertex];
                                                          //为点的法矢量分配空间
        }
```

```
//计算对象中每个面的法矢量
for(int j=0;j<pObject[i]->NumOfPatch;j++)
{
    CVector v1,v2,Normal;
    CPatch CurrentPatch=pObject[i]->pPatch[j];
    CP3 Point0=pObject[i]->pVertex[CurrentPatch.v[0]];
                                        //三角形的第一个顶点
    CP3 Point1=pObject[i]->pVertex[CurrentPatch.v[1]];
                                        //三角形的第二个顶点
    CP3 Point2=pObject[i]->pVertex[CurrentPatch.v[2]];
                                        //三角形的第三个顶点
    v1=CVector(Point0,Point1);          //计算当前三角形面片的边矢量
    v2=CVector(Point1,Point2);          //计算当前三角形面片的边矢量
    Normal=v1 * v2;                     //计算当前三角形面片的法矢量
    Normal=Normal.Unit();               //单位化法矢量
    pObject[i]->pPatchNormal[j]=Normal; //保存单位化的面法矢量
}
for(int Index=0;Index<pObject[i]->NumOfVertex;Index++)
                                        //遍历所有顶点
{
    CVector SumVector;                  //累加矢量
    int Counter=0;                      //面片计数
    for(int nPatch=0;nPatch<pObject[i]->NumOfPatch;nPatch++)
                                        //遍历包含该顶点的面
    {
        if(pObject[i]->pPatch[nPatch].v[0]==Index ||
            pObject[i]->pPatch[nPatch].v[1]==Index ||
            pObject[i]->pPatch[nPatch].v[2]==Index)
        {
            SumVector=SumVector+pObject[i]->pPatchNormal[nPatch];
            Counter++;
        }
    }
    SumVector=SumVector/float(Counter);
    pObject[i]->pVertNormal[Index]=SumVector.Unit();
                                        //计算单位化的顶点平均法矢量
}
}
}
```

# V.5  视图的设计

### 1. 设计 CLeftPortion 类

左窗格添加了一个"模型分类"组框控件,以及"线框模型"和"表面模型"单选按钮控

件。控制映射变量见表Ⅴ-2。

表Ⅴ-2　控件映射变量

| ID | 含　义 | 变量类别 | 变量类型 | 变量名 |
|---|---|---|---|---|
| IDC_FRAME | 线框模型 | Value | int | m_model |

（1）控件初始化。

```
void CLeftPortion::OnInitialUpdate()
{
    CFormView::OnInitialUpdate();
    //TODO: Add your specialized code here and/or call the base class
    m_model=1;                                   //默认的选择是表面模型
UpdateData(FALSE);
}
```

（2）"线框模型"单选按钮消息处理函数。

```
void CLeftPortion::OnFrame()
{
    //TODO: Add your control notification handler code here
    CTestDoc * pDoc=(CTestDoc * )CFormView::GetDocument();
    pDoc->m_Model=0;
    Invalidate(FALSE);
}
```

（3）"表面模型"单选按钮消息处理函数。

```
void CLeftPortion::OnSurface()
{
    //TODO: Add your control notification handler code here
    CTestDoc * pDoc=(CTestDoc * )CFormView::GetDocument();
    pDoc->m_Model=1;
    Invalidate(FALSE);
}
```

**2. 设计 CTestView 类**

在 CTestView 类内,使用从足球的二进制文件读取到的点表和面表,使用线框模型和表面模型绘制足球。

（1）构造函数 CTestView()。设置一个光源的颜色为白光,位置为正上方,同时读入足球的二进制文件 football.3DS。

```
CTestView::CTestView()
{
    //TODO: add construction code here
    Model=1;                                           //表面
    R=200,d=800,Phi=90.0,Theta=0.0;
```

```
    afa=0.0;beta=0.0;
    pMaterial=NULL;pLight=NULL;
    LightNum=1;                                      //光源个数
    pLight=new CLighting(LightNum);                  //一维光源动态数组
    pLight->Light[0].SetPosition(0,800,800);         //设置第一个光源位置坐标
    for(int i=0;i<LightNum;i++)
    {
        pLight->Light[i].L_Diffuse=CRGB(1.0,1.0,1.0);       //光源的漫反射颜色
        pLight->Light[i].L_Specular=CRGB(1.0,1.0,1.0);      //光源镜面高光颜色
        pLight->Light[i].L_C0=1.0;                          //常数衰减系数
        pLight->Light[i].L_C1=0.0000001;                    //线性衰减系数
        pLight->Light[i].L_C2=0.00000001;                   //二次衰减系数
        pLight->Light[i].L_OnOff=TRUE;                      //开启光源
    }
    pMaterial=new CMaterial;                                //一维材质动态数组
    pMaterial->M_Ambient=CRGB(0.3,0.3,0.3);                 //材质对环境光的反射率
    pMaterial->M_Diffuse=CRGB(0.85,0.08,0.0);               //材质对漫反射光的反射率
    pMaterial->M_Specular=CRGB(0.828,0.8,0.8);              //材质对镜面反射光的反射率
    pMaterial->M_Emit=CRGB(0.0,0.0,0.0);                    //材质自身发散的颜色
    pMaterial->M_Exp=20.0;                                  //高光指数
    if(load3ds.Load3DSFile("football.3DS")==FALSE)          //读取 3DS 文件
        exit(1);
}
```

（2）初始化函数 OnInitialUpdate()。足球模型的初始位置如图 V-8 所示，镜面反射光位置正好位于白色材质的正六边形表面上，效果不明显。为了调整足球的初始位置，让镜面反射光正好照在黑色材质的正五边形上，如图 V-4 所示，将足球绕 $x$ 轴逆时针旋转 $100°$。由于足球初始位置的改变，需要重新计算顶点的平均法矢量。

图 V-8　默认的足球模型的初始位置

```
void CTestView::OnInitialUpdate()
{
    CView::OnInitialUpdate();
    //TODO: Add your specialized code here and/or call the base class
```

```
    for(int i=0;i<load3ds.NumOfObject;i++)
    {
        tran.SetMat(load3ds.pObject[i]->pVertex,load3ds.pObject[i]->NumOfVertex);
        tran.RotateX(100);                              //初始位置
        tran.RotateY(0);
    }
    load3ds.CalculateNormal();
    InitParameter();
}
```

（3）绘制物体函数 DrawObject()。足球是由 12 个正五边形和 20 个正六边形组成的包含 32 个对象的物体，面片为三角形。将足球的颜色设置为材质的漫反射率。根据左窗格内的模型分类，可以绘制默认顶点颜色为白色的足球线框模型，或调用光照模型计算每个顶点的颜色，使用 Gouraud 光强插值模型绘制足球的表面模型。

```
void CTestView::DrawObject(CDC * pDC)                   //绘制物体
{
    CZBuffer * zbuf=new CZBuffer;                       //申请内存
    zbuf->InitDeepBuffer(800,800,-1000);                //深度初始化
    for(int i=0;i<load3ds.NumOfObject;i++)
                                    //足球由 12 个正五边形和 20 个正六边形组成
    {
        CObjects * Obj=load3ds.pObject[i];
        CVector * pNormal=Obj->pVertNormal;
        CP3 * pVertex=Obj->pVertex;
        for(int j=0;j<Obj->NumOfPatch;j++)              //访问物体的每一个三角形面片
        {
            CP3 temp;
            CPi3 Point[3];
            CVector Normal3[3];
            CMaterial3d CurrentMat=load3ds.pMaterial[Obj->pPatch[j].MaterialIndex];
                                                //面的材质信息
            for(int k=0;k<3;k++)                //计算三角形面片的顶点和法矢量
            {
                V[k]=pVertex[Obj->pPatch[j].v[k]];
                Normal3[k]=pNormal[Obj->pPatch[j].v[k]];
            }
            CP3 PT=CP3(V[1].x,V[1].y,V[1].z);
            CVector VS(PT,ViewPoint);                   //面的视矢量
            if(Dot(VS,Obj->pPatchNormal[j])>=0)         //背面剔除
            {
                for(int k=0;k<3;k++)                    //绘制三角形
                {
                    CRGB MaterialClr(CurrentMat.DifColor[0]/255.0,CurrentMat.
                    DifColor[1]/255.0,CurrentMat.DifColor[2]/255.0);
                    pMaterial->SetDiffuse(MaterialClr);
```

```
                Point[k].c=pLight->Lighting(ViewPoint,V[k],Normal3[k],
                pMaterial);                         //调用光照函数计算顶点的颜色
                PerProject(V[k]);                   //透视变换
                Point[k].x=ScreenP.x;
                Point[k].y=ROUND(ScreenP.y);
                Point[k].z=ScreenP.z;
            }
            if(Model)                               //绘制表面模型
            {
                zbuf->SetPoint(Point,3);
                zbuf->CreateBucket();               //建立桶表
                zbuf->CreateEdge();                 //建立边表
                zbuf->Gouraud(pDC);                 //颜色渐变填充
                zbuf->ClearMemory();
            }
            else                                    //绘制线框模型
            {
                CLine *line=new CLine;
                line->MoveTo(pDC,Point[0].x,Point[0].y);
                for(int i=1;i<4;++i)
                    line->LineTo(pDC,Point[i%3].x,Point[i%3].y);
                delete line;
            }
        }
    }
    tran.SetMat(load3ds.pObject[i]->pVertex,load3ds.pObject[i]->
    NumOfVertex);
    tran.RotateX(afa);                              //x方向旋转足球
    tran.RotateY(beta);                             //y方向旋转足球
    }
    load3ds.CalculateNormal();
    delete zbuf;                                    //释放内存
}
```

# Ⅴ.6  结论

(1) 本设计打开足球的 3DS 格式的二进制文件读取足球的顶点信息(包括顶点坐标和顶点法矢量)、表面信息(包括三角形面片的顶点坐标和小面的法矢量信息)和颜色信息。使用本教材提供的透视变换函数对足球进行背面剔除,绘制足球的线框模型。使用深度缓冲消隐函数和光照函数生成足球的光照模型。使用双缓冲技术生成足球的旋转动画。

(2) 足球的漫反射光反射率取自足球的颜色块(ID 是 0x0011),足球的镜面反射光是本设计提供的白光。

(3) 3d max 坐标系方向是 $x$ 向右,$y$ 轴向内,$z$ 轴向上。本设计使用的坐标系是 $x$ 轴向右,$y$ 轴向上,$z$ 轴向外。存储对象的数据时需要调换 $y$、$z$ 坐标值。本设计使用的三维坐标系用下标 $d$ 表示,3d max 使用的坐标系用下标 $g$ 表示,有

$$\begin{cases} x_d = x_g \\ y_d = z_g \\ z_d = -y_g \end{cases}$$

(4) 足球动画是使用"物体旋转,视点和光源位置不动"的方式实现的。足球旋转后需要重新计算顶点的平均法矢量。

# 参 考 文 献

[1]  孔令德.计算机图形学基础教程(Visual C++版)[M].2版.北京:清华大学出版社,2013.

[2]  孔令德.计算机图形学实践教程(Visual C++版)[M].2版.北京:清华大学出版社,2013.

[3]  孔令德.计算机图形学基础教程(Visual C++版)习题解答与编程实践[M].2版.北京:清华大学出版社,2018.

[4]  MUKHERJEE D P,JANA D.计算机图形学算法与实现[M].北京:清华大学出版社,2012.

[5]  HEARN D,BAKER M P,等.计算机图形学[M].北京:电子工业出版社,2012.

[6]  HAN J.计算机图形学[M].北京:清华大学出版社,2013.

[7]  何援军.计算机图形学[M].北京:机械工业出版社,2016.

[8]  康凤娥,孔令德.Visual C++ 6.0网络虚拟实验室建设[J].实验室研究与探索,2009,28(1):78-80.

[9]  孔令德.基于面积加权反走样算法的研究[J].工程图学学报,2009,(4):49-54.

[10]  孔令德.动态多光源三维场景演示系统的设计与实现[J].山西师范大学学报(自然科学版),2016,30(1):44-49.

[11]  孔令德,康凤娥.基于双三次Bezier曲面在球体建模中的应用[J].计算机应用与软件,2017,34(5):86-90.

[12]  康凤娥,孔令德.基于屏幕背景色的彩色直线反走样算法[J].工程图学学报,2010,(3):62-67.

[13]  康凤娥,孔令德.球体建模技术的研究与实现[J].山西大同大学学报(自然科学版),2011,27(4):7-9.

[14]  康凤娥,孔令德.基本图元像素级实验系统的设计与实现[J].山西师范大学学报(自然科学版),2012,26(1):36-41.

[15]  康凤娥,孔令德.MFC框架下3DS模型接口的研究与实现[J].山西师范大学学报(自然科学版),2013,27(1):43-48.

[16]  康凤娥,孔令德.逆向直线算法在绘制彩色多边形中的应用[J].西北师范大学学报(自然科学版),2014,50(1):58-62.

[17]  康凤娥,孔令德.曲面体纹理映射技术的研究[J].山西师范大学学报(自然科学版),2016,30(4):40-43.

[18]  康凤娥,孔令德.有理Bezier曲面模型的构建与应用[J].洛阳师范学院学报,2017,36(2):10-14.